Gerold Noack

Geodäsie für Bauingenieure und Architekten

W0278571

Gerold Noack

Geodäsie für Bauingenieure und Architekten

Grundlagen und Praxiswissen

Mit 238 Bildern, 17 Tabellen und 100 Prüfungsaufgaben

HANSER

Autor:

Prof. Dr.-Ing. Gerold Noack

Brandenburgische Technische Universität Cottbus - Senftenberg
Fakultät Architektur, Bauingenieurwesen, Stadtplanung
Fachbereich Bauinformatik, Geodäsie und GIS

FSC www.fsc.org
MIX
Papier aus verantwortungsvollen Quellen
FSC® C016439

Bibliografische Information der Deutschen Nationalbibliothek:
Die Deutsche Nationalbibliothek verzeichnet diese Publikation in der Deutschen Nationalbibliografie; detaillierte bibliografische Daten sind im Internet über http://dnb.d-nb.de abrufbar.

Internet: www.hanser-fachbuch.de

Lektorat: Dipl.- Ing. Natalia Silakova-Herzberg
Herstellung: Anne Kurth
Umschlagrealisation: Stephan Rönigk
Satz: Kösel Media GmbH, Krugzell
Druck und Bindung: Hubert & Co. GmbH & Co. KG BuchPartner, Göttingen
Printed in Germany

Print-ISBN 978-3-446-44666-3
E-Book-ISBN 978-3-446-45438-5

Inhalt

Vorwort

**Messen ist ein entscheidender Weg zum Verstehen dieser Welt.
Messen nimmt uns die Angst vor dem Unbekannten.**

Grund und Boden sind das wichtigste, wertvollste und nicht vermehrbare Wirtschaftsgut der Menschheit, die Basis unserer Wertschöpfungskette. Deutschland „verbraucht" täglich eine fast 100 Fußballfelder große Fläche an Natur, Land und Forsten, um sie in Siedlungs-, Industrie-, Tagebau- und Verkehrsfläche zu verwandeln. Ist das Raubbau? Hier treffen sich die Bauingenieure, Architekten, Stadtplaner und Geodäten in ihrer täglichen Arbeit und gemeinsamen Verantwortung, das begrenzte Wirtschaftsgut – den Grund und Boden – zu gestalten und zu verwalten. Geodatenmanagement wird daher immer bedeutender in allen Verwaltungs-, Wirtschafts-, Wissenschafts- und alltäglichen Lebensbereichen. Neben der Atmosphäre, Hydrosphäre, Biosphäre, Lithosphäre und Kryosphäre sprechen wir längst von der *Anthroposphäre* – der Menschensphäre – auf unserer Erde. Über zwei Drittel der Urlandschaft der Erde sind schon abgeholzt, umgepflanzt, weggebaggert und zersiedelt. Die Menschen könnten sich aufgrund ihrer Anzahl inzwischen auf der Landfläche der Erde in Rufweite aufstellen. In einem Raster von 150 Metern Abstand zueinander füllen sie unseren gesamten Globus in alle Richtungen, über alle Wälder, Wüsten, Gebirge und Klimazonen hinweg. Wir leben nach dem kurzen letzten geochronologischen Nacheiszeitalter, dem Holozän, jetzt in der Epoche des *Anthropozän* – das Erdzeitalter der Menschen, die als Haupteinflussfaktoren die gesamte Umwelt auf der Erde formen.

Vermessungstechnische Leistungen sind ein unverzichtbarer Baustein im eng verflochtenen Gefüge des Planens, Bauens, Nachweises und Nutzens baulicher Anlagen. Vermessungsleistungen werden erbracht vor, während und nach der Planung baulicher und sonstiger Anlagen sowie vor, während und nach der Errichtung, der Betreibung, der Umnutzung bis hin zum Abriss der Anlagen.

Vermessungsleistungen werden nicht nur von Geodäten der verschiedensten Institutionen oder von Öffentlich bestellten Vermessungsingenieuren (ÖbVI) erbracht, sondern Bauingenieure und Architekten sollten auch einzelne Vermessungsaufgaben selbst lösen können und in vielen Aufgabenfeldern der Ingenieur- und Katastervermessung kompetente Partner der Geodäten sein.

Im vorliegenden Lehrbuch zum Grundlagenstudium im Bauingenieurwesen und der Architektur werden vielfältige Vermessungsaufgaben, Vermessungsinstrumente, Berechnungsverfahren und rechtliche Grundlagen mit Beispielen vorgestellt. Die meisten Inhalte sind den aktuellen Lehrveranstaltungen an der Brandenburgischen Technischen Universität Cottbus-Senftenberg entnommen, gewachsen aus mehreren Jahren Vermessungspraxis und vielen Jahren Lehrerfahrung im Grundlagenstudium der Bauingenieur- und Architekturstudenten.

Aufgrund des geringeren Studienumfangs werden nicht mehr alle ingenieurgeodätischen Themen des Bauingenieurwesens und der Architektur bereits im Bachelorstudium abgedeckt. Technische Feinheiten zu geodätischen Instrumenten sind weggelassen. Deren Entwicklung mit Ideen Tausender kluger Köpfe verläuft zudem wesentlich schneller, als das Buch eines Einzelnen geschrieben werden kann.

Die Logik des Buches führt von den elementaren Grundlagen der Ingenieurgeodäsie über die Entstehung und Behandlung des Baugrundstücks zu einzelnen ingenieurgeodätischen Messverfahren bis hin zu den Absteckungen auf der Baustelle. Das Buch ist wesentlich kürzer gefasst, aber umfangreicher als das Vorlesungsskript.

Zum einen sind Themen nur schlagwortartig in einer Gruppe von Fachbegriffen zusammengefasst, kurz definiert und als Basis für ein zwingend notwendiges weiterführendes Studieren gedacht. Der Umgang mit diesen Begrifflichkeiten ist für eine schnelle Verständigung zwischen Vermessungsingenieuren, Bauingenieuren und Architekten im Bauprozess unerlässlich. Zum anderen sind Teilaspekte einzelner Vermessungsepisoden sehr detailliert beschrieben oder exemplarisch abgebildet und bis zu den praktischen Handgriffen der Vermessungstätigkeit aufgelöst. Diese Handgriffe und geometrischen Grundzusammenhänge der möglichen Messungsanordnungen sind als die Schnittstelle vom universitären Studium zum praktischen Verstehen des Messens anzusehen. Dadurch wirken einige Kapitel scheinbar inkonsistent aufgebaut.

Bedeutende Themen wie Geoinformationssysteme (GIS) oder die Ingenieurgeodäsie im Prozess des Building Information Modeling (BIM) sind mit dem Verweis auf Lehrreihen im Masterstudium zurückgestellt.

Das breite Feld der Digitalisierung und Modellierung begleitet die Geodäsie in der Wissenschaft, Verwaltung und Praxis seit Jahrzehnten kontinuierlich im Schrittmaß der Informations- und Kommunikationstechnik. Aktuelle Anwendungen sind unter der weiterführenden Literatur und sonstigen Quellen erwähnt. Auf die genaue Behandlung von Themen und Technologien mit einem jährlichen Verfallsdatum wurde verzichtet. Dafür sind noch einmal Themen dabei, die im praktischen Vermessungsalltag inzwischen eine untergeordnete Rolle spielen, aber für das geometrische Grundverständnis geodätischer Aufgaben gerade für künftige Bauingenieure und Architekten den Zugang zur Ingenieurgeodäsie erleichtern.

Aus dem breiten Spektrum heutiger geodätischer Wissenschaften sollen dem künftig praktizierenden Bauingenieur und Planer Kenntnisse zu praktischen ingenieurgeodätischen Lösungen vor, während und nach der Planung, dem Errichten und Betreiben baulicher Anlagen nahegebracht werden.

Irgendwann wird der erfolgreiche Absolvent irgendwo im Arbeitsalltag im realen Gelände auf einem Grundstück mitten auf einer Baustelle im vielstimmigen Getriebe der Maschinen, Bauleute und Materialberge stehen und den richtigen Bezugspunkt für seine Überlegungen finden müssen, um sich und den Kollegen Fragen zur Bauvermessung zu beantworten. Vielleicht stammt einmal der Koordinatenursprung seiner Lösung bewusst oder unbewusst aus dem vorliegenden Lehrbuch.

1 Bauvermessung im Gesamtgefüge der Geodäsie

„Denn was man messen kann, das existiert auch." So lautet der Ansatz des deutschen Physikers Max Planck (1858 - 1947) zum physikalischen Grundverständnis der Welt. Zum Verständnis unserer Erde als Ganzes war es ein langer Weg des Denkens und Messens, wie die folgenden Ausführungen kurz skizzieren sollen.

1.1 Geodätisches Grundverständnis

Der Naturphilosoph Thales von Milet (624 - ca. 547 v. Chr.) war sich sicher, dass die Bewegung der Gestirne von Naturgesetzen geleitet wird.

Der griechische Philosoph Pythagoras (569 - 497 v. Chr.) lehrte, dass die Erde eine Kugel sein muss, ohne es sicher wissen zu können. Die Pythagoreer glaubten, unsere reale Welt ist in ihrer innersten Struktur mathematisch.

Die Philosophen Platon (427 - 347 v. Chr.) - Schüler von Sokrates (469 - 399 v. Chr.) - und Aristoteles (384 - 322 v. Chr.) beeinflussten noch weit über das Mittelalter hinaus das christliche und islamische Denken von der kugelförmigen Erde, die von Sonne, Mond und Sternen umkreist wird.

Der Astronom Hipparchos (190 - 120 v. Chr.) meinte: Die Erde umkreist die Sonne. Er teilte die Erde als Kugel ein in 360 Längengrade und in Breitengrade - so wie wir sie heute kennen.

Der griechische Mathematiker Claudius Ptolemäus (ca. 100 - 160 n. Chr.) untersuchte die Möglichkeiten der Projektion der Kugel in eine Fläche zur Abbildung der Erdoberfläche in Karten. Seine umfassende geografische Erdbeschreibung aller bekannten Orte seiner Zeit mit der Schätzung des Erdumfangs auf 30 000 km wurde für Jahrhunderte zum Standardwerk.

Der belgische Geograf Gerhard Mercator (1512 - 1594) entwickelte Kartenprojektionen für seine umfangreichen Kartenzeichnungen. Noch heute wird seine Zylinderprojektion („Mercator-Projektion") angewandt. Ein Bild des griechischen Gottes Atlas mit der Erde auf seinem Rücken zierte seine Kartensammlungen. Seitdem sprechen wir vom „Atlas".

Eratosthenes, ein griechischer Universalgelehrter, hat vor über 2000 Jahren nicht nur die Frage nach der Gesamtgröße unserer Erde gestellt, sondern am Tage des senkrechten Sonnenstandes in Syene, dem heutigen Assuan, einen Winkel α anhand der Schattenlänge in Alexandria und die Nord-Süd-Strecke b zwischen beiden Orten gemessen, die Verhältnisse der Bögen und Winkel berechnet und einen Erdumfang U von etwa 40 000 km bestimmt (Bild 1.1).

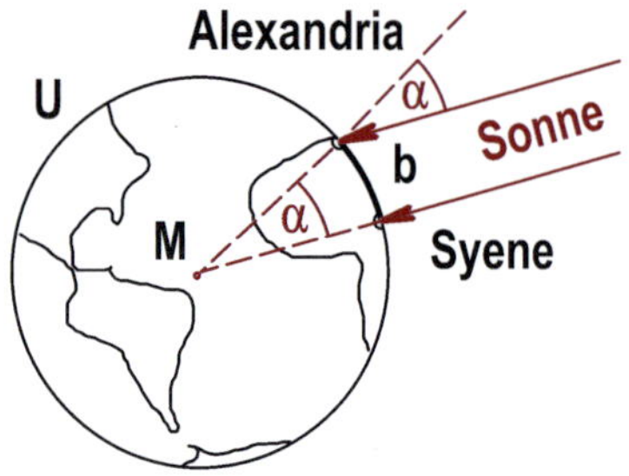

Bild 1.1 Eratosthenes bestimmte den Erdumfang

1500 Jahre später wollte Kolumbus diese Erdengröße nicht recht glauben und kam viel zu schnell in „Indien“ an. Lange vor Pythagoras vermaßen die Menschen Ländereien in Mesopotamien und die Felder im alten Ägypten nach der Nilschwemme. Als Werkzeuge bedienten sie sich dabei der Geometrie, Mathematik und des technischen Messzeugs. Der Ursprung von Geometrie liegt in der Landschaft der ersten sesshaft gewordenen Menschen. „Geometrie“ bezeichnet rein begrifflich die „Erde messen“. Geodäten sind zu allen Zeiten „Geometer“ genannt worden. Mit der Geschichte im Hintergrund sagen Vermesser: „Geodäsie ist die Mutter der Mathematik.“ Seit Gauß sind Geodäten in der Hinsicht bescheidener. Carl Friedrich Gauß (1777 - 1855) hatte als großer Geodät das Königreich Hannover vermessen, aber als noch größerer Mathematiker die Geodäsie mit Differenzialgeometrie und Fehlerlehre bzw. mathematischer Statistik vorangetrieben. Geometrische Grundkenntnisse sind bis heute die unerlässliche Voraussetzung zur Lösung geodätischer Problemstellungen.

Geodätische Messungen und daraus abgeleitete Tatsachen liefern uns das räumliche Weltbild einschließlich seiner Dynamik - dazu einige Beispiele:

- Der Äquator und alles auf ihm rast mit 460 Metern pro Sekunde um die Erdachse - so schnell wie ein Kampfjet. Die Erde fliegt mit 30 Kilometern pro Sekunde um die Sonne - das sind 0,1 Promille der Lichtgeschwindigkeit. Eine Erdrotation wird in 100 Jahren 0,016 Sekunden langsamer sein. Irgendwann kommt der 30-Stunden-Tag.
- Der „Mt. Everest“ ist allen bekannt, aber nicht, dass George Everest über 10 Jahre lang die große Vermessung Indiens leitete.
- Wenn Sonnenuhren auf der Erde genau funktionieren, gehen unsere technischen Uhren entsprechend der Zeitgleichung jährlich bis 16 Minuten nach oder 14 Minuten vor.
- Am Nordpol sind wir am schwersten - wir werden mit 9,83 Metern pro Sekunde zum Quadrat angezogen. Dagegen macht uns der 6768 Meter hohe Gipfel des Huascaran 7 Promille leichter. Obwohl - am weitesten entfernt vom Erdmittelpunkt ist die Spitze des 6268 Meter hohen Chimborazo. Er ist ca. 2000 Meter weiter vom Mittelpunkt der Erde entfernt als der Gipfel des Mount Everest.

- Vorsicht beim Kanalbau! Das Ufer des Toten Meeres liegt 430 Meter unter dem Meeresspiegel der Weltmeere.
- Mond und Sonne schaukeln mit Ebbe und Flut unsere Meere. Wir auf der „festen" Erde werden ebenfalls täglich zweimal bis zu 30 Zentimeter angehoben und wieder zurückgestellt. Wäre die gesamte Erdoberfläche eine von Gezeiten, Luftdruck, Temperaturen und Strömungen ungestörte Meeresoberfläche, gäbe es gegenüber der idealen Figur eines Rotationsellipsoids trotzdem Berge und Dellen mit bis zu 100 Metern Höhe bzw. Tiefe durch die Variationen des Schwerefeldes, durch die ungleiche Verteilung verschieden dichter Massen im Erdinneren.
- Die letzte Eiszeit ist noch nicht vorbei. Nordeuropa hebt sich noch immer nach der Eisentlastung. Diese postglaziale Landhebung beträgt bis zu einem Zentimeter pro Jahr.
- Die Luftmassen eines Hochdruckgebietes dellen die Erdoberfläche um ein bis zwei Zentimeter ein.
- Der Pol wandert täglich 10 bis 20 Zentimeter.
- Wenn wir uns so geschickt zwischen zwei Kontinentalplattenränder stellen, dass die ausgestreckten Arme beide Kontinente berühren (praktisch möglich auf Island), werden die Spitzen der Fingernägel nie mehr von der Wand weichen. Sie wachsen so schnell, wie die Kontinentalplatten auseinanderdriften können.
- Die neueste Strontium-Gitter-Atomuhr geht in 15 Milliarden Jahren weniger als eine Sekunde vor oder nach. Wenn die Uhr 2 Zentimeter hochgehoben wird, ist gemäß der Schwereänderung eine Gangänderung nach der Relativitätstheorie von Albert Einstein bereits heute messbar. Übernehmen bald Quanten, Relativität und Atomphysik unsere alltäglichen Vermessungsaufgaben? Wie viel *relativistische Geodäsie* haben wir? In der Satellitengeodäsie sind die Erkenntnisse Einsteins zur Kalibrierung der Atomuhren längst eingebaut. Aber müssen wir bald nie mehr nivellieren? Erste wissenschaftliche Versuchsmessungen zum „Chronometrischen Nivellement" verliefen bereits erfolgreich.

Geodäten sind die Notare der Geobasisdaten für alle Erdenpassagiere. Fast alle Informationen lassen sich an Koordinaten festmachen. Bestes Beispiel ist der Straßenatlas: Viele Menschen vertrauen ihrem GPS so sehr, dass sie ohne Georeferenzierung nicht mehr in ihr Auto einsteigen. Und das nicht ohne Grund, wenn wir das extreme Beispiel des riesigen, vom Menschen „gestalteten" Raumes ohne einen Quadratmeter Naturrest betrachten (Bild 1.2 bis Bild 1.4).

Bild 1.2 „Menschensphäre", 2- bis 3-geschossige Häuser für ca. 200 Einwohner

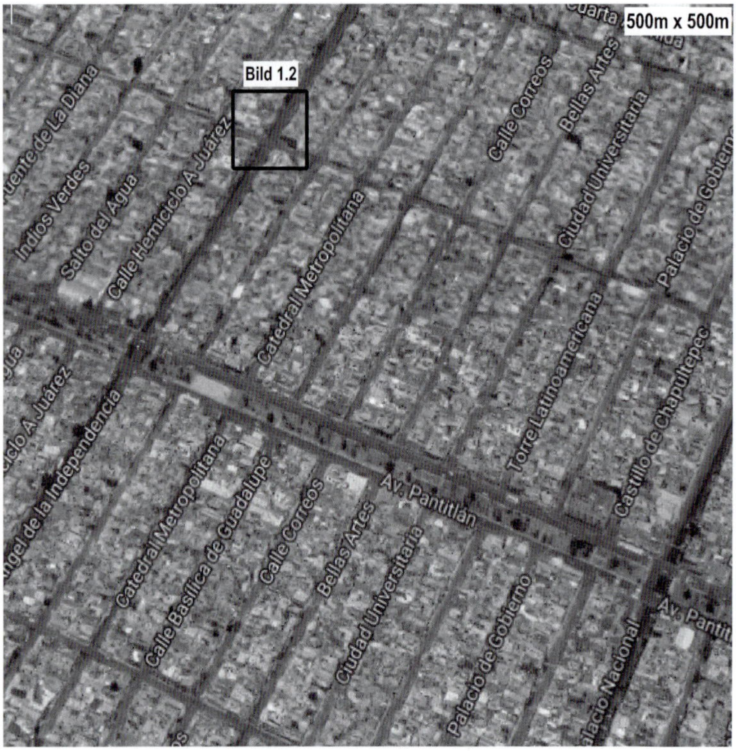

Bild 1.3 „Menschensphäre" für 12 000 Einwohner

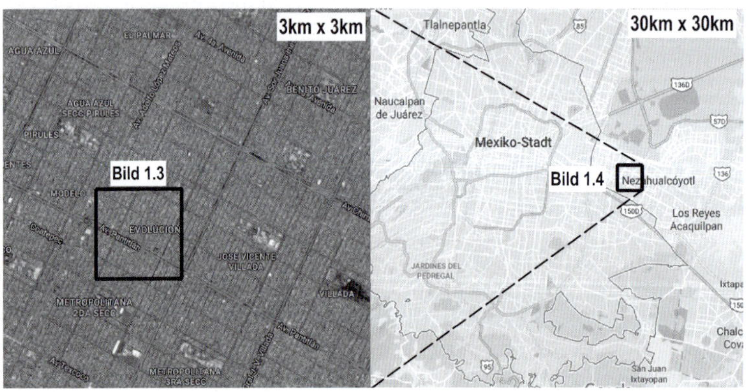

Bild 1.4 Anthroposphäre mit über 200 000 Menschen aus Nezahualcóyotl (Mexiko-City)

1.2 Geodäsie, Ingenieurgeodäsie, Bauvermessung

Die Realisierung des einheitlichen integrierten geodätischen Raumbezugs im amtlichen Vermessungswesen in Deutschland hat seit der Einführung im Dezember 2016 eine neue Qualität für alle vermessungsbasierten Leistungen eingeläutet. Die ganzheitliche Betrachtungen von Lage, Höhe, Schwere und die Position im 3D-Raum sind durch genauere Messungen, Zusammenführung der geometrischen und physikalischen Komponenten und ein neues Qualitätsmanagement von höherem Wert für die Bürger, die Verwaltung, Wirtschaft und Wissenschaft.

Geodäsie

Geodäsie – „Erde teilen" im Sinne des „Landzuteilens", mit hoher Wertschätzung derjenigen, die es ausführen, ist als Begriff seit über 2000 Jahren bekannt. Geodäsie ist nach Friedrich Robert Helmert (1843 – 1917) seit 1880 die Wissenschaft von der Ausmessung und Abbildung der Erdoberfläche; von der Bestimmung der Form, Größe und Schwere der Erde und ihre Beschreibung in Karten, Plänen und Verzeichnissen.

Die geodätische Wissenschaft erhebt sich über drei Grundpfeilern:

- Geometrie und Kinematik der Erdoberfläche
- Orientierung und Rotation der Erde im Raum
- Schwereverteilung

Sie bilden die Basis für die Schaffung des Referenzrahmens.

Grundlegende Fachgebiete wie die Physikalische Geodäsie, die Satellitengeodäsie, die Fernerkundung, die geodätische Messtechnik, die Ingenieurgeodäsie und das Landmanagement bereiten den Weg für zahlreiche Anwendungen in nahezu allen gesellschaftlichen Bereichen (Bild 1.5).

Die Geodäsie fügt sich vom Großen ins Kleine. Das ITRS (International Terrestrial Reference System) setzt den globalen Rahmen des Koordinatenbezugs. Das ETRS (Europäisches Terrestrisches Referenzsystem) bildet darin Europa ab. Deutschland hängt das DREF (Deutsche Referenzsystem) hinein. Und (zum Beispiel Brandenburg) ordnet sein BRAREF (Brandenburgisches Referenzsystem) dem DREF unter.

Geodäsie ist überall, denn Koordinaten sind überall!

Die Hauptaufgaben der geodätischen Wissenschaft sind die Herstellung, Messung, Modellierung, Bereitstellung, Laufendhaltung und Weiterentwicklung nationaler *Referenzsysteme* der Lage, Höhe und Schwere im System europäischer und globaler Bezugssysteme. Referenzsysteme bilden die Basis aller georeferenzierten Informationssysteme. Darauf aufbauend versorgen Geodäsie und Kartografie als zentrale Geodienstleister die Verwaltung, Wirtschaft, Wissenschaft und Bürger mit digitalen und analogen topografisch-kartografischen Informationen in Form der Geobasisdaten und Kartenwerke verschiedener Maßstäbe als Keimzelle der Geodateninfrastruktur des Landes.

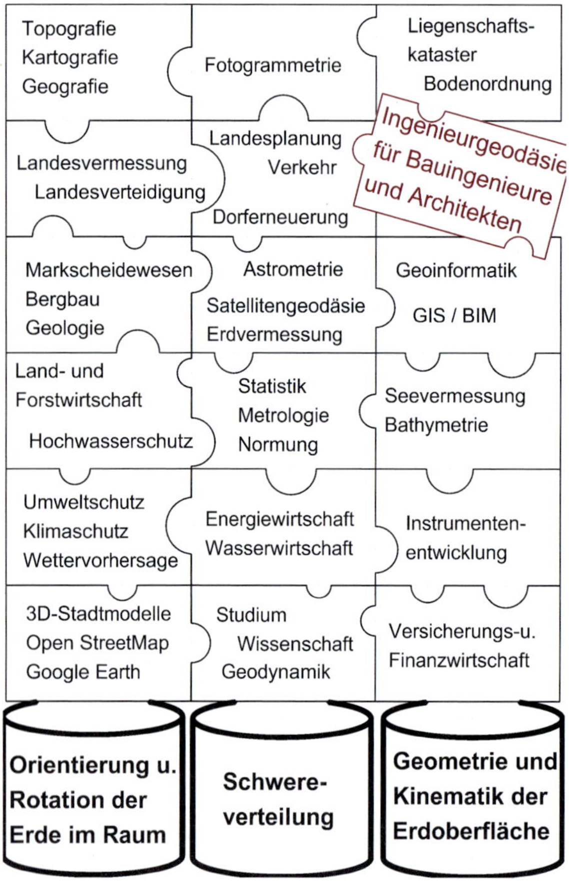

Bild 1.5 Grundpfeiler und Schwerpunkte der Geodäsie

Architekten und Bauingenieure bewegen sich bei ihrer praktischen Vermessungstätigkeit auf dem Feld der Ingenieurvermessung. Zu den Aufgaben der *Ingenieurvermessung (Ingenieurgeodäsie)* zählen alle Vermessungstechnologien und Auswertemethoden, die keine amtlichen Vermessungen oder topografischen Landesvermessungen sind.

Architekten und Bauingenieure gelangen mit ihren Aufgaben neben der Ingenieurgeodäsie zunehmend in die Randbereiche anderer Vermessungsgebiete – wie Katastervermessung, Bodenordnung, Kartografie, Fotogrammetrie, *Satellitengeodäsie* , *Bathymetrie* (hydrografische Vermessung), *Markscheidewesen* (bergmännische Vermessung) bis hin zur *Meeresgeodäsie*. Daraus erwächst der Anspruch der Architekten und Bauingenieure, das praktische Messen kennenzulernen, um vermessungstechnisches Wissen für vielschichtige Kooperationen mit Geodäten und Geomatikern zu erlangen.

Geodäten, Geomatiker und/oder Öffentlich bestellte Vermessungsingenieure (ÖbVI) lösen Vermessungsaufgaben für Bauingenieure, Architekten, Gutachter, Bürger und Kommunen in Form von:

- Grundlagenmessungen (Lage-, Höhenfestpunkte, topografische Aufnahmen, ...)
- Katastermessungen bei Teilungen, Grenzfeststellungen, Gebäudeeinmessungen

- Erstellung allgemeiner Planungsunterlagen: Lage- und Höhenpläne, Flächennutzungs- und Bebauungspläne
- Vermessungen für Objekte des Hoch-, Tief-, Industrie- und Verkehrsbaus vor, während und nach den Baumaßnahmen: Absteckungen, Einmessungen, Bestandspläne, Deformations- und Überwachungsmessungen
- Geodatenmanagement, Geodateninformationssysteme
- Einrichtung, Auswertung, Führung von Fachkatastern wie Leitungs-, Deponie-, Grünflächen-, Baumkataster
- *Georeferenzierung* verschiedenster analoger und digitaler Bestandsunterlagen: Trinkwasser-, Abwasser-, Strom-, Gas-, Kabel-, Leitungsnetzkarten (Der Datensatz wird „verortet“, er bekommt einen Raumbezug.)
- Grundstückswertermittlung für Verkehrswertgutachten bebauter und unbebauter Grundstücke
- Bodenordnung in Bodenordnungsverfahren und Baulandumlegungen

Verschiedene Interessengruppen verlangen nach zum Teil sehr unterschiedlichen Vermessungsleistungen:

1. Grundstückseigentümer/-erwerber benötigen:
   - Teilungsmessung
   - Gebäudeeinmessung
   - Pläne zur Regelung von Grunddienstbarkeiten
   - Wohnraumvermessung
   - Liegenschaftsbewertung
   - Beratung/Gutachten
2. Bauherren wollen:
   - Lagepläne/Amtliche Lagepläne
   - Liegenschafts-/Baurechtsberatungen
   - Gebäudegrob- und -feinabsteckungen
   - Gebäudeeinmessungen
   - Kontroll- und Überwachungsmessungen
3. Baufirmen brauchen:
   - baubegleitende Absteckungen
   - Bestandspläne
   - Flächen- und Volumenbestimmungen
4. Ver- und Entsorgungsfirmen interessieren:
   - Trassierungen, Absteckungen
   - Geoinformationssysteme (GIS) zu den Bestandsplänen
5. Architekten/Objektplaner benötigen:
   - Bebauungspläne
   - Lage- und Höhenpläne
   - Längs- und Querprofile

- Risse, Schnitte, Ansichten, Nachbarbebauungspläne
- maßgebende Flächenbestimmungen, Rauminhalte

6. Gemeinden und Katasterbehörden leiten:
   - Digitalisierungsprojekte, GIS
   - Automatisierungsvorhaben, Datenaustausch, Georeferenzierung
   - Liegenschaftskataster
   - Flächennutzungs- und Bebauungspläne
   - Vermessung städtischer Bauvorhaben und Liegenschaften
7. Straßenbauverwaltungen beauftragen:
   - Grunderwerbspläne
   - Trassierungen
   - Entwurfs- und Schlussvermessungen
8. Flurneuordnungsbehörden binden die Vermessung für:
   - Bodenordnung
   - Flurbereinigung

Architekten und Bauingenieure können einen Teil dieser Vermessungsleistungen selbst erbringen. Einige der oben genannten Aufgabenfelder gehen allerdings über die Ingenieurgeodäsie hinaus. Diesen großen Teil der Leistungen müssen sie beauftragen können.

Bauvermessung ist nicht gleich Ingenieurgeodäsie, obwohl die Vermessung für bauliche Anlagen (Bauvermessung) mit der Aufnahme, Planung, Absteckung, Überwachung, Dokumentation und Begutachtung von baulichen Anlagen aller Art das Hauptanwendungsgebiet der Ingenieurgeodäsie ist.

Am Ende bleibt für das praktische Messen die Erkenntnis, dass die vier Vermessungstechnologien Satellitenmesssystem (GNSS, Bild 1.6 oben links), Tachymetrie (Tachymeter im Bild 1.6 oben rechts), Laserscannen (Bild 1.6 unten links) und Fotogrammetrie (hier im Bild mit der Messplattform einer Drohne, Bild 1.6 unten rechts) im Alltag dominieren.

Die klassischen Einzelmessungen der Strecken – ob mit Messband oder Laser –, die Messung einzelner Winkel – ob mit Theodolit oder Rechtwinkelinstrument –, die Bestimmung von Höhenunterschieden mit dem Nivellier – das Loten und Fluchten – geraten immer mehr in den Schatten der genannten vier Technologien, bleiben aber noch lange Zeit ein Bestandteil ingenieurgeodätischer Arbeit.

Bild 1.6 Vier Basistechniken dominieren die ingenieurgeodätische Praxis

1.3 Prüfungsaufgaben

1. Womit befasst sich die Geodäsie im Allgemeinen? Was sind ihre wissenschaftlichen Grundaufgaben?
2. Nennen Sie Beispiele unseres Weltbildes, die auf geodätischer Messung basieren!
3. Wie hat Eratosthenes den Erdumfang bestimmt?
4. Wie wird der Geodät für Baufirmen, Architekten, Bauherren und Grundstückseigentümer tätig?
5. Nennen Sie Basistechnologien und andere Messmethoden heutiger Ingenieurgeodäsie!

2 Vermessungsaufgaben bei der Errichtung baulicher Anlagen

Auf Grundstücken mit baulichen Anlagen und zur Errichtung baulicher Anlagen sind sehr vielfältige Vermessungsaufgaben zu lösen. Sie erstrecken sich durch den gesamten Entwurfs-, Planungs-, Bau-, Nutzungs- und Umnutzungsprozess. Die Aufgaben gehören in verschiedene rechtliche, technische und Auftragsfelder im „Lebenszyklus" eines Objektes.

2.1 Typische Vermessungsaufgaben auf Baugrundstücken

In den meisten Fällen der alltäglichen Praxis zur Errichtung baulicher Anlagen sind nur einige der folgenden grundsätzlichen geodätischen Leistungen auf Baugrundstücken zu erbringen. Nach eingehender Beratung und Absprache mit dem Vermessungsingenieur werden die erforderlichen Vermessungsaufgaben letztlich von den Grundstückseigentümern, Bauherren, Architekten, Baufirmen, Baubehörden oder Gutachtern in Auftrag gegeben. Die typischen Vermessungen dienen der Grenzfeststellung, Grenzherstellung, Zerlegungsmessung und Grundstücksteilung, dem Lageplan und digitalen Geländemodell, allgemeinen GIS-Daten, dem Amtlichen Lageplan und der Erkundung und Vermarkung von Lage- und Höhenfestpunkten für das Baugebiet. Unmittelbar an der baulichen Anlage gibt es die Gebäudeeinmessung mit der Einmessungsbescheinigung, die katastermäßige Gebäudeeinmessung, Baukontrollmessungen und Überwachungsmessungen – eventuell für Gutachten. Die Grobabsteckung für Rodungen, Planierungen oder den Baugrubenaushub könnte ausgeführt werden. Der Absteckplan ist zu erarbeiten. Erstabsteckung, Feinabsteckung, baubegleitende Absteckungen, Absteckung von Wegen und anderen Außenanlagen sowie die Einmessung unterirdischer Leitungen, Bestandspläne und Schlussvermessung mit Außenanlagen (Parkplätze, Baumpflanzungen, Zufahren, Spielplätze, Müllplätze entsprechend der Bauauflagen) gehören zum Vermessungsspektrum auf Baustellen. Flächen- und Volumenbestimmungen zur Geländemodellierung, Massenauftrags- oder -abtragsberechnungen können gefordert sein (Bild 2.1). Das detaillierte 3D-Gebäudeaufmaß für das Geoinformationssystem, für das Building Information Modeling (BIM – Gebäudedatenmodellierung) oder für das Facility-Management können baubegleitend bzw. abschließend zu realisieren sein.

Bild 2.1 Vermessungsaufgaben für bauliche Anlagen

Der herkömmliche Datenfluss der raumbezogenen Daten des Vermessungsingenieurs verläuft beginnend vom

- Messen,
- Berechnen,
- Koordinaten Bestimmen und
- Transformieren über das
- Verwalten,
- Aktualisieren und mit
- Zusatzinformationen Veredeln/Verknüpfen der Daten bis hin zum
- Bereitstellen und Bewerten der Ergebnisse und Informationen in Plänen, 3D-Modellen, Tabellen und Gutachten.

Mit dem *BIM* (siehe Kapitel 15) können im Idealfall alle Informationen aus geodätischen Vermessungen, den Entwurfsmodellen, Planungen und Informationen zu Baustoffen, Kosten, Abläufen anderer am Bau beteiligten Gewerke vom ersten Gedanken über das Bauwerk bis zur letzten Koordinatenkontrolle mit allen zwischendurch auftretenden Kollisionen und Protokollen der Kommunikation in einer Datenbank zusammengeführt werden (Bild 2.2).

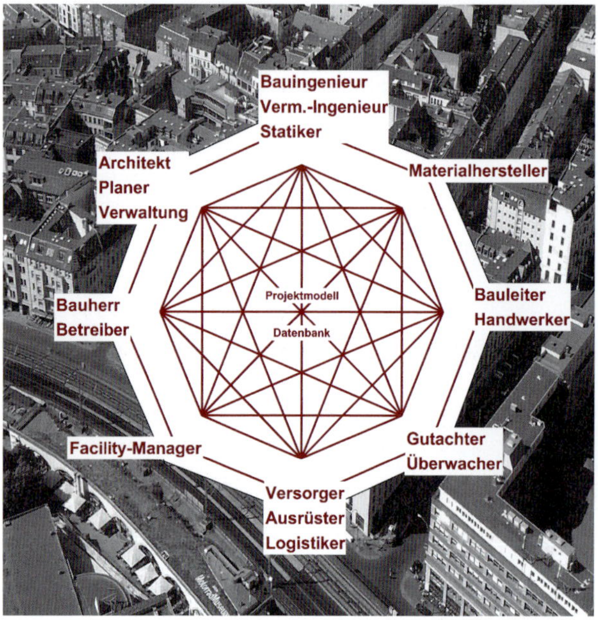

Bild 2.2 BIM-Knoten des Datenaustausches im Modellraum

Die grundlegenden Vermessungsaufträge für 1, 3, 4, 8, 10, 13, 16 in Bild 2.1 sind nahezu bei jedem Bauprojekt vom Grundstückseigentümer, dem Bauherren oder dem Baubetrieb auszulösen. Auf Basis der *Honorarordnung für Architekten und Ingenieure* (HOAI) gibt es Entwurfsvermessungen, Bauvermessungen und sonstige Vermessungsleistungen. Zu den *Entwurfsvermessungen* zählen die Lage- und Höhenpläne, zur Bauvermessung die Absteckungen, Kontrollen und Bestandsdokumentationen.

Die Aufgaben 2, 3, 5, 6, 10, 16 (Bild 2.1) werden ausschließlich von Öffentlich bestellten Vermessungsingenieuren (ÖbVI) oder behördlichen Vermessungsstellen bearbeitet. Die Angebote geodätischer Leistungen eines ÖbVI umfassen ein noch breiteres Spektrum. An erster Stelle steht fast immer eine grundlegende Beratung.

Zu den genannten Grundstücksvermessungen mit dem Ziel Lageplan/Amtlicher Lageplan, Grenzfeststellung, Zerlegung/Teilung, Gebäudeeinmessung, Baulasten/Dienstbarkeiten kommen die Ingenieurvermessungen Grobabsteckung, Feinabsteckung, baubegleitende Absteckung, Bestandspläne, Leitungskataster, Trassierungen, Längs- und Querprofile, Wohn- und Gewerbeflächenbestimmungen hinzu.

Zusätzliche Schwerpunkte der Arbeit in ÖbVI-Büros können sein:

- Bodenordnung
- Wertermittlung
- Geoinformationssysteme

Die Bodenordnung umfasst die Flurbereinigung, Umlegung sowie Fragen zur Bauleitplanung und zum Städtebaurecht. Zu den Aufgaben der Wertermittlung zählen vor allem Verkehrswertgutachten. Bei der Arbeit mit Geoinformationen für Geoinformationssysteme (GIS) deckt der ÖbVI alle vier Grundleistungen ab:

- Datenerfassung
- Datenanalyse
- Datenhaltung
- Datenbereitstellung

Das Vermessungswesen unterliegt analog dem Bauwesen der Gesetzgebung der einzelnen Bundesländer. Die elementaren rechtlichen Rahmenbedingungen setzen die Bauvorlagenverordnung und die Bauordnung der Länder sowie das Vermessungs- und Liegenschaftsgesetz der Länder. Für die Ingenieurvermessung kommen hinzu: Vorschriften für Spezialbauwerke – Türme, Tunnel, Brücken, Staumauern und Kraftwerke – und die Vorschriften der Leitungsbetreiber über die Einmesspflicht.

2.2 Geodätische Entstehungsgeschichte eines Baugrundstücks

Wie sollte aus geodätischer Sicht die Vorbereitung eines Baugrundstücks (mit einer Zerlegung bzw. Teilung) ablaufen, noch bevor ein Architekt aktiv wird?

Der Grundstückseigentümer hat durch den Blick in den Bebauungsplan des Stadtplanungsatlas oder nach § 35 des Baugesetzbuches die Zulässigkeit der Bebaubarkeit seines Grundstücks von der zuständigen Baubehörde bestätigt bekommen. Eine Erschließung ist gesichert, eine Straße führt zum Grundstück oder eine Zuwegung kann geschaffen werden. Strom, Wasser, Abwasser, Gas und Telekommunikation sind anschließbar, so ist es von den einzelnen Versorgungsfirmen zu erfahren. Die Auszüge aus seinem *Grundbuch*, die der Eigentümer vom zuständigen Grundbuchamt des Amtsgerichts erhielt, bestätigen, dass sein Grundstück frei von *Dienstbarkeiten* bzw. *Grunddienstbarkeiten* und finanziellen Belastungen ist. Das *Grundstück* darf im Fallbeispiel eventuell sogar in zweiter Reihe bebaut werden. Der Eigentümer hat mit oder ohne einen Grundstücksmakler einen Käufer für einen abzutrennenden Teil seines Grundstücks gefunden und muss einen Notar zur Abwicklung der Rechtsgeschäfte beauftragen (Bild 2.3). Dazu hat sich der Eigentümer einen Flurkartenausschnitt seines Grundstücks beim Kataster- bzw. Vermessungsamt verschafft.

Unabhängig vom Fortschritt der Verkaufsbemühungen beauftragt der Eigentümer mit dem Flurkartenauszug in der Hand und dem Teilungswunsch im Kopf einen *ÖbVI* oder eine zuständige Vermessungsbehörde mit den ersten vorbereitenden Vermessungen.

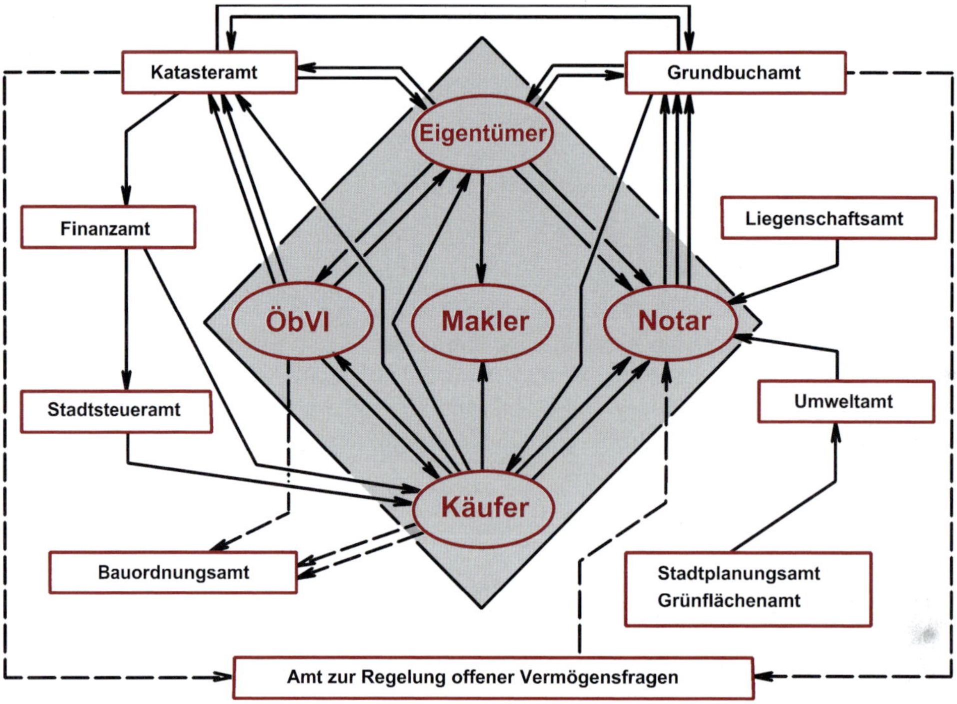

Bild 2.3 Handlungsschema eines Grundstückserwerbs: Die Amts- und Fachbereichsstrukturen variieren je nach Bundesland oder Kommune, die Pfeile zeigen die Richtung der Kommunikations-, Handlungs- und Leistungswege

Teil 1 einer Vermessungsgeschichte

Erste Messungen können *Grenzvermessungen* verschiedenster Art sein. Im vorliegenden Fall ist im technischen Sinn eine *Zerlegung* bzw. im Rechtssinn eine *Teilung* des Grundstücks vorzunehmen. Wenn der Käufer bereits bekannt und beteiligt ist, kann er gleichzeitig den Lageplan bzw. *Amtlichen Lageplan* zur gezielten Planungsvorbereitung für die spätere Bauvorlage beauftragen. Der ÖbVI beantragt anschließend alle erforderlichen Unterlagen bei der kommunalen Vermessungsverwaltung und bekommt die Unterlagen gemeinhin online ausgehändigt. Dazu zählen die Übersichtskarten und Risse der Lage- und Höhenfestpunkte in der Nähe des Grundstücks, die zugehörigen Verzeichnisse der Koordinaten, die Angaben zu den Eigentümern einschließlich aller Grundstücksnachbarn, zahlreiche Risse zur Entstehung des Grundstücks und der Nachbargrundstücke mit einer Vielzahl vorangegangener Vermessungsangaben, Punktnummern, Maßen und Kontrollmaßen sowie Koordinatenverzeichnisse der Grenzpunkte.

Erst jetzt kann der Vermessungsingenieur den Eigentümer und eventuell betroffene Nachbarn über den örtlich erforderlichen Vermessungstermin informieren und seine Messungen im Gelände planen. Der Zugang zu Grundstücken ist durch die Eigentümer zu gewähren.

Der Geodät und sein Messgehilfe beladen den Messtransporter mit folgenden Instrumenten (Bild 2.4 rechts):

- *Tachymeter*, einschließlich Reserveakku, Stative, Dreifüße, Tachymeterstab, Reflektoren, Zieltafeln, Absteckprismen (Bild 2.4 links), Feldrechner mit geladenem Akku
- Instrument für das *Global Navigation Satellite System (GNSS)*, Satellitenempfänger, Akku, Stativ, zugehöriger Feldrechner mit Datenkommunikation zur Referenzstation, Verbindungskabel
- *Nivellier*, Stativ, Nivellierlatte, Lattenuntersatz („Frosch“ genannt). Bei der Nutzung eines Digitalnivelliers darf der volle Akku nicht vergessen werden.

Bild 2.4 Reflektorprismen-Vielfalt und Blick auf die Messbusausstattung

Folgendes vermessungstechnisches Zubehör gehört in das Fahrzeug:

- Messband, Zollstock, Lattenrichter, Prismen, Laser-Disto, Fluchtstäbe, Fluchtstangenstative, Feldbuchrahmen, optisches Lot oder Laserlot (mit Akku)
- Schnurlot, Zählnadeln, zusätzliche Stative und Dreifüße

Für alle Fälle sollte Vermarkungsmaterial im Messbus liegen:

- Grenzsteine, Rohre mit Kunststoffkappen, Grenznägel oder sonstige *Grenzzeichen* (Bild 2.5 und Bild 2.6)
- Untervermarkung (Flaschen, Lochstein, Tonkegel, Plastikkegel, Magnetkörper)
- Pfähle, Stahlnägel, Messpunktmarken, selbstklebende Reflexzielmarken, Meterriss-Plaketten, Vermessungsplaketten
- Markierspray, Signierkreide

Bild 2.5 Abmarkungsmaterial für Grenz- und andere Messpunkte

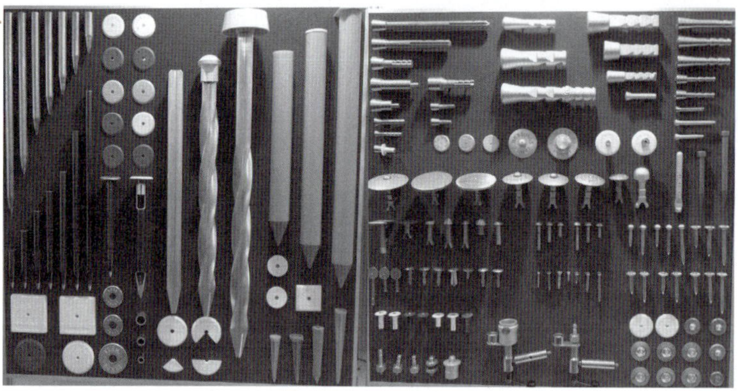

Bild 2.6 Rohrvermarkungen, Höhenbolzen und Festpunktnägel

Ansonsten gehören in die Messtasche oder Fahrzeugregale:

- Funkgeräte, Smartphones (Aufladen der Akkus nicht vergessen) zur Kommunikation zwischen Standpunkt und Zielpunkt, zwischen Messgebiet und Büro, Schreibzeug, Taschenrechner, Lineal, Dreikant-Maßstab
- Bohrmaschine, Bohrer und Akku, Spaten, Doppelspaten, Spitzhacke, Hammer, Fäustel, Vorschlaghammer, Axt, Säge, Eisensäge, Astschere, Zange, Bodenstampfer, Brechstange, Stechstab (Grenzsteinsucher), Markierstab, Kanaldeckelhaken und Kleinwerkzeug

Weiteres Zubehör sollte das Messfahrzeug oder Tagesgepäck des Geodäten enthalten:

- Warntafeln, Absperrkegel, Absperrband
- Warnwesten, Gummistiefel, Handschuhe, Schutzhelm, Warnschutz-Regenjacke, Warnschutz-Fleecejacke
- Feldschirm, Regenschutzfolien

Koordinatenverzeichnisse und vorhandene Teilkarten zum Messauftrag werden möglichst am Vortag in den Feldrechner oder gleich in den Speicher des Messinstrumentes Tachymeter überspielt. Die Mappe aller Auftragsunterlagen wird vom Messtruppführer kontrolliert.

Vor Ort geschieht eine allgemeine Orientierung im Gelände. Beobachtet wird der Straßenverkehr, die Wetterverhältnisse, der Bewuchs und die Bebauung. Zur Vor-Ort-Begehung gehört der Grundstückszugang, das Treffen mit dem Eigentümer, dem Käufer oder Baufirmenvertreter. Zuerst werden die *Aufnahmepunkte (AP)* am Straßenrand aufgesucht, signalisiert, gemessen und kontrolliert; eventuell noch nivelliert. Bei fehlenden AP sind im Messgebiet mindestens drei Tagesmarken (Pfähle, Nägel oder Plastikmarken) als provisorische Anschlusspunkte so festzulegen, dass sie mindestens den Messtag überdauern. Besser ist, sie bleiben für Folgemessungen im Baugeschehen der nächsten Wochen erhalten und nutzbar. *Global-Positioning-System- (GPS-)* bzw. GNSS-Messungen liefern nach wenigen Minuten Koordinaten im amtlichen Koordinatensystem des Landes. Am Mittag oder Nachmittag nach Abschluss aller örtlichen Messungen werden die GNSS-Messungen zur Kontrolle wiederholt. Der lagemäßige Koordinatenanschluss der Satellitenmessungen geschieht an den Satellitenpositionierungsdienst *(SAPOS)*, den Satelliten-„Festpunkten" im Orbit mit dem praktischen Anschlusspunkt an die SAPOS-Festpunktmarke der Region.

Die *Zerlegungsmessung* gehört zu den *Fortführungsmessungen*. Das Liegenschaftskataster soll „fortgeführt" werden. Die Arbeit für die Grundstücksteilung beginnt mit dem Aufsuchen, Freilegen und Messen vorhandener Grenzsteine hinter und unter Zäunen, Hecken, Gehwegplatten auf dem Baugrundstück und gegebenenfalls bei den Nachbarn, um Kontrollen alter Messungslinien und Grenzpunktabstände zu berechnen und um Ansatzpunkte der Messung zu erhalten. Aktuell bestimmte Koordinaten sind mit den gegebenen Werten zu vergleichen, und die im Innendienst zur *Absteckung* vorbereiteten Koordinaten neuer Grenzsteine sind, falls nötig, zu korrigieren und in die vorhandenen Linien und Schnittpunkte hineinzurechnen. Meist existieren Flächenvorgaben für die Teilung, die der Vermessungsingenieur quadratmetergenau realisiert. Örtliche Vorgaben wie Abstandsflächen und Baumabstände können die Größe der Teilflächen bestimmen. Neue Grenzpunkte werden abgesteckt, durch unterirdische und sichtbare Grenzzeichen vermarkt, in einen Riss eingetragen und am Ende zur Kontrolle aufgemessen. Zusätzlich kennzeichnen Pfahl und Farbe jeden Neupunkt, bis er bei der allgemein üblichen Grenzverhandlung vor Ort allen beteiligten Eigentümern und Nachbarn angezeigt und von ihnen schriftlich anerkannt wird.

Ist der Notar unabhängig vom Stand der Vermessungsarbeiten zur Vorbereitung eines Kaufvertrages beauftragt, nimmt er die Grundbucheinsicht vor, holt die Genehmigungen nach dem Grundstücksverkehrsgesetz und – falls erforderlich – nach der Grundstücksverkehrsordnung ein. Vom Liegenschaftsamt bekommt der Notar das Negativattest zum Vorkaufsrechtverzicht der Kommune.

Der Notar veranlasst die *Auflassungsvormerkung* im Grundbuch. Die Auflassungsvormerkung dient im vorliegenden Fall der Sicherung des Anspruchs des Eigentumswechsels zugunsten des Erwerbers während der oft langen Zeit zwischen dem Abschluss des Kaufvertrages und der Eintragung des neuen Eigentümers im Grundbuch.

Ist ein Lageplan oder die Messung für einen Amtlichen Lageplan für eine Bauvorlage bereits beauftragt, kann am gleichen Tag mit den Messungen begonnen werden. Die Anforderungen an einen solchen Plan sind in der Bauvorlagenverordnung (z. B. im § 2 der Brandenburgischen Bauvorlagenverordnung, BbgBauVV) aufgezählt.

Die Architekten als Mitglieder der Architektenkammer besitzen als *Entwurfsverfasser* (siehe z. B. § 54 BbgBO) die *Bauvorlageberechtigung*. Bauingenieure können ebenfalls bauvorlageberechtigt werden. Bauingenieure sind in jedem Fall als Fachplaner – z. B. für die Statik – in die Planung eingebunden. Der ÖbVI ist als Fachplaner bauvorlageberechtigt für den Amtlichen Lageplan in denjenigen Bundesländern, in denen dieser als Teil der Bauvorlage vorgeschrieben ist.

Für den Amtlichen Lageplan sind die Lage und Höhe angrenzender Verkehrsflächen, Geländehöhen im späteren Baufeld, Bäume auf dem Grundstück und vorhandene bauliche Anlagen mit Wand- und Firsthöhen zu messen. Angaben zur Geschosszahl, zur Dachform, zur Bauart der Außenwände sind ebenfalls zu erfassen. Im Falle von Grenz- oder grenznaher Bebauung sind vorhandene bauliche Anlagen der Nachbargrundstücke zu messen. Außerdem gehören Schieber, Schächte, Absperreinrichtungen in den Plan. Die vorher nachgewiesenen und neu gemessenen Grenzen nach dem Liegenschaftskataster mit Maßen und Flächenangaben kommen hinzu (Bild 2.7). Im Innendienst füllt sich der Plan mit den zur Nordrichtung orientierten Flächen-, Linien- und Punktobjekten mit Bezeichnungen nach dem Liegenschaftskataster, Eigentümerangaben und Anschriften auch der Nachbargrundstücke, Hausnummern, Maßstab, mit Festsetzungen aus dem Bebauungsplan oder anderen Satzungen wie z. B. Baugrenzen oder Baulinien. Flächen, die von Baulasten oder Grunddienstbarkeiten betroffen sind (Bild 2.9), werden ausgewiesen und deren Flächengröße quadratmetergenau angegeben. Baulasten schränken die bauliche Nutzung des Nachbargrundstücks ein.

Im Innendienst des Vermessungsbüros können, wenn die Pläne des Architekten zu den geplanten baulichen Anlagen vorliegen und wenn ein Auftrag für die Bauvorlage erteilt ist, die entsprechenden Projektangaben mit Außenanlagen, Zufahrten, Be- und Entwässerungsleitungen, Spiel- und Müllplatz und sonstigen befestigten Flächen in den Plan des Geodäten aufgenommen werden (Bild 2.8, Bild 2.10 und Bild 2.11).

Der ÖbVI liefert dem Vermessungs- bzw. Katasteramt die Ergebnisse der *Flurstückszerlegung* als Grundlage der Teilung. Dazu zählen Koordinatenverzeichnis, *Fortführungsriss*, *Flächenberechnung* und Grenzniederschrift. Die *Grenzniederschrift* ist das amtliche Dokument, das die Beteiligten vor Ort zum *Grenztermin* unterzeichnen. Das Amt prüft, übernimmt die Messung, vergibt neue Flurstücksnummern und informiert in Form der *Fortführungsmitteilung* den Eigentümer, das Grundbuchamt und das Finanzamt bzw. das Stadtsteueramt über die neuen geometrischen Sachverhalte. Falls der Verkauf des Teilgrundstücks noch nicht stattgefunden hat, sammelt der Notar alle Auflassungsunterlagen, die einschließlich des Kaufvertrages zum Notartermin für den Grundbucheintrag vorbereitet werden. Erst mit der Eintragung ins Grundbuch geht das Eigentum am neuen Grundstück an den Käufer über.

Das ist Teil 1 der kurzen Vermessungsepisode (Teil 2 folgt im Kapitel 12 ab Seite 209) mit dem einzig sichtbaren Ergebnis: der *Grenzabmarkung* dreier neuer Grenzpunkte für ein neues Eigenheim in zweiter Reihe mit einer drei Meter breiten Zufahrt. Ein sogenanntes „Hammergrundstück" ist entstanden. Der geneigte Leser kann nun versuchen, aus allen beteiligten Personen, Behörden bzw. Ämtern ein Handlungsnetzschema zu erarbeiten. Wem aber die 20 Begriffe aus dem „Geodätenlatein" noch unbekannt sind, sollte diese Geschichte nach dem Studium des Lehrbuches wiederholt lesen.

Für Episode 2 zur Errichtung des neuen Eigenheims oder einer anderen baulichen Anlage erhält der Geodät mindestens drei verschiedene Vermessungsaufträge:

- die Erstabsteckung zur Fixierung der Lage und der Höhe der künftigen baulichen Anlage im Grundstück
- die Einmessung als Kontrolle für das Bauordnungsamt gleich nach Baubeginn, um bereits nach der ersten gemauerten Reihe der Außenwand die Lage und die Höhe gemäß der Baugenehmigung und Absteckung überprüfen zu können
- die katastermäßige Gebäudeeinmessung nach Fertigstellung der baulichen Anlage als amtlicher Nachweis im Liegenschaftskataster und anderen Kartenwerken

Darüber hinaus sind weitere Vermessungsaufgaben möglich (siehe Abschnitt 2.1), und zusätzliche Akteure können ins Spiel kommen, wie etwa Architekten, Bauherren, Bauleiter, Poliere, Baubetreuer, Gutachter, die Bauaufsicht.

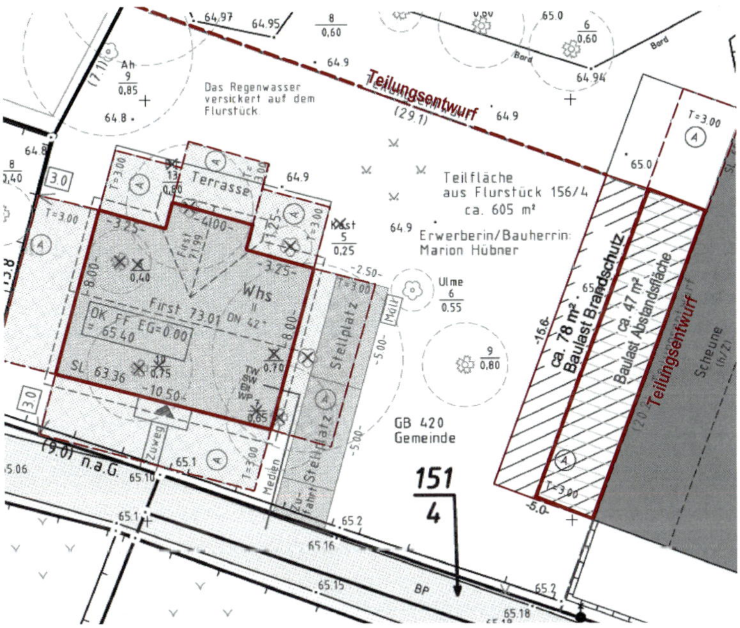

Bild 2.7 Auszug aus einem Amtlichen Lageplan (AL) mit Projekt, Teilungsentwurf und Baulast

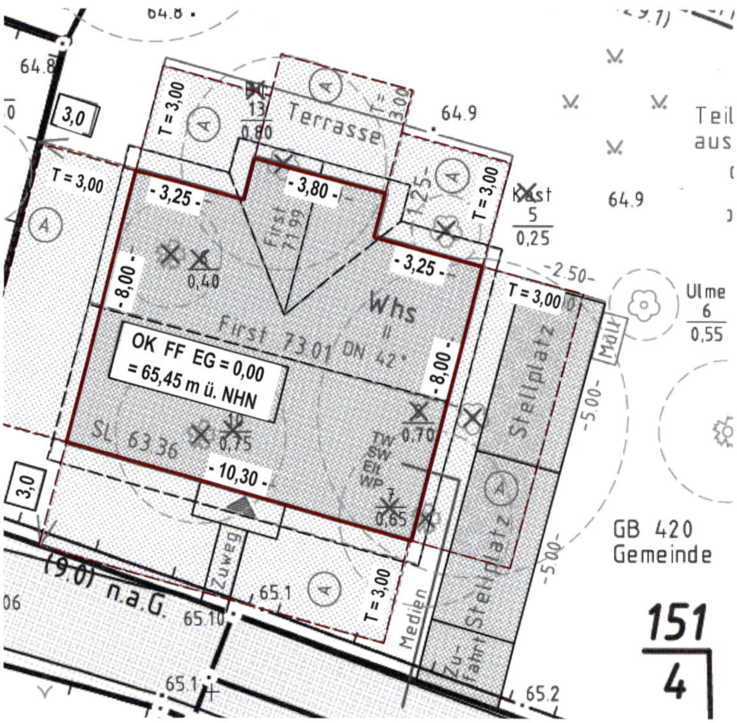

Bild 2.8 Projekteintrag im AL

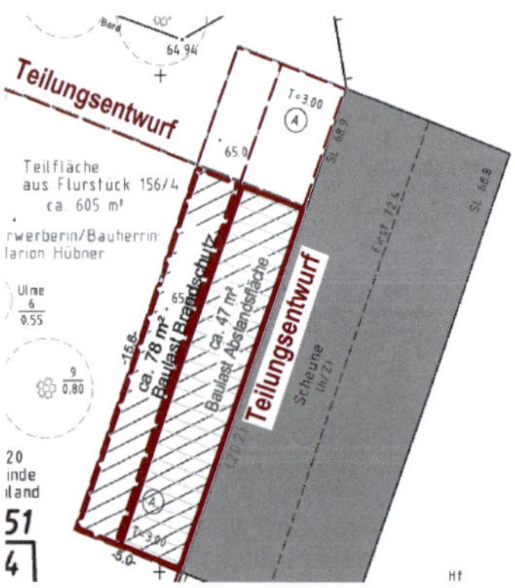

Bild 2.9 Baulast einer in Anspruch genommenen Fläche

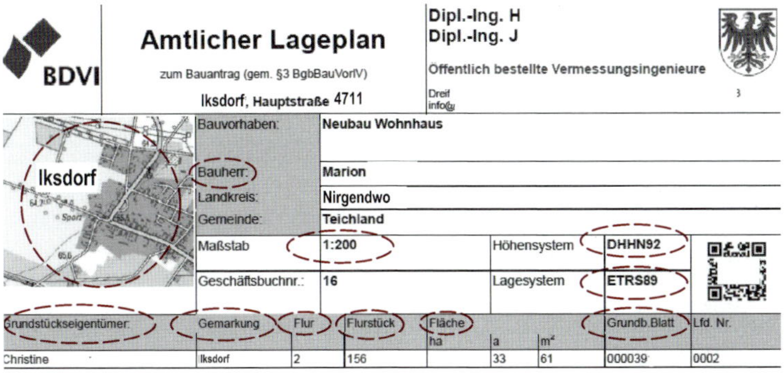

Bild 2.10 Deckblattkopf des AL

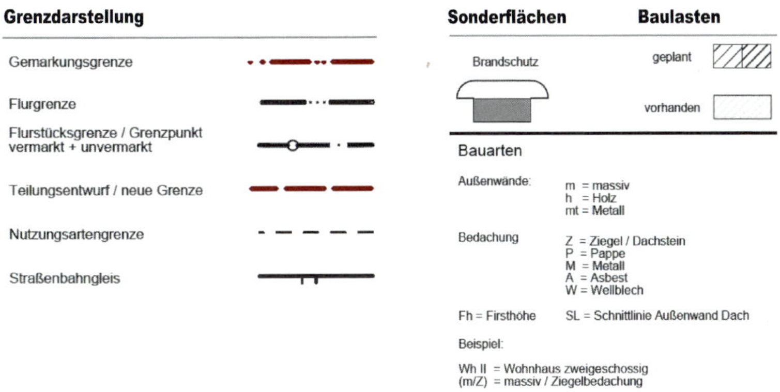

Bild 2.11 Legendenauszug zu Grenzen und Sonderflächen

2.3 Weitere gemeinsame Grundbegriffe der Architekten, Bau- und Vermessungsingenieure

Historisch gewachsene Stadtstrukturen führten zu Kuriositäten wie diese 2,2 m breite Lückenbebauung in Wernigerode, die unvereinbar ist mit „modernen“ Bauvorschriften (Bild 2.12).

Halten wir nun ein paar Grundbegriffe und Maße des Bauwesens in Anlehnung an die in Deutschland seit 2017 gültige allgemeine Baunutzungsverordnung (BauNVO) und die beispielhaft seit 2016 für das Bundesland Brandenburg gültige Brandenburgische Bauordnung (BbgBO) mit kurzen Erläuterungen fest, die Geodäten in der vermessungstechnischen Begleitung von Bauvorhaben im Zusammenspiel mit Architekten und Bauingenieuren benötigen:

Bild 2.12 Lückenbebauung in Wernigerode

Abstandsflächen (§ 6 BbgBO) sind Freiflächen zwischen baulichen Anlagen und gewährleisten Licht, Luft, Sonne, Brandschutz und sozialen Frieden zwischen den Nachbarn (Bild 2.13). Die Größe der Flächen bzw. die Abstände zu den Grundstücksgrenzen und zwischen den Gebäuden richten sich nach Wandhöhen, Gebäudeklassen, Festsetzungen des Bebauungsplans und der Art der baulichen Ausführung.

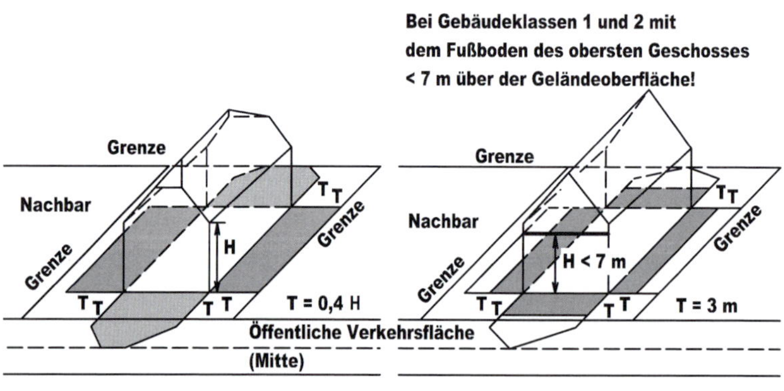

Bild 2.13 Abstandsflächen auf dem Grundstück mit 3 m Tiefe als Normalfall

Auf *Bauerwartungsland* steht einer zukünftigen baulichen Nutzung nichts entgegen, z. B. Bauflächen in Flächennutzungsplänen.

Auf einer *Baufläche* (z. B. Wohnbaufläche, Gewerbebaufläche, Sonderbaufläche) ist gemäß der Flächennutzungsplanung eine Bebauung vorgesehen.

Das *Baugebiet* (z. B. ein Wohn-, Gewerbe- oder Mischgebiet) umfasst mehrere benachbarte Flächen einer besonderen Nutzungsart.

Eine *Baugenehmigung* wird gemäß der Landesbauordnung erteilt, wenn der Errichtung, Veränderung, der Nutzungsänderung oder einem Abriss baulicher Anlagen keine öffentlich-rechtlichen Vorschriften entgegenstehen.

Die *Baugrenze* (§ 23 BauNVO) legt eine Grenze der überbaubaren Grundstücksfläche (im Bebauungsplan) fest, die nicht überbaut werden darf (Bild 2.14 links).

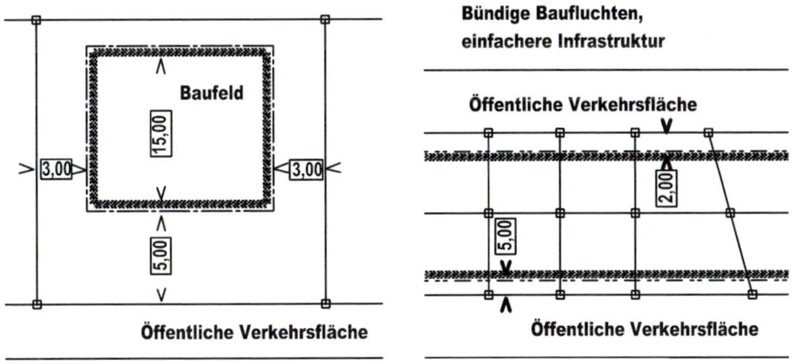

Bild 2.14 Baugrenzen (links) und Baulinien (rechts)

Auf einem *Baugrundstück* finden Baumaßnahmen statt oder sind bauliche Anlagen bereits errichtet worden.

Die *Baulast* (§ 84 BbgBO) ist eine Verpflichtung eines Grundstückseigentümers gegenüber einem zu begünstigenden Nachbarn über die bestehenden baurechtlichen Verordnungen hinaus. Sie wird im Baulastenverzeichnis der Bauaufsichtsbehörde eingetragen und kann nur von der Behörde verändert oder gelöscht werden. Baulasten können Zufahrten, Stellplätze, Abstandsflächen, Grenzbebauungen, gemeinsame Bauteile auf und an Grenzen regeln (Bild 2.15). Tatbestände für Baulasten können auch durch Dienstbarkeiten direkt im Grundbuch gesichert werden.

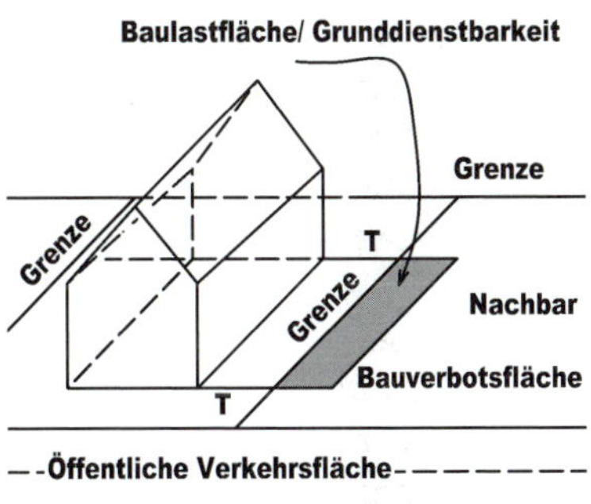

Bild 2.15 Fläche einer Baulast

Im Zuge der *Bauleitplanung* in der Verantwortung der Städte und Gemeinden zur Selbstverwaltung entstehen Flächennutzungs- und Bebauungspläne.

Die *Baulinie* (§ 23 BauNVO); alt auch *Baufluchtlinie*) legt eine Grenze der überbaubaren Grundstücksfläche (im Bebauungsplan) fest, an der gebaut werden muss. Das Ziel sind einheitliche Häuserfronten parallel zur Straße (Bild 2.14 rechts).

Die *BMZ - Baumassenzahl* (§ 21 BauNVO) gibt vor, wie viele Kubikmeter umbauter Raum je Quadratmeter der Grundstücksfläche zulässig sind.

Die *Bauvorlagen* gehören zum Antrag für eine Baugenehmigung und umfassen Lagepläne, Bauzeichnungen, -berechnungen und -beschreibungen, Nachweise der Standsicherheit, Wärmedämmung, des Brandschutzes usw. Bauvorlagen dürfen nur von Bauvorlageberechtigten und Fachplanern angefertigt, beurkundet und eingereicht werden.

In Brandenburg hat z. B. der ÖbVI in Bezug auf die Anfertigung des Amtlichen Lageplans die Verantwortung eines Bauvorlagenberechtigten.

Der *Bebauungsplan* und der vorhabenbezogene Bebauungsplan gemäß dem Baugesetzbuch sind meist aus dem Flächennutzungsplan abgeleitet und schaffen endgültige Rechtsverbindlichkeiten der städtebaulichen Ordnung zu Verkehrsflächen, überbaubaren Grundstücksflächen, zu Maßen und Arten der Nutzung baulicher Anlagen und zu weiteren Sachverhalten.

Befreiung bedeutet, dass die Bauaufsichtsbehörde einzelne Bauherren von Regelungen eines Bebauungsplans befreien kann, wenn öffentliche und nachbarliche Interessen gewahrt bleiben. Eine Befreiung kann z. B. bei der Grundstücksteilung eines bebauten oder zu bebauenden Grundstücks erforderlich sein, wenn Abstandsflächenregeln nicht eingehalten werden können.

Brandschutzfläche: Zwischen Gebäuden müssen Brandschutzabstände eingehalten werden. Die Summe aller Brandschutzabstände umgibt die bauliche Anlage als Brandschutzfläche (Bild 2.16).

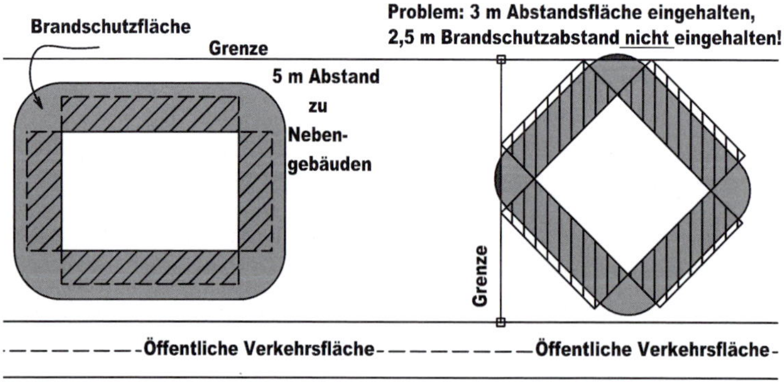

Bild 2.16 Brandschutzflächen

Die nicht „harte" Bedachung (§ 32 BbgBO): Gebäude mit Schilfdächern z. B. müssen je nach Gebäudeklasse aus Brandschutzgründen mindestens 6 m, 9 m oder 12 m von der Grundstücksgrenze und von Nachbargebäuden entfernt gebaut werden. Derartige Brandschutzflächen können die Größe der Abstandsflächen übersteigen.

Brandwand (§ 30 BbgBO): Eine Brandwand ist erforderlich, wenn Gebäude den nach Abstandsflächen berechneten Abstand zur Grundstücksgrenze unterschreiten.

Einmessungsbescheinigung (§ 72 (9) BbgBO): Lage und Höhe der baulichen Anlage werden vor Baubeginn abgesteckt. Zwei Wochen nach Baubeginn wird das Gebäude zum Nachweis der Einhaltung von Lage und Höhe von einem Vermessungsingenieur eingemessen. Die Bauaufsichtsbehörde fordert darüber eine Einmessbescheinigung.

Das *Erbbaurecht* ist die Möglichkeit, eine bauliche Anlage zeitlich begrenzt auf einem fremden Grundstück zu haben. Bekannt sind die Erbpachtgrundstücke der Kirchen, bei denen 99 Jahre lang das Wohnhaus dem Eigentümer gehört, das Grundstück aber Eigentum der Kirche bleibt.

Erschließung heißt Verkehrswege, Versorgungs-, Entsorgungsleitungen, Grünflächen usw. für die Allgemeinheit herzustellen, um dort eine Anbindung baulicher Anlagen zu ermöglichen.

Das Baugesetzbuch schreibt das Ordnen der Bebauung und sonstigen Nutzung von Grundstücken der Städte und Gemeinden in einer Bauleitplanung vor. Der *Flächennutzungsplan* ist nach den großen Zielen einer überregionalen Raumordnung der erste Bauleitplan in Verantwortung der Städte und Gemeinden. Der Flächennutzungsplan beschreibt die künftig mögliche Nutzung größerer Gemeindeteile und ist verbindliche Grundlage weiterer Planungen der Behörden. Der Flächennutzungsplan ist die Basis von Bebauungsplänen oder Vorhaben- und Erschließungsplänen.

Gebäude sind definiert als „selbständig benutzbare, überdachte bauliche Anlagen, die von Menschen betreten werden können und geeignet und bestimmt sind, dem Schutz von Menschen, Tieren oder Sachen zu dienen.“ (§ 2 (2) BbgBO 2016) Wände sind nicht zwingend.

Gebäudeklassen (§ 2 BbgBO): Gebäude werden nach ihrer Höhe (bis 7 m; bis 13 m), Flächengröße und dem Personen-„Fassungsvermögen“ klassifiziert.

Die *Geländeoberfläche* (§ 2 BbgBO) ist die natürliche Oberfläche des Geländes, wenn nicht der Bebauungsplan oder die Baugenehmigung andere Festlegungen über die Höhe des Geländes enthält.

Das oberirdische *Geschoss* (§ 2 BbgBO): Die Deckenoberkante ragt im Mittel mehr als 1,40 m über die Geländeoberfläche hinaus.

Die *Geschossfläche* (§ 20 BauNVO) ist die Summe aller nach den Außenmaßen der Gebäude in allen Vollgeschossen ermittelten Fläche.

Die *GFZ – Geschossflächenzahl* (§ 20 BauNVO) ist das zulässige Verhältnis aus Geschossfläche und Baugrundstücksfläche.

Die zulässige *Grundfläche* (§ 19 BauNVO) ist der Teil des Baugrundstücks, der von baulichen Anlagen überdeckt werden darf (Bild 2.17 rechts).

Die *GRZ – Grundflächenzahl* (§ 19 BauNVO) ist das zulässige Verhältnis aus Grundfläche und Baugrundstücksfläche. Die maßgebende Grundstücksfläche (Bild 2.17 links) geht als Baugrundstücksfläche in die Berechnung ein.

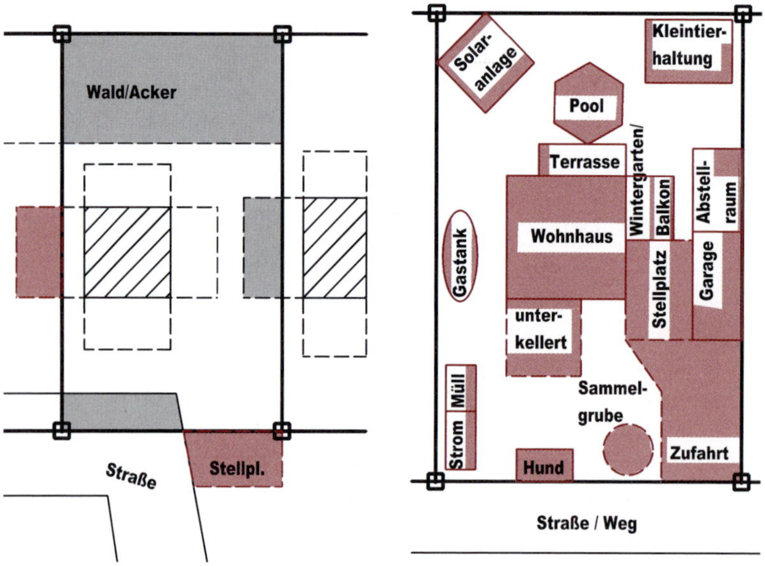

Bild 2.17 Maßgebende Grundstücksfläche (links) und Grundfläche des Baugrundstücks (rechts)

Ein *Hochhaus* (§ 2 BbgBO) ist ein Gebäude höher als 22 m.

Der *Lageplan* als Bauvorlage muss entsprechend der Bauvorlageverordnungen der Länder leicht differenzierten Anforderungen genügen. Der Amtliche Lageplan muss vorrangig über die Qualität und Maße des Grenzverlaufs am Baugrundstück Auskunft geben (siehe Abschnitt 4.1).

Die *Planzeichenverordnung* (PlanZV 1990/2011) regelt die Darstellung der Planinhalte in Bauleitplänen durch einheitliche Symbole, Flächensignaturen und Beschriftungen.

Der Begriff *Vollgeschoss* ist im Baurecht der Länder geregelt und beschreibt Geschosse, deren Deckenoberkante mindestens 1,40 m über der Geländeoberfläche liegt und deren lichte Höhe mindestens 2,30 m ist bzw. Geschosse mit geneigten Dachflächen, bei denen mehr als 75 % der Geschossfläche 2,30 m Mindesthöhe besitzen.

Die *Wandhöhe* ist das Maß von der natürlichen oder im B-Plan festgesetzten Geländehöhe bis zur Schnittlinie der Außenwand mit der Dachhaut oder bis zum oberen Wandabschluss (Bild 2.18). Sie ist Basis von Abstandsflächenberechnung.

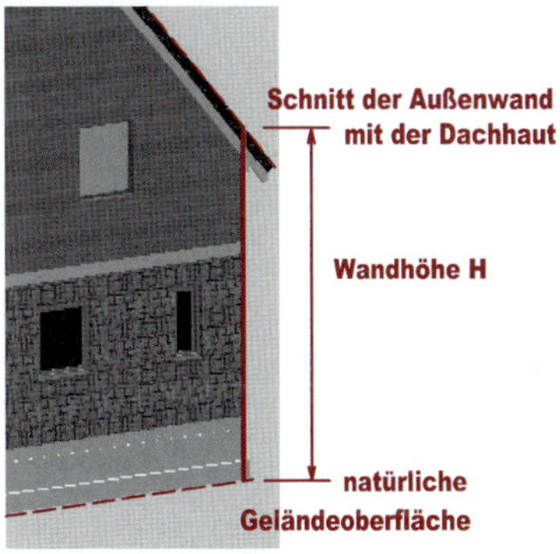

Bild 2.18 Wandhöhe

Die *Widmung* ist ein Hoheitsakt, der aus einer Sache eine öffentliche Sache macht. Straßen, Wege, Gewässer werden gewidmet.

2.4 Prüfungsaufgaben

1. Nennen Sie Beispiele geodätischer Aufgaben vor, während und nach der Errichtung baulicher Anlagen!
2. Welche Vermessungsaufgaben rund um das Baugeschehen müssen von amtlich befugten Vermessungsingenieuren gelöst werden?
4. Was sind Abstandsflächen? Wozu dienen sie?
5. Was sind Brandschutzflächen? Skizzieren Sie ein Beispiel!
6. Welche Inhalte zeichnen den Amtlichen Lageplan aus?

3 Lage-, Höhen-, Schwerebezugssysteme, SAPOS

„Globus“ ist aus dem Lateinischen übernommen und bedeutet Kugel oder Ball. Nur der Globus stellt eine verzerrungsfreie maßstäbliche Darstellung der Erdgestalt dar (Bild 3.1 links). Bei allen anderen Projektionen der Erdoberfläche in ebene Karten treten Verzerrungen auf. Wanderkarten in Globusform sind aber denkbar ungeeignet.

Bild 3.1 Der Globus – die Erdoberfläche ist überall gekrümmt!

Der Kompromiss: Die *Bezugssysteme* sollen der tatsächlichen Figur der Erdoberfläche optimal angepasst sein. Für Lagebezugssysteme werden je nach Größe des abzubildenden Gebietes mathematisch gut beschreibbare *Bezugsflächen* festgelegt (Bild 3.2).

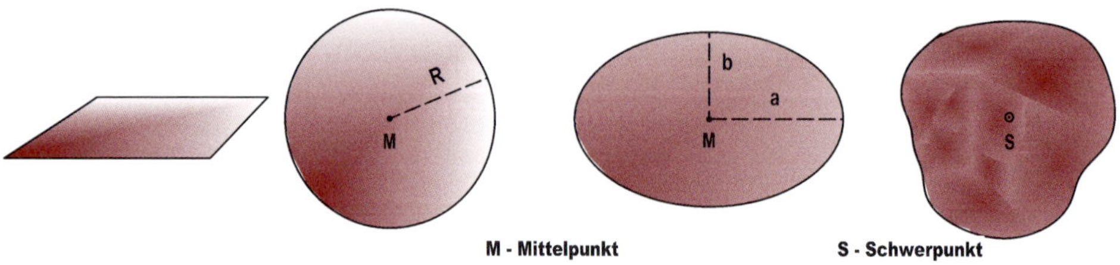

Bild 3.2 Ebene, Kugel, Ellipsoid, Geoid

Für Gebiete kleiner als 10 km Radius ist die Ebene als Bezugsfläche ausreichend genau. Bis 100 km Ausdehnung ist die Kugel als Bezugsfläche geeignet. Für Länder, Kontinente und globale Systeme ist das Rotationsellipsoid die geometrische Bezugsfläche (Bild 3.3).

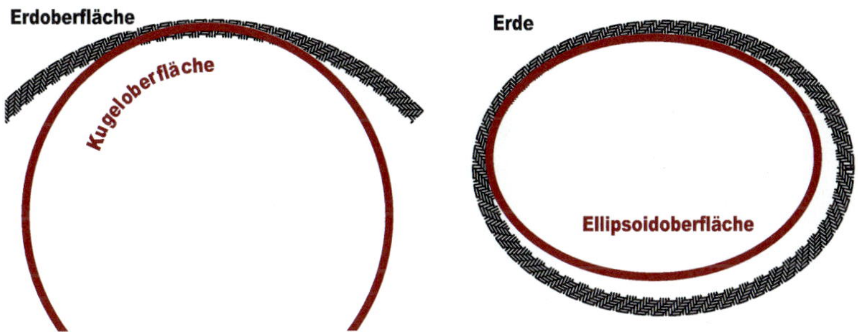

Bild 3.3 Bezugsfläche Kugel und Ellipsoid

Für Höhenangaben reicht dieses mathematische Modell nicht aus. Wenn entsprechend unserer Vorstellung Wasser immer bergab, niemals bergauf fließen soll, muss das Höhenbezugssystem für die Gebrauchshöhen physikalisch definiert werden. Die Bezugsfläche ist das Geoid. Das *Geoid* ist die geschlossene Niveaufläche gleicher Schwerkraft in der Höhe der mittleren Meeresoberfläche der Erde unter alle Kontinente hinweg gerechnet.

Zur geometrischen Einordnung der topografischen Objekte und deren Abbildung in Karten werden Koordinatensysteme definiert.

■ 3.1 Koordinatensysteme der Lage

Jedem bekannt sind geografische Koordinaten. Selten ist es, dass vier geodätische Parameter eines Punktes - die Lage in Form der geografischen Länge und Breite, die Höhe und Schwere - bedeutend genug erscheinen, um als Kunstwerk im Stadtzentrum präsentiert zu werden (Bild 3.4). Die Koordinaten der Bauteile, Objekte, Baustellen und amtliche Koordinaten bleiben unsichtbar.

Bild 3.4 Länge, Breite, Höhe, Schwere im Stadtzentrum Belgrad; 20° 27' 44" östliche Länge, 44° 49' 14" nördliche Breite, Höhe H = 116,75 m ü. A., Schwere g = 9,8060226 m/s² (links); virtuelle Koordinatensysteme im Stadtbild (rechts)

Geografische Koordinaten gehen von der Kugel als Bezugsfläche aus und beschreiben jeden Punkt der Erde eindeutig durch die nördliche und südliche Breite φ zwischen 0° und 90° bezüglich der Äquatorebene und die östliche und westliche Länge λ zwischen 0° und 180° bezogen auf den Längengrad (Nullmeridian) von Greenwich (bei London, Bild 3.5 links).

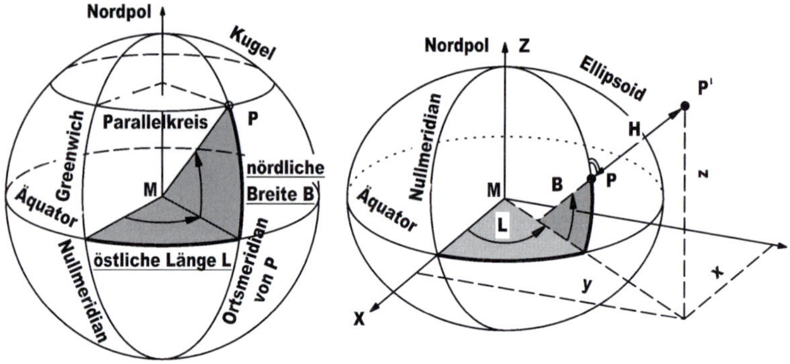

Bild 3.5 Geografische und ellipsoidische Koordinaten

Der Meridian *Greenwich* ist seit der Internationalen Meridiankonferenz in Washington vom 13./14. Oktober 1884 als *Nullmeridian* definiert. Seit der Antike bezog man sich auf die westlichste Insel der damals bekannten Welt – Ferro (heute: El Hierro), die westlichste Kanarische Insel. Im Jahr 1634 bestätigten die seefahrenden Nationen die Insel Ferro als Nullmeridian.

Der Winkel zwischen dem Meridian eines Punktes, bezogen auf die Nordrichtung und der Richtung zu einem zweiten Punkt, im Uhrzeigersinn gezählt, ist das *Azimut*. Arbeiten mit einem Kompass sind magnetische *Azimutmessungen* mit der Nullrichtung *Magnetisch Nord*.

Für die Darstellung der gekrümmten Erdoberfläche in Karten ist grundsätzlich eine Verebnung ausgehend vom Modell der Kugel oder des Ellipsoids erforderlich. Je nach Größe des Gebietes (Landes, Kontinents), dessen geografischer Lage und kalkulierter Verzerrung, sind Abbildungen - meist ausgehend vom Erdmittelpunkt - auf einen Zylinder, Kegel (konisch) oder gleich in die Ebene (azimutal) zu berechnen. Nach der Lage der abwickelbaren Fläche werden normale, transversale oder schiefachsige Positionen unterschieden. Im Ergebnis entstehen z.B. kleinmaßstäbige topografische Karten ab einem Maßstab 1:10 000 bis zu Übersichtskarten vom Maßstab 1:1 000 000 und kleiner.

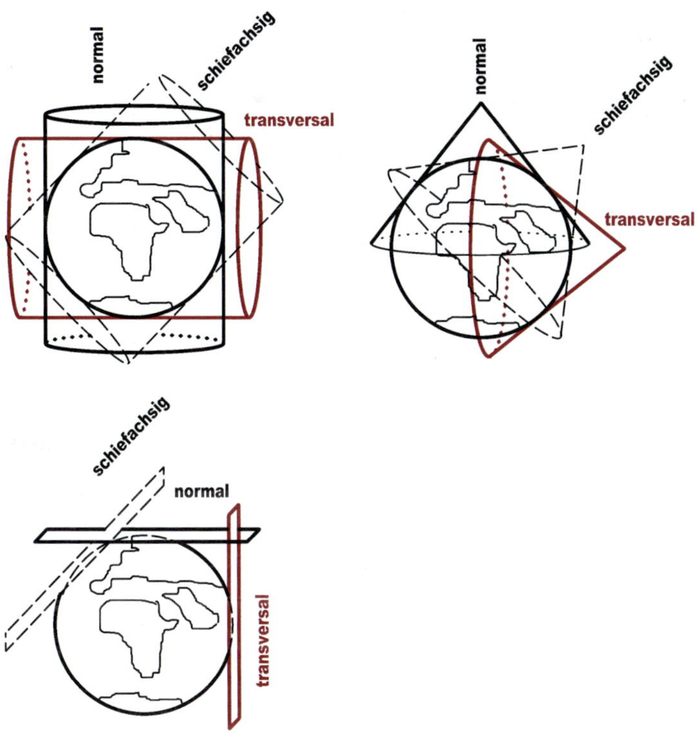

Bild 3.6 Zylinderprojektionen (oben l.), konische Projektionen (oben r.), azimutale Projektionen (unten)

Bei den Plänen baulicher Anlagen, angefangen vom Bauteil bis zum Bebauungsplan, den Stadt- und Liegenschaftskarten bis zum Maßstab 1:5000, spricht man von großmaßstäblichen Karten. Daraus resultieren vielschichtige sonstige Koordinatensysteme, die es zu verknüpfen gilt.

Geodätische Koordinaten beziehen sich auf ein spezielles *Ellipsoid:* das *Rotationsellipsoid.* Es bildet die *Abplattung* des Erdkörpers an den beiden Polen genähert ab. Geodätische Koordinaten sind definiert wie geografische Koordinaten (Bild 3.5 rechts). Die geodätische (ellipsoidische) Breite B ist der Winkel von der Äquatorebene bis zur Ellipsoidnormalen, der Senkrechten auf die Ellipsoidoberfläche (0° - 90° Nord oder Süd). Die geodätische Länge L umfasst 360° von +180° bis -180°. Direkt messbar sind diese Koordinaten auf der Erde nicht, da die geodätischen Messinstrumente - ausgestattet mit Libellen oder Pendeln - an die Richtung der Schwerkraft angeschlossen werden. Die Richtung der Schwerkraft variiert an jedem Ort aufgrund der unterschiedlichen Dichte- und Massenverteilung im Erdkörper. Daraus resultiert ein Winkel zwischen der physikalischen Lotlinie und der rein mathematisch definierten Ellipsoidnormalen. Dieser kleine Winkel ist die *Lotabweichung*. Der grundlegende Bezug muss über astronomische Messungen hergestellt werden. Grundsätzlich befasst sich die *Astrometrie* als Wissenschaft vom geometrischen Aufbau unseres Universums mit den Orten, Entfernungen und Bewegungen der Himmelskörper und auf unsere Erde bezogen mit der Lage und Dynamik des gesamten Erdkörpers und der Satelliten im Raum. Das mittlere *Erdellipsoid*, das sich dem Geoid am besten anpasst, herausgegeben von der Internationalen Assoziation für Geodäsie (IAG), ist als *Geodätisches Referenzsystem* 1980 (GRS 80) mit den Parametern $a = 6\,378\,137$ m (große Halbachse), $b = 6\,356\,752$ m (kleine Halbachse) und demzufolge der Abplattung $(a - b)/a = 298{,}2572$ festgelegt. Das *Weltweite Geodätische System 1984 (WGS84)* liefert wie das GRS 80 globale dreidimensionale *xyz*-Koordinaten mit dem Ursprung im Schwerpunkt der Erde. Die positive *z*-Achse läuft durch den Nordpol, die positive *x*-Achse durch den Schnitt von Äquator und Meridian von Greenwich, die positive *y*-Achse senkrecht zu beiden 90° östlich der positiven *x*-Richtung.

World Geodetic System 1984

Das Ellipsoid WGS 84 hat folgende Größen:

große Halbachse $a = 6\,378\,137{,}0$ m

kleine Halbachse $b = 6\,356\,752{,}314\,245$ m

mit der Abplattung $f = \frac{a-b}{a} = 1:298{,}257\,223\,563$

(Der Unterschied des GRS 80 zum WGS 84 ist von theoretischer Natur und beträgt in $b = 0{,}105$ mm.

Das WGS84 ist das zentrale Bezugssystem für die Bahnkoordinaten der GPS-Satelliten. Andere, sogenannte Referenzellipsoide, sind ebenfalls im Gebrauch (Bessel-, Hayford-, Krassowski-Ellipsoid). Das *Geodätische Datum* gibt den Maßstab und die Lagerung des Ellipsoids im Erdkörper mit dessen Fixierung und *Orientierung* an der Erdoberfläche an. Das *Referenznetz* mit seinen fest vermarkten Punkten auf der Erdoberfläche ist die Realisierung des Referenzsystems. Das *Geodätische Referenzsystem* ist die Summe aus dem Geodätischen Datum und seiner Realisierung in Form der Referenznetze. *Festpunkte* existieren sowohl für Lage- und Höhenkoordinatensysteme als auch für das Schwerefeld.

Lagefestpunkte sind oberirdische oder unterirdische Vermarkungen mittels Steinen, Rohren, Nägeln, Bolzen mit entsprechenden Aufschriften oder Hochpunkten wie Turmspitzen. Es gibt deutschlandweite Lagenetze mit *Trigonometrischen Punkten (TP), Aufnahmepunkten (AP), Polygonpunkten (PP)* mit einer Abstandsdichte unter 500 m. Landesweite bzw. kontinentweite *Dreiecksnetze* – vor über 150 Jahren mittels *Triangulationsmessungen*, später *Trilaterationsmessungen* entstanden – werden durch Satelliten-„Netze" verdrängt. Satellitengestützte Systeme einschließlich der festen Bezugspunkte auf der Erde lösten die klassischen TP-Dreiecksnetze ab. Moderne „Vermarkungen" sind Satelliten, die „Festpunkte" der Lage und Höhe im Weltraum. Erdumspannende Satellitenbeobachtungsdienste und Referenzstationen auf der Erde mit einem Netz von Empfangs- und Sendeantennen (siehe SAPOS) stellen Nutzern den Koordinatenbezug bereit.

Gauß-Krüger-Koordinaten sind das Ergebnis der Gauß-Krüger-Abbildung. Gauß-Krüger-Koordinaten sind verebnete geodätische Lagekoordinaten für amtliche Lagebezugssysteme, für Karten und Pläne. Sie stellen ein System der Projektion und Abbildung dar. Der praktische Lagebezug, d.h. die tatsächliche Fixierung des Ellipsoids an der Erdoberfläche, muss vorher festgelegt sein. Die Krümmungen der Erdoberfläche bzw. des mathematischen Modells der Kugel oder des Ellipsoids lassen bei deren Abbildung in eine Ebene keine verzerrungsfreie Darstellung zu. Die einzige Möglichkeit, die Erde ohne *Abbildungsverzerrung* zu modellieren, ist - wie bereits erwähnt - der Globus. Es wird grundsätzlich zwischen längen-, winkel- (konformer) oder flächentreuer Abbildung unterschieden. Die mathematische Projektion kann in einem ersten Schritt azimutal auf eine Tangentialebene (Azimutalprojektion) an die Erdoberfläche, konisch auf einen übergestülpten Kegelmantel oder zylindrisch auf einen Zylinder geschehen. Die Lage der drei Abbildungsflächen Ebene, Kegel, Zylinder zur Erdachse kann dabei normal (Erdachse parallel zur Kegel- oder Zylinderachse), querachsig (transversal) oder schiefachsig sein. Der zweite Schritt der Abbildung ist die Abwicklung des Kegelmantels oder Zylinders in die Kartenebene (vergleiche Bild 3.6).

Gauß-Krüger-Koordinaten entstehen geometrisch angenähert durch eine *konforme Querzylinderprojektion* vom Bezugssystem (z.B. des Krassowski- oder Bessel-Ellipsoids) nach einer schrittweisen Zerlegung in Meridianstreifen mit 3° oder 6° Längengraden und deren Abwicklung vom Zylindermantel in die Ebene. Aufgrund der Projektionsverzerrung beträgt z.B. die Dehnung einer 1 km langen Strecke in unseren Breiten (50° n.B.) 100 km entfernt vom Mittelmeridian ca. 12 cm.

Die *längentreue Abbildung* des Mittelmeridians des 3°- oder 6°-Meridianstreifens ist die x-Achse des Gauß-Krüger-Koordinatensystems. Orthogonal dazu verläuft die Richtung des Äquators. Die Abwicklung des Äquators in die Zylinderebene ist die y-Achse. Es entsteht das allgemeine ebene *kartesische Koordinatensystem* der Geodäsie.

Außer den klassischen Gauß-Krüger-Koordinaten sind weiterentwickelte *UTM-Koordinaten* im *Europäischen Terrestrischen Referenzsystem 1989 (ETRS89)* im Gebrauch. ETRS89 ist ein für das Datum 01.01.1989 abgeleitetes dreidimensionales, geozentrisches europäisches Koordinatensystem, eingebunden im globalen (internationalen) Referenzrahmen. Es tritt die Nachfolge des *Deutschen Hauptdreiecksnetzes 1990 (DHDN90)* an.

Das System *Universale Transversale Mercatorprojektion (UTM)* ist das Abbildungssystem von dreidimensionalen globalen Koordinaten in zweidimensionale Koordinaten wie das Gauß-Krüger-Koordinatensystem. Für Deutschland ist UTM seit 20 Jahren die Basis der amtlichen Kartenwerke der Landesvermessung und des Liegenschaftskatasters (Bild 3.7 und Bild 3.8).

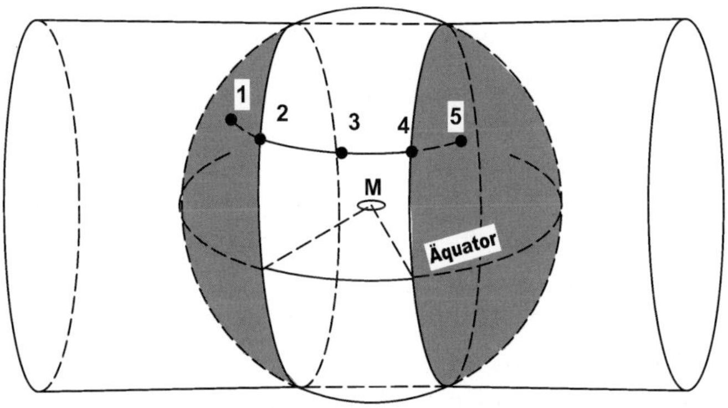

Bild 3.7 UTM, Prinzip der transversalen Zylinderprojektion

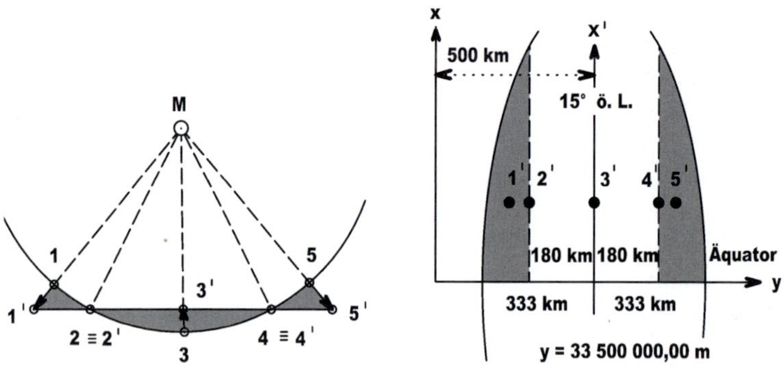

Bild 3.8 UTM-Äquatorschnitt, Abwicklung des Meridianstreifens Nr. 33

Es gibt für die Anwendung des *Lagebezugssystems* des ETRS 89 (und des Höhenbezugssystems) in Deutschland eine einheitliche Empfehlung der Arbeitsgemeinschaft der Vermessungsverwaltungen der Länder (AdV), aber keine einheitliche Umsetzung, da Vermessungs- wie Baurecht Landesangelegenheiten sind. *Lagefestpunkte* wurden in einem Bezugsnetz zur Festlegung des Systems gemessen und auf das weltweite Ellipsoid GRS 80 bezogen. Mit dem Bezugssystem hat gleichzeitig das Abbildungssystem in die Ebene der Karte vom konformen (winkeltreuen), 3°-breiten Gauß-Krüger-*Meridianstreifensystem* zur UTM gewechselt.

Während bei der herkömmlichen Gauß-Krüger-Abbildung jeder Projektionsstreifen meist nur drei Längengrade umfasst und der *Mittelmeridian* im Maßstab 1 : 1 vom Ellipsoid über eine Zylinderfläche in die Ebene abgewickelt wird, überdeckt bei der UTM ein Streifen meist sechs Längengrade, und zwei parallele Schnittkurven im Abstand von ca. 180 km beiderseits des Mittelmeridians werden längentreu abgebildet. Damit wird die Verzerrung an den Streifenrändern nicht zu groß. Der Mittelmeridian eines Streifens wird um den Maßstabsfaktor 0,9996 verkleinert. Die Projektionsverzerrung der klassischen 3°-Gauß-Krüger-Abbildung führt immer zu einer Vergrößerung der Strecken bis maximal 13 cm je Kilometer an den Meridianstreifenrändern. Bei der UTM dagegen werden durch Maßstabsfaktor und Projektionsverzerrung die Strecken vergrößert oder verkleinert, je nach Entfernung vom Mittelmeridian. Das Maximum tritt mit 40 cm je Kilometer im Bereich des Mittelmeridians auf. Im amtlichen Vermessungswesen gibt es entsprechende Maßstabszonenkarten, die für jede Gemeinde eine Streckenreduktion zwischen 0,9996 und 1,0003 festlegen (Bild 3.9).

Die Konsequenz für Vermessungen ist, dass nahe dem Mittelmeridian eine 100 m lange Strecke aus der Natur in den Koordinaten der Projektion 4 cm kürzer abgebildet wird bzw. umgekehrt die digital aus den Koordinaten der Karte bestimmte 100-m-Strecke in der Natur 4 cm länger ist. Geodätische Berechnungsprogramme berücksichtigen diese Reduktion, CAD-Programme meist nicht. Der Datenaustausch zwischen Entwurfsverfassern, Ämtern und Vermessungsingenieuren muss in Bezug auf Koordinatensysteme und deren Projektionsverzerrungen fachlich begleitet werden.

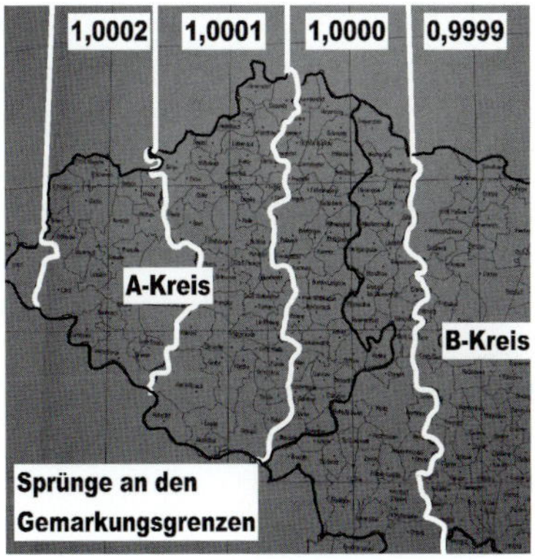

Bild 3.9 Maßstabszonenkarte (Auszug)

Die Festlegung einer mathematisch global definierten Bezugsfläche für die Lagekoordinaten hat für den Großteil der Landflächen die Konsequenz, eine Reduktion infolge der Höhenlage vorzunehmen. Je nach Genauigkeitsanforderung ist die Streckenlänge als Funktion der Geländehöhe zu reduzieren (Bild 3.10).

Die *Höhenreduktion* (meist) hinunter auf die Oberfläche des Bezugsellipsoids trägt zur Koordinatenumrechnung für z. B. eine 1 km lange Strecke aus 500 m Höhe etwa - 8 cm bei.

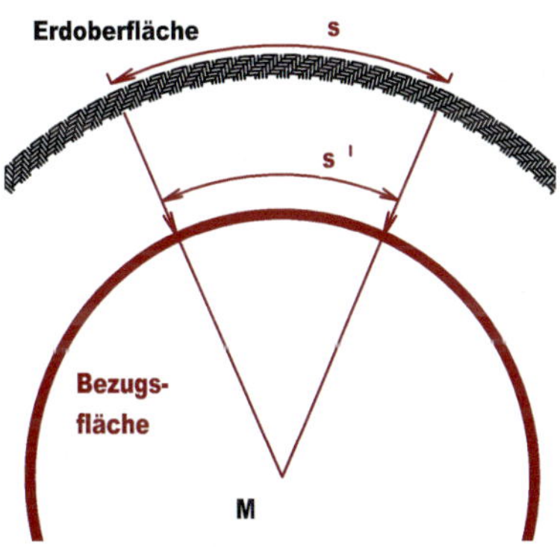

Bild 3.10 Höhenreduktion einer Streckenlänge

Dem Globus ein ebenes kartesisches Koordinatensystem aufzuzwingen, bedeutet Gitternord einzuführen. Damit sind die drei verschiedene Nordrichtungen Gitternord, Magnetisch Nord und Geografisch Nord zu unterscheiden. *Gitternord* verläuft im Mittelmeridian und in allen Parallelen zur Abbildung des Mittelmeridians der Gauß-Krüger- oder UTM-Koordinaten, d. h. parallel zur x-Achse. *Geografisch Nord* ist die Richtung der Meridiane. Nur im Mittelmeridian fallen Gitternord und Geografisch Nord zusammen. *Magnetisch Nord* ist die Richtung der Kompassnadel zum nördlich gelegenen Magnetpol. Diese drei Nordrichtungen spannen untereinander drei verschiedene Winkel auf. Die *Meridiankonvergenz* γ ist der Winkel zwischen Gitternord und Geografisch Nord. Im Mittelmeridian ist demnach $\gamma = 0$. Die *Deklination* δ ist der Winkel zwischen Magnetisch Nord und Geografisch Nord. Sie ist als *Missweisung* der Kompassnadel bekannt (Bild 3.11). Der Winkel zwischen magnetisch Nord und Gitternord ist die *Nadelabweichung n*. Die Magnetpole wandern an der Erdoberfläche jährlich um mehrere Kilometer. Demzufolge variieren die Deklination und Nadelabweichung im Unterschied zu dem definierten Winkel zwischen Geografisch Nord und Gitternord nicht nur von Ort zu Ort, sondern auch von Jahr zu Jahr erheblich.

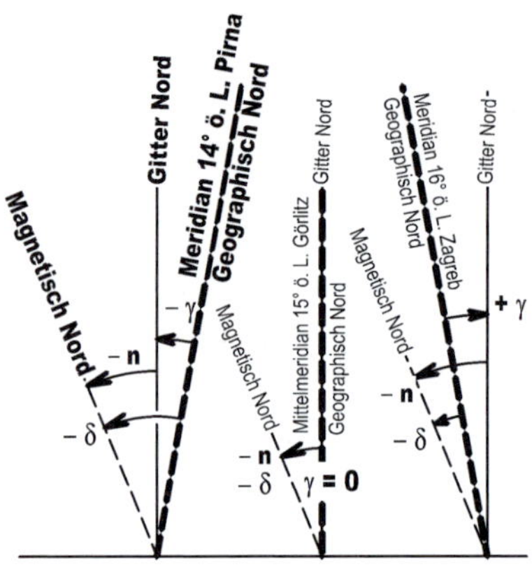

Bild 3.11 Magnetisch, Geografisch, Geodätisch Nord (UTM Zone 33)

■ 3.2 Höhenbezugssysteme

Das *Geoid* ist als physikalisch definierte Niveaufläche der Erdfigur optimal angepasst. Auf einer Niveaufläche herrscht überall die gleiche Schwerkraft. Die Richtung jeder Lotlinie steht senkrecht zur Niveaufläche. Das Geoid ist die Niveaufläche der ungestörten Meeresoberfläche, die unter den Kontinenten weiter verläuft (Bild 3.12). Mathematisch ist das Geoid nur näherungsweise beschreibbar. Der Abstand zur Referenzfläche der Lage, des mathematisch definierten Rotationsellipsoids, kann global betrachtet bis 100 m betragen Diese Differenz heißt *Geoidundulation*.

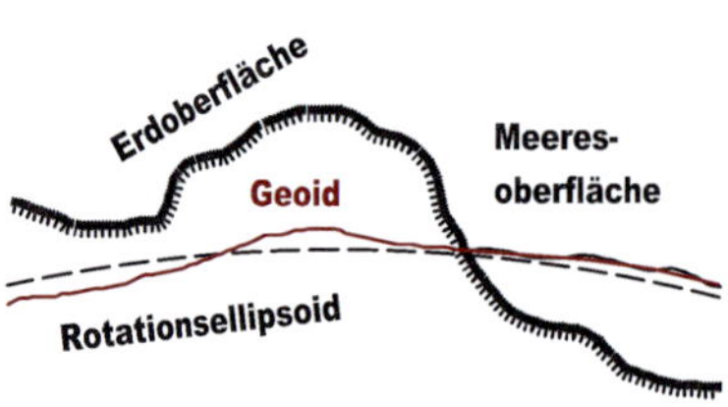

Bild 3.12 Bezugsfläche Geoid nahe der Meeresoberfläche (ohne die Einflüsse der Gezeiten, Meeresströmungen, wechselnden Luftmassen, Winde, Temperaturen und Salzgehalte)

Niveauflächen sind Bezugsflächen für Höhensysteme. Die Höhe ist der Abstand eines Punktes von der Bezugsfläche entlang der Lotlinie. Höhen über dem Geoid sind *orthometrische Höhen*. Höhen über dem Referenzellipsoid sind *ellipsoidische Höhen*. Höhen über dem *Quasigeoid* (keine Niveaufläche, sondern Rechenfläche) sind *Normalhöhen*. Der Unterschied zwischen ellipsoidischen und Normalhöhen ist die *Höhenanomalie*. Praktisch werden Null-Niveauflächen von Höhenbezugssystemen durch mittlere Wasserstände von Meerespegeln physikalisch definiert (z. B. *Amsterdamer Pegel, Kronstädter Pegel*). In Deutschland gibt es drei grundsätzliche Höhensysteme zu unterscheiden (Tabelle 3.1). Die als Normalhöhen über dem Quasigeoid berechneten Höhen werden über der als *Normalhöhennull (NHN)* bezeichneten Bezugsfläche mit dem Nullpunkt des Amsterdamer Pegels angegeben. *Normal-Null (NN)* sind die älteren Höhen und genähert auf das Geoid bezogen und am Amsterdamer Pegel angeschlossen. *Höhen-Null (HN)* bzw. Normalhöhen gab es in der DDR und Osteuropa mit dem Quasigeoid als Bezugsfläche ausgehend vom Kronstädter Pegel. Jeder Plan und jede Karte mit Höhenangaben sollte die Bezeichnung des *Höhenbezugssystems* enthalten, und jeder Anwender sollte in nur einem System arbeiten. Die Differenz zwischen NN und HN bei der Höhenangabe eines Punktes liegt in der Nord-Süd-Ausdehnung der neuen Bundesländer zwischen 13 und 16 cm (NN - HN ≈ + 15 cm). Die Differenz zwischen NN und NHN beträgt über deutschlandweite Entfernungen nur wenige Zentimeter (Bild 3.13).

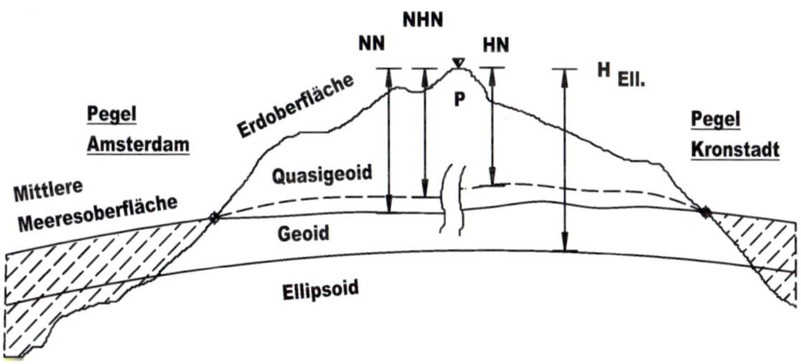

Bild 3.13 Geodätische Höhensysteme (HN + ca. 15 cm ≈ NN ≈ NHN für die Höhe in einem Punkt *P*)

Für Kartennutzer und Höhen-„Konsumenten" ist die Differenz meist ohne praktische Bedeutung. Für Ingenieurvermessungen sollte immer in einem Höhensystem geplant und gearbeitet werden.

Tabelle 3.1 Höhensysteme in Deutschland

Höhensysteme	Bezugsfläche	Wasserstand
Höhen über Normal-Null (NN)	Geoid	Pegel Amsterdam
Höhen über Höhen-Null (HN)	Quasigeoid	Pegel Kronstadt
Höhen über Normalhöhennull (NHN)	Quasigeoid	Pegel Amsterdam

Für den praktischen Anschluss von Vermessungen aller Art bedarf es fester Bezugspunkte im Gelände, d.h. der Realisierungen des Höhenbezugssystems. Die amtlichen Höhen in Deutschland mit einem dichten Netz von Höhenfestpunkten (Höhenbolzen) sind die Höhen auf der Basis des *Deutschen Haupthöhennetzes 2016 (DHHN2016)*. Sie entstanden auf der Basis bundesweiter Neumessungen und lösten das System DHHN 92 ab. Die maximalen Differenzen zwischen dem noch genutzten System DHHN 92 (auf der Basis zum Teil 40 Jahre alter Nivellements) und dem System DHHN 2016 beträgt für einzelne Höhenpunkte und Regionen maximal ± 3 cm. Erste geometrische Präzisionsnivellements zum Netzaufbau begannen in Deutschland vor 150 Jahren. *Höhenfestpunkte* sind Nivellementpunkte hoher Genauigkeit und dienen als Anschlusspunkte zur Messung weiterer Höhenunterschiede bis hin zur entferntesten Baustelle.

Unabhängig vom Höhensystem kann für großflächige Messungen über der Bezugsfläche je nach Genauigkeitsanforderung eine Reduktion der Streckenlänge als Funktion der Geländehöhe erforderlich sein.

■ 3.3 Schwerebezugssystem

Auf der Erde wirkt die Gravitation und zusätzlich durch ihre Rotation die Zentrifugalbeschleunigung. Das Resultat ist die Schwerebeschleunigung oder kurz: Schwere. Sie wirkt in der Lotrichtung (Bild 3.14). In jedem Punkt senkrecht zur Lotlinie verlaufen Niveauflächen gleicher Schwere. Die Null-Niveaufläche ist das bereits genannte Geoid. Das mittlere Erdellipsoid ist so definiert, dass es sich dem Geoid am besten annähert. Geoidbestimmungen gehören ins Fachgebiet der physikalischen Geodäsie.

Bild 3.14 Das Schnurlot folgt dem Schwerefeldvektor

Alle geodätischen Messungen, die mittels Libellen oder Pendeln an die Lotlinie angeschlossen sind, werden durch die von Punkt zu Punkt variierenden *Lotabweichungen* verfälscht. Bei großräumigen Messaufgaben wie bundesweiten oder grenzüberschreitenden Infrastrukturprojekten sind schwerebedingte Korrekturen anzubringen.

Wie für die Lage und die Höhe gibt es als Realisierungen für praktische Anschlussmessungen der Schwere ein landesweites Netz von Schwerefestpunkten innerhalb des *Schwerebezugssystems*. Das amtliche System ist das *DHSN2016*. Es löst das zum Teil noch gültige bzw. genutzte System DHSN 96 ab. Das *Schwerefestpunktfeld* gehört zum Raumbezugssystem und beinhaltet Festpunkte mit sehr genau bestimmter Schwerebeschleunigung sowie deren Koordinaten und Höhen im amtlichen Bezugssystem. Genaue Erdschwerewerte sind nicht nur zur Auswertung geodätischer Messungen notwendig. Sie werden für weitere geophysikalische Modellierungen benötigt. Für ingenieurgeodätische Messungen auf Baustellen spielen Schweremesswerte kaum eine Rolle.

Praktisch ist die Schwerebeschleunigung mit Pendeln, Federwaagen oder Fallkörpern im Vakuum bestimmbar (Bild 3.15). Instrumente zur Messung der Schwerebeschleunigung werden Gravimeter genannt. Im Ergebnis der Schweremessungen können Karten mit Isolinien gleicher Schwereabweichungen entstehen (Bild 3.16).

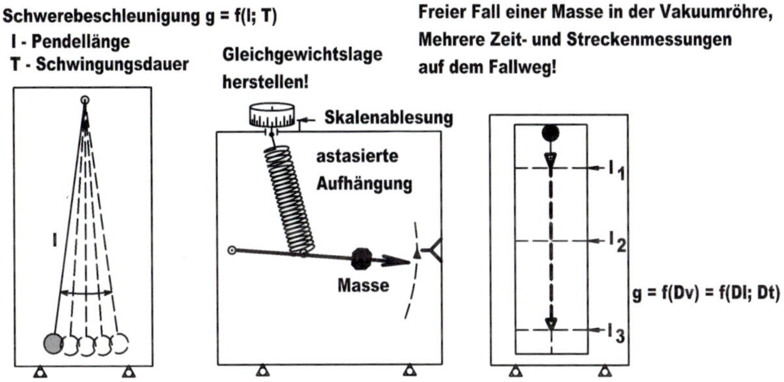

Bild 3.15 Pendelmessungen zur absoluten Bestimmung (links); Federwaage zur relativen Bestimmung der Schwerebeschleunigung und Grundprinzip eines Absolutgravimeters (rechts)

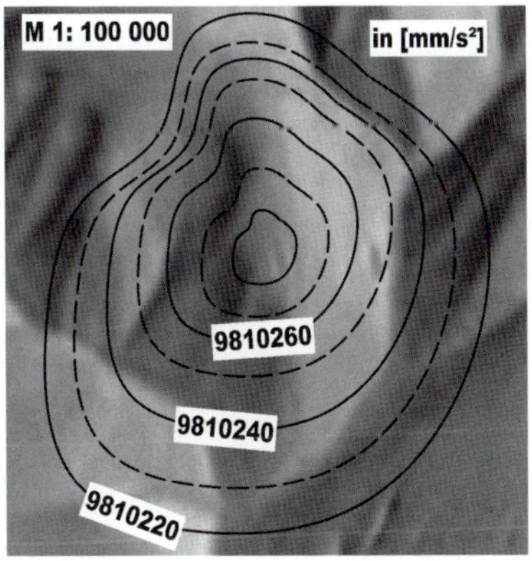

Bild 3.16 Isolinienkarte der Schwere

Neben der bekannten Maßeinheit für die Schwere m/s^2 ist noch die Maßeinheit Gal nach Galileo zulässig. 9,81 m/s^2 entsprechen 981 Gal. Moderne Gravimeter messen relative Schwereänderungen mit einer Genauigkeit von 0,01 mGal, also z. B. 9,8123456 m/s^2.

3.4 GNSS, SAPOS

GPS, das globale Positionbestimmungssystem, war das erste und lange Zeit einzige globale Navigationssatellitensystem (GNSS) (Bild 3.17). Deshalb wird im Alltag oft nur von GPS-Messungen gesprochen, auch wenn Empfänger für Messsysteme längst Signale von anderen GNSS nutzen.

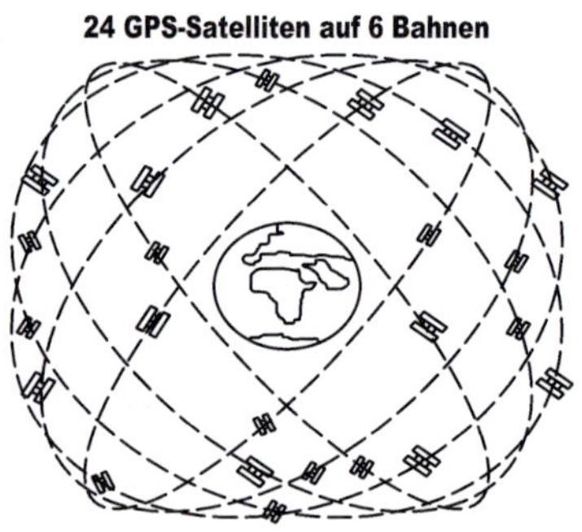

Bild 3.17 Grundkonfiguration der GPS-Satellitenbahnen (Äquatoransicht)

Inzwischen sind nach dem zweiten System - dem russischen GLONASS - auch noch chinesische Navigationssatelliten des Systems BeiDou im All. Das europäische GNSS mit Namen GALILEO befindet sich 2018 in der finalen Aufbauphase. Das vormals rein militärisch genutzte GPS der USA-Streitkräfte begann mit dem ersten Satellitenstart 1978 und hat seitdem schnell viele zivile Anwendungen gefunden. Seefahrt und Luftfahrt begannen Mitte der 1980er-Jahre, mit GPS genauer als jemals vorher zu navigieren. Geodäten nutzen GPS von Beginn an, allerdings mit einem Ausrüstungsumfang von ca. 100 kg. Die Technik wurde zunehmend handlicher, schneller, preiswerter und zog nach Schiffen und Flugzeugen auch in die Kfz-Technik ein. Mit dem Aufkommen des Mobilfunks ist diese Technik heute nur wenige Milligramm schwer in jedem Smartphone zu finden.

Das GNSS-Messprinzip beruht geometrisch betrachtet auf dem räumlichen Schnitt dreier „Signalausbreitungskugeln“ (Bild 3.18 links) auf der Erdoberfläche mit den nötigen Mess-, Kontroll- und Kommunikationswegen (Bild 3.18 rechts).

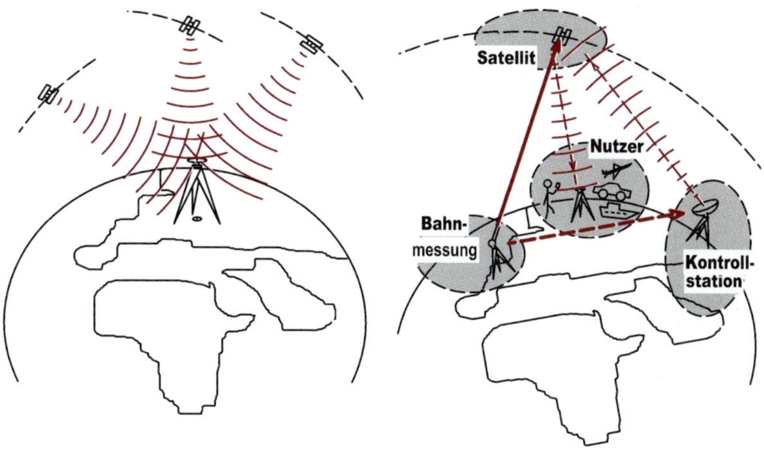

Bild 3.18 GNSS-Messprinzip

3.4.1 GNSS und GPS

24 Satelliten auf sechs Bahnen mit 55° Bahnneigung zur Äquatorebene in ca. 20 200 km Höhe mit 11 h 58 min Umlaufzeit (Geschwindigkeit ca. 4 km/s) sind die Grundkonfiguration des GPS. Für Echtzeitlage- und -höhenmessungen müssen mindestens die Signale von vier Satelliten gleichzeitig empfangen werden (Bild 3.19).

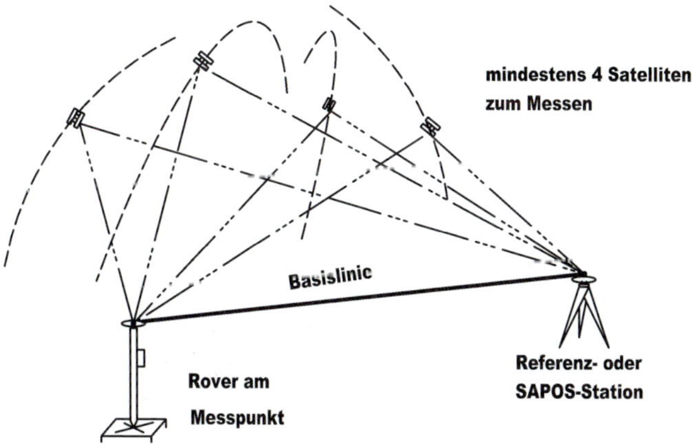

Bild 3.19 GNSS mit mindestens vier Satelliten liefert eindeutige Lage- und Höhenkoordinaten

Die Grundausstattung zur vermessungstechnischen Nutzung des GNSS umfasst die Antenne zum Signalempfang und den Feldrechner zur Signalverarbeitung mit der Kommunikationsmöglichkeit zur Referenzstation (Bild 3.20).

Bild 3.20 GNSS-„Besteck“ des Geodäten

Was sind die Möglichkeiten und Grenzen von GNSS für ingenieurgeodätische Nutzungen?

Die Vorteile gegenüber traditioneller Vermessung sind:

1. Es ist keine Sicht zwischen den Messpunkten notwendig.
2. Die Messgenauigkeit ist für kurze Basislinien (wenige Kilometer), d. h. für längere statische Messungen und Korrekturdatenfunk mit wenigen Millimetern, sehr hoch.
3. Messungen sind über jede globale Entfernung möglich.
4. Tages- und Nachtzeit spielen keine Rolle.
5. Messungen sind nahezu wetterunabhängig.
6. Die Messgeschwindigkeit ist hoch.

Einschränkungen und Nachteile sind:

1. Signale und damit die Sichtverbindungen zu mindestens vier Satelliten werden gebraucht (drei Satelliten für den geometrischen räumlichen Kugelschnitt (siehe Bild 3.18 links) und ein Satellit für die Bestimmung der Uhrzeitkorrektur im Empfänger).
2. Häuserfronten und Bäume schatten Signale teilweise ab oder stören – Mehrwegeffekte entstehen.
3. In Gebäuden, Tunneln, dichtem Wald sind GNSS nicht einsetzbar.
4. GNSS-Technik für vermessungstechnische Anwendungen ist nach wie vor kostenintensiv.

Der Anwender muss die Technik entsprechend der Aufgaben auswählen. Es gibt statische Systeme für Grundlagenmessungen hoher Genauigkeit über sehr große Entfernungen (bis zur Untersuchung der Plattentektonik). Kinematische Messungen wie die sog. *RTK*-Vermessung für topografische Aufnahmen erlauben die Vermessung vieler Punkte in schneller Folge. RTK (Real Time Kinematic) sind Echtzeitmessungen eines Empfängers mit Funkverbindung zu einer Referenzstation. Bauvermessungen, Liegenschaftsvermessungen, Lageplanmessungen und topografische Ergänzungsmessungen für Geoinformationssysteme sind typische Anwendungen. In mobilen Messsystemen (Stichwort „Streetmap"-Messungen vom schnell fahrenden Pkw aus) spielen GNSS mit mindestens zehn Messungen pro Sekunde eine wichtige Rolle bei der absoluten Raumorientierung.

3.4.2 SAPOS

Der *Satellitenpositionierungsdienst (SAPOS)* der deutschen Landvermessungen dient der hochgenauen Positionsbestimmung in der Lage und Höhe (3D-Bezugssystem). Die „Festpunkte" sind Netze von Satelliten im All und Referenzstationen auf der Erde. Die Referenzstationen empfangen permanent die Satellitensignale der globalen Satellitennavigationssysteme (GNSS), d. h. die GPS-Signale (amerikanisches System), die Signale des *GLONASS* und seit 2018 die Signale des *GALILEO* oder gar des *BeiDou* . Die Referenzstationen werten die enormen Datenmengen aus und stellen sie allen Nutzern über die modernen Kommunikationsmedien wie Modem/Handy (GSM), UKW-Funk oder Internet in einheitlichen standardisierten Datenformaten kostenpflichtig bereit. Deutschlandweit garantieren derzeit über 250 Referenzstationen eine flächendeckende Datenversorgung. Die Dienste sind in Genauigkeitsklassen unterteilt (Tabelle 3.2):

Tabelle 3.2 SAPOS-Dienste und deren Genauigkeit

SAPOS-Dienst	Bezeichnung	Lagegenauigkeit	Höhengenauigkeit
HEPS	Hochpräziser Echtzeit-Positionierungs-Service	1...2 cm	2...3 cm
EPS	Echtzeit-Positionierungs-Service	0,5...3 m	1...5 m
GPPS	Geodätischer *Post-Processing* Positionierungs-Service	genauer als 1 cm	genauer als 2 cm

Die SAPOS-Messungen erfolgen immer im Bezugssystem ETRS 89.

Die absolute GNSS-Messgenauigkeit mit nur einem Empfänger beträgt je nach Freigabe der Daten durch die Betreiber ≤ 5 m. Man spricht von der sogenannten Navigationslösung, wie sie in jedem Pkw-Navi funktioniert. Für geodätische Messungen sind zwei Empfänger nötig. Erst die differenziellen Lösungen schaffen zentimetergenaue Ergebnisse. Die SAPOS-Station stellt dabei einen der zwei notwendigen Empfänger dar (Bild 3.19).

3.4.3 Weitere Grundbegriffe zu GNSS

Die ellipsoidische Höhe aus GNSS-Messungen ist die vertikale Distanz eines Punktes über der Ellipsoidfläche. Diese Höhe ist in die orthometrische Höhe zu transformieren, um Gebrauchshöhen über dem Geoid zu bekommen (siehe Abschnitt 3.2).

Das Kontrollsegment des GNSS besteht aus rund um die Erde verteilten Einrichtungen. Sie kontrollieren täglich 24 Stunden lang die Satelliten, messen ihre Positionen, korrigierten die Bahndaten, berechnen deren weiteren Flugverlauf und liefern den Satelliten jeweils diese aktuellen Bahnpositionsdaten, die bei jeder Einzelmessung gemeinsam mit den eigentlichen Messsignalen an die Empfänger der Nutzer weitergeleitet werden. GNSS-Anwendungen zur Navigation in der Seefahrt ermöglichen mit drei Empfängern auf dem Schiff die Bestimmung des Kurses, der Geschwindigkeit, des Gierens, der Abdrift in der Strömung, des Rollens und Stampfens. Die klassische Kompasslinie der Nautik, die Loxodrome, spielt dabei fast nur noch eine untergeordnete Rolle. Die *Loxodrome* ist die Fahrtroute bzw. Strecke zwischen zwei Punkten der Erdoberfläche mit konstantem Kurswinkel (Bild 3.21).

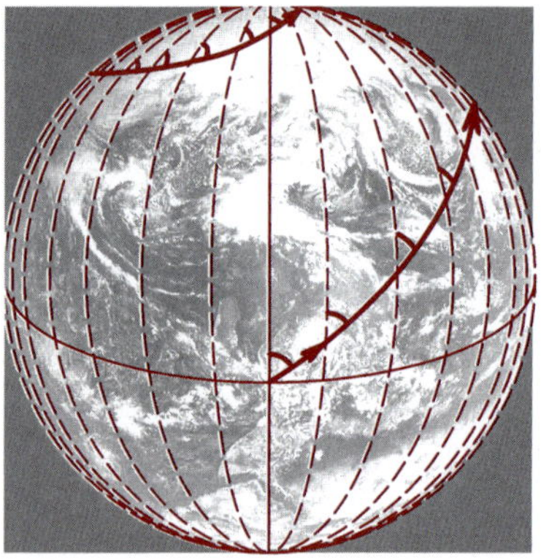

Bild 3.21 Loxodrome

Im Unterschied dazu ist die geodätische Linie die kürzeste Verbindung zwischen zwei Punkten auf der Erdoberfläche.

Der Mehrwegeffekt der GNSS-Signale ist ein grober Messfehler, der entsteht, wenn sich die Signale zwischen dem Sender des Satelliten und dem Empfänger nach verschiedenen Laufwegen überlagern. Mit Abschirmungen an den Antennen und Softwarealgorithmen können Mehrwegeffekte reduziert werden.

Das sogenannte *Post-Processing* bedeutet die spätere Berechnung von Koordinaten nach der Sammlung aller Messdaten im GNSS-Empfänger mit den erst im Nachhinein genauer bekannten, tatsächlichen Positionsdaten der Satelliten.

Die mittlere Greenwich-Zeit (GMT – Greenwich Mean Time) ist die weltweite Basis der Standardzeit, bezogen auf den Meridian durch Greenwich.

3.5 Einheitlicher integrierter Raumbezug 2016

Über mehrere Jahre hinweg ist der geodätische Raumbezug mit seinen Komponenten des Lage-, Höhen- und Schweresystems unter Einbeziehung der rasanten Entwicklung der GNSS-Messtechnik modernisiert worden. Die Satellitenmesstechnik als praktisches Bindeglied zwischen dem geometrisch definierten Lagebezug des Ellipsoids und dem physikalisch definierten Höhenbezug des Geoids fordert die einheitliche Betrachtung der Systeme. Das Modell der Abweichungen zwischen Rotationsellipsoid und Geoid musste weiterentwickelt werden.

Genauigkeit und Zuverlässigkeit galt es zu verbessern. Im Ergebnis zahlreicher deutschlandweiter Messkampagnen sind neue amtliche Lage- und Höhenkoordinaten eingeführt worden. Die Veränderungen in den Höhen zwischen dem System DHHN 92 und DHHN 2016 betragen maximal + 3 cm bis - 3 cm.

Insgesamt besteht der einheitliche integrierte geodätische Raumbezug gegenwärtig aus den Komponenten

- DHHN2016 - Deutsches Haupthöhennetz 2016,
- DHSN2016 - Deutsches Hauptschwerenetz 2016,
- GCG2016 - German Combined Quasigeoid 2016 (Bindeglied zwischen geometrischen und physikalischen Höhen),
- SAPOS-Referenzstationen mit verbesserten Koordinaten und
- Transformationsmodulen zur Überführung von Daten zwischen den Systemen.

Zum Glück bleiben die Auswirkungen der Lage- und Höhenänderungen für die Vermessungspraxis der meisten Nutzer in der vernachlässigbaren Größenordnung eines Zentimeters.

Eines bleibt für die Nutzer dennoch zu beachten: Für künftige Projekte ist der amtliche Höhenbezug DHHN2016 zu verwenden und entsprechend in Plänen und Verzeichnissen als „Höhe über NHN im DHHN2016“ zu benennen. Es ist zu prüfen, ob in der Vorbereitung zum Anschluss früherer Projekte eine Umrechnung vom alten System DHHN92 geschehen muss.

Insgesamt gesehen geht mit dem neuen Raumbezug 2016 die Nutzung herkömmlicher Messverfahren mit dem Anschluss an permanente Festpunktfelder weiter zurück. Die Benutzung von GNSS-Technologien mit SAPOS und Kommunikationsdiensten schreitet weiter voran und kommt aufgrund genauerer und zuverlässigerer Technik mit den Messergebnissen immer schneller auf die entferntesten Baustellen.

3.6 Prüfungsaufgaben

1. Nennen Sie Unterschiede und Gemeinsamkeiten von Gauß-Krüger-Koordinaten und UTM-Koordinaten!
2. Nennen Sie Vor-und Nachteile von GNSS-Messungen gegenüber anderen Messungen zur Koordinatenbestimmung!

3. Was bedeutet SAPOS für geodätische Messungen?
4. Welche Längenänderungen erfahren die Distanzen $AB = 1$ km und $AB = 2$ km auf der Erdoberfläche, wenn man sie aus 500 und aus 2000 Metern Geländehöhe auf die Höhe 0 des Bezugsellipsoids reduziert (Bild 3.22)?

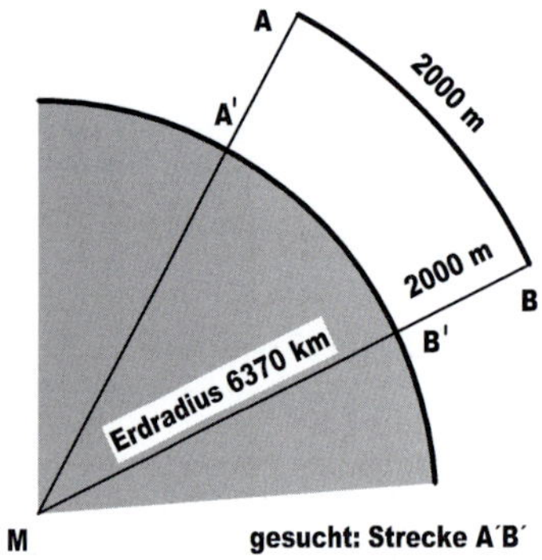

Bild 3.22 Aufgabe Höhenreduktion von Strecken

5. Die Eckpunkte des Dreiecks *ABC* sind in den folgenden UTM-Koordinaten gegeben:

   A (x = 5 746 023,87 m; y = 3 452 155,39 m)

   B (x = 5 745 883,78 m; y = 3 452 095,93 m)

   C (x = 5 745 953,20 m; y = 3 452 238,55 m)

   Fertigen Sie eine maßstäbliche Skizze des Dreiecks im Koordinatensystem an! Nennen Sie ihren gewählten Maßstab!

4 Liegenschaftskataster und Geoinformationssysteme

Am Anfang war die Landschaft. Als Menschen sesshaft wurden, sich das Land durch Ackerbau, Viehzucht, Häuser- und Wegebau untertan machten, kamen die ersten Geometer mit ihren Vermessungsinstrumenten ins Spiel. Es galt, die Flächen der Felder und Höfe abzugrenzen, um Besitz und Nachbarfrieden zu sichern. Ausschließlich Landvermesser konnten die Flächen nach Überflutungen oder Bränden rekonstruieren.

Die Abgrenzung der Felder und Höfe führte schließlich zu Grundstücken, deren Besitzer nach Größe und Erträgen besteuert werden konnten. Unsere gegenwärtige Ordnung der Grundstücke beginnt bei den Ergebnissen der Vermessungen für das Liegenschaftskataster und mündet in der lückenlosen rechtlichen Sicherung aller Flächen des Landes als Grundstücke im Grundbuch. Beide – Liegenschaftskataster und Grundbuch – dienen längst nicht mehr nur als Grundlage der Steuererhebung, sondern sind die Basis der Wertschöpfungskette des wichtigsten, wertvollsten und nicht vermehrbaren Wirtschaftsgutes der Menschheit: des Grund und Bodens.

Das *Vermessungswesen* ist die Summe aller Vermessungen privater und hoheitlicher Art und aller mit Vermessungen betrauter Personen und Institutionen.

Das *Amtliche Vermessungswesen* (z. B. § 5 BbgVermG) stellt den geodätischen Raumbezug her, erhebt und aktualisiert Daten der Landesvermessung und des Liegenschaftskatasters und stellt die Informationen der Wissenschaft, Verwaltung, Wirtschaft sowie den Bürgern in Form von Geobasisinformationen bereit. Rechtsgrundlage ist das Vermessungsgesetz des Landes.

Der *Raumbezug* (§ 7 BbgVermG) ist ein einheitliches geodätisches Bezugssystem der Lage, Höhe und Schwere für jeden beliebigen Punkt an der Erdoberfläche und wird durch Festpunkte sichtbar und nutzbar gemacht.

4.1 Grundbegriffe des Liegenschaftskatasters

Wenn der Bürger mit dem Liegenschaftskataster etwas sofort verbindet, dann sind das die Fragen: Wo sind die Grenzen meines Grundstücks und warum stimmen sie nicht? Sie stimmen! Es gibt aber mehrere Sichtmöglichkeiten (Bild 4.1). Entscheidend ist die Grenze im Rechtssinn, so wie sie im Katasternachweis amtlich dokumentiert ist. Dann kann es vor Ort keine Grenzsteine geben oder Grenzzeichen, die etwas schief oder daneben stehen.

Der Zaun als sichtbarstes Grenzzeichen ist sowieso reine Privatsache, soweit das Nachbargrundstück und das Nachbarrecht nicht verletzt werden. Nur im Idealfall verlaufen alle drei Grenzen übereinander.

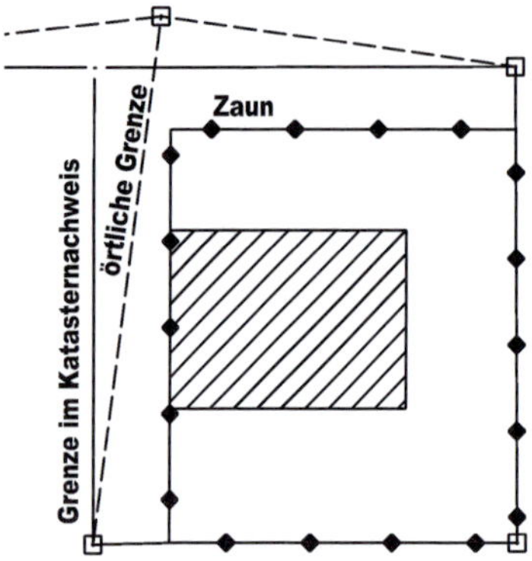

Bild 4.1 Grenzen eines Grundstücks

Das *Kataster* ist ein Verzeichnis gleichartiger Objekte. Das Verzeichnis der *Liegenschaften* (§ 8 BbgVermG) ist das Liegenschaftskataster. Andere übliche Kataster sind Baumkataster, Straßenkataster, Grünflächenkataster usw.

Das *Liegenschaftskataster* (§ 11 BbgVermG) ist das amtliche Verzeichnis der Grundstücke im Sinne der Grundbuchordnung. Die Führung des Liegenschaftskatasters ist eine öffentliche Aufgabe und dient der Erfassung, Darstellung und Beschreibung der Liegenschaften. *Liegenschaften* sind die Grundstücke bzw. Flurstücke und Gebäude. Im Grundbuch werden die Rechte, das Eigentum und die Belastungen der Grundstücke gesichert. Das *Grundbuch* als staatliches Register wird im Grundbuchamt geführt und ist dem Amtsgericht zugeordnet. Eine Übereinstimmung zwischen Liegenschaftskataster und Grundbuch ist zu gewährleisten. Das *Grundstück* ist eines der wichtigsten Wirtschaftsgüter eines Landes. Es ist ein wirtschaftlich und rechtlich einheitlicher, räumlich abgegrenzter Teil der Erdoberfläche, „gebucht“ (eingetragen) auf einem gesonderten Grundbuchblatt. Das Grundstück besteht aus einem oder mehreren Flurstücken. Ein *Flurstück* ist als geometrisch eindeutig abgegrenzter Teil der Erdoberfläche die Buchungseinheit des Liegenschaftskatasters. Es kann in verschiedene Nutzungsartenflächen unterteilt sein. Wege und Wasserläufe können zweckmäßig in mehrere Flurstücke zerlegt sein, die wiederum zu einer *Flur* zusammengefasst werden. Die Flur ist ursprünglich ein durch natürliche Grenzen wie Wege, Flüsse, Feld- und Waldränder abgetrenntes Flächenstück einer Gemarkung. Mehrere Fluren bilden eine *Gemarkung*, die meist der Größe der Gemeinde entspricht.

Das Liegenschaftskataster besteht aus der *Liegenschaftskarte* als darstellendem Teil (Bild 4.2), dem *Liegenschaftsbuch* als beschreibendem Teil - mit seinen Angaben zur Bezeichnung und Größe des Flurstücks, seinen Nutzungsarten, der Bodenschätzung, seinen Eigentümern mit deren Geburtsdaten und Anschriften - und dem Zahlennachweis (Risse, Koordinatenverzeichnis). Ohne Liegenschaftskataster könnten kein Grundbuch geführt, kein Bebauungsplan aufgestellt, kein Amtlicher Lageplan für Bauanträge bearbeitet und keine Finanzmittel der Banken für Bauherren bereitgestellt werden. Die Basis des Liegenschaftskatasters sind Liegenschaftsvermessungen, die zur angewandten Geodäsie gehören. Die Landesvermessung mit den Aufgaben aus der höheren Geodäsie schafft mit dem Lage-, Höhen- und Schwerefestpunktfeld, der topografischen Landesaufnahme, mit der Bereitstellung von Luftbildern und grundlegenden Kartenwerken auch die Grundlagen der Liegenschaftsvermessungen. Liegenschaftsvermessungen dienen der Einrichtung und Fortführung des Liegenschaftskatasters, der Feststellung und Abmarkung von Grundstücksgrenzen. Zu ihren typischen Aufgaben zählen die Grenzfeststellung, Grenzermittlung, Grenzherstellung, Zerlegung (Teilung), Sonderung, Verschmelzung (Vereinigung) und Gebäudeeinmessung.

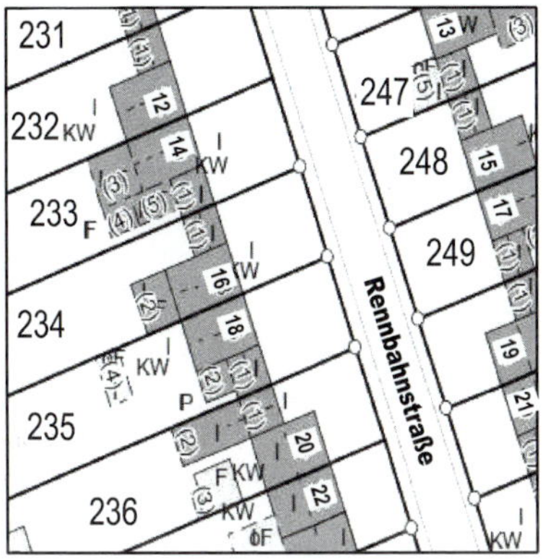

Bild 4.2 Flurkarte (Auszug)

Eine komplexe Aufgabe über die reinen Liegenschaftsvermessungen hinaus ist die Bodenordnung wie z. B. die Flurneuordnung, Flurbereinigung, Umlegung oder der freiwillige Landtausch.

Die Verwaltung und Fortführung des Liegenschaftskatasters obliegt den Kataster- und Vermessungsämtern. Liegenschaftsvermessungen sind ausschließlich von dafür zugelassenen amtlichen Stellen auszuführen. Dazu zählen die Katasterämter, Öffentlich bestellte Vermessungsingenieure (ÖbVI) und andere behördliche Vermessungsstellen.

Die *Grenzfeststellung* (§ 13 BbgVermG) ist für einen geordneten Grundstücksverkehr und bei geplanter grenznaher Bebauung die erste Vermessungsaufgabe. Grundsätzlich werden Grenzen in festgestellte und nicht festgestellte Grenzen unterschieden. Festgestellt ist eine Grenze, wenn ihre Lage ermittelt und diese von den Beteiligten anerkannt ist oder als anerkannt gilt. Durch *Abmarkung* (§ 15 BbgVermG) mittels Grenzzeichen (Steine, Rohre, Bolzen) werden festgestellte Flurstücksgrenzen dauerhaft und sichtbar gekennzeichnet. Unterirdische Sicherungsmarken sind üblich.

Das *Grenzzeugnis* (§ 14 BbgVermG) wird nach einer Grenzwiederherstellung ausgestellt, wenn der Verlauf einer festgestellten Grenze entsprechend den Nachweisen im Liegenschaftskataster örtlich wiederhergestellt wurde.

Bei einer *Zerlegungsmessung* wird ein Flurstück in zwei oder mehrere neue Flurstücke aufgeteilt. Neue Grenzen werden abgemarkt. Die Grenzen sind durch alle beteiligten Eigentümer (meist vor Ort) anzuerkennen. Die Flächen werden neu berechnet und alle Veränderungen im Liegenschaftskataster fortgeführt. Meist wird von einer Teilungsmessung gesprochen, wenn nach der „geometrischen Zerlegung" als rein katastermäßige Bildung neuer Flurstücke die „rechtliche Zerlegung" (sprich: Teilung im Grundbuch) mit den entsprechenden Grundbuchänderungen stattfinden soll.

Die *Sonderung* ist die Zerlegung eines Flurstücks ohne örtliche Vermessung auf der Basis eindeutiger geometrischer Bedingungen zum Nachweis im Liegenschaftskataster, zum Auffinden der neuen Flurstücke im Gelände und zur Flächenbestimmung.

Der *Amtliche Lageplan* enthält die Tatbestände an Grund und Boden und ist in einigen Bundesländern eine grundlegende Bauvorlage. Er führt bei der Planung, Prüfung, Genehmigung, Absteckung, Errichtung bis hin zur Bewirtschaftung baulicher Anlagen auf der Basis vermessungstechnischer Ermittlungen eine Vielfalt rechtlicher, technischer und interpretativer Sachverhalte für Entscheidungen der Bauherren, Architekten, Gutachter, Baufirmen und Bauaufsichtsbehörden sowie anderer am Bau Beteiligter zusammen. Seine Hauptinhalte sind die Maße und Qualität der Grundstücksgrenzen, vorhandene Bebauungen, Flächen, Eigentümer, Anschriften, die Festsetzungen des Bebauungsplans, die Lage und Höhe der öffentlichen Verkehrsanbindung sowie gegebenenfalls die Nachbarbebauung und Belastungen des Grundstücks. Der Amtliche Lageplan gibt den Bauaufsichtsbehörden den maximalen Gesamtüberblick für die grundsätzliche Beurteilung des Bauvorhabens, wenn er neben den Hauptinhalten noch die geplanten baulichen Anlagen mit Außenanlagen und Entwässerungseinrichtungen enthält.

Die katastermäßige *Gebäudeeinmessung* wird nach Abschluss der Bauarbeiten gemäß Vermessungs- und Liegenschaftsgesetz des jeweiligen Bundeslandes ausgeführt, um das Gebäude im Liegenschaftskataster nachzuweisen. Dieser Nachweis im öffentlichen Register ist eine wesentliche Grundlage für weitere Planungen von Baumaßnahmen und für die Beleihung von Grundstücken. Kurz nach dem Baubeginn können Gebäudeeinmessungen von der unteren Bauaufsichtsbehörde gefordert sein. Die untere Bauaufsichtsbehörde ist der oberen und obersten Bauaufsichtsbehörde des Landes unterstellt und dient in den Landkreisen, Städten und Gemeinden unmittelbar der Verwaltung im Bereich des öffentlichen Baurechts. Es ist der Nachweis zu erbringen, dass sowohl die Lage als auch die Höhe der baulichen Anlage der Baugenehmigung entsprechen.

Viele Begriffe aus dem Vermessungswesen haben Einzug in das Vorschriftengefüge des Bauwesens gehalten und sind in den Texten des Baurechts zu finden. Im gegenseitigen Verständnis von Bauingenieuren, Architekten und Geodäten sind diese unerlässlich. Es folgt alphabetisch die Zusammenfassung einer kleinen Auswahl:

Das *Abbauland* ist eine Art der Nutzung von Betriebsflächen wie z.B. des Tagebaus, des Steinbruchs oder der Kiesgrube. Es handelt sich also um keine Land- und Forstwirtschaftsflächen. Andere Betriebsflächen sind Halden, Lagerplätze sowie Flächen der Ver- oder Entsorgung.

Die *Anschlusspunkte* stellen den praktischen Lage- und Höhenbezug für nachfolgende Detailvermessungen auf den Grundstücken dar. Satellitengestützte Punktmessungen im System SAPOS können der Einrichtung von Anschlusspunkten dienen.

Die *Auflassung* ist die Eigentumsübertragung eines Grundstücks vom Veräußerer zum Erwerber, die gemeinsam bei einem Notar beurkundet wird.

Die *Auflassungsvormerkung* ist die vorläufige Sicherung des Anspruchs einer Eigentumsübertragung eines Grundstücks und wird im Grundbuch eingetragen.

Das *Automatisierte Liegenschaftsbuch (ALB)* enthält die Eigentümerangaben, Nutzungsarten und Flächengrößen der Flurstücke.

Die *Automatisierte Liegenschaftskarte (ALK)* gehört zu den Hauptbestandteilen des Liegenschaftskatasters. Die ALK beschreibt die Größe, Lage, Form und Nummer der Flurstücke. Die Zusammenführung von ALK und ALB führt zum ALKIS, dem Amtlichen Liegenschaftskataster-Informationssystem. Im Zuge der vollständigen Automatisierung und damit durchgängig automatisierten, digitalen Verarbeitung und Bereitstellung aller Geobasisdaten in allen Bundesländern entfallen die Begriffszusätze „Automatisiert“ in der Zukunft.

Die *Bodenordnung* in Deutschland wird im ländlichen und städtischen Raum unterschiedlich gehandhabt. Nach dem Baugesetzbuch dient die städtische Bodenordnung der Umgestaltung oder Neuordnung von Grundstücken zur Förderung der Bebaubarkeit. Grundstücksgrenzen werden gemäß städtebaulicher Planungen verändert. Der einfachste Fall ist die Baulandumlegung. Im Agrarbereich spricht man von der Flurneuordnung bzw. Flurbereinigung. Der freiwillige Landtausch auf Veranlassung der beteiligten Eigentümer ist die schnellste Methode der ländlichen Bodenordnung.

Die *Gutachterausschüsse* legen in Auswertung der Kaufpreissammlungen aller Grundstückskäufe jährlich anhand durchschnittlicher Grundstückswerte in Euro je Quadratmeter *Bodenrichtwerte* für Bauland fest und geben *Bodenrichtwertkarten* heraus. Im Bild 4.3 ist ein abgegrenzter Ortsteil mit 80 Euro/m^2 ausgewiesen in einem Wohngebiet (W) mit zweigeschossigen Gebäuden (II) mit einer Geschossflächenzahl (GFZ) von 0,4 und üblichen Grundstücksflächen bis 800 m^2 Größe.

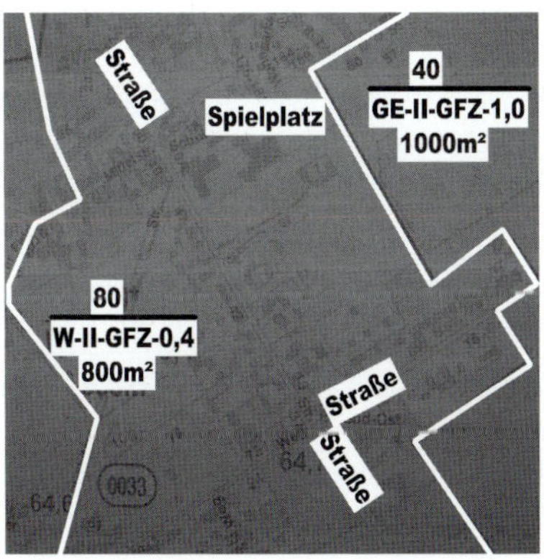

Bild 4.3 Bodenrichtwertkarte (Auszug)

Dienstbarkeiten sind Belastungen eines Grundstücks zum Vorteil eines benachbarten Grundstücks oder zugunsten von Personen. Dienstbarkeiten werden im Grundbuch eingetragen.

Grunddienstbarkeiten belasten ein „dienendes“ Grundstück zum Vorteil des jeweiligen Eigentümers eines „herrschenden“ Grundstücks. Typische Beispiele sind Wege- und Leitungsrechte. Beschränkt persönliche Dienstbarkeiten dagegen stehen nicht dem Eigentümer des herrschenden Grundstücks zu. Ein Beispiel sind Abstandsflächen, die zugunsten des Eigentümers und zusätzlich zugunsten der Bauaufsichtsbehörde gesichert sind. Beschränkt persönliche Dienstbarkeiten sind nicht übertragbar. Auf dem belasteten Grundstück entstehen durch Abstandsflächen oder Wegerechte Baubeschränkungen, die nur im Einvernehmen mit der Bauaufsichtsbehörde zu verändern sind. Baubeschränkungen durch Abstandsflächen werden in den meisten Bundesländern vornehmlich in Form von Baulasten im Baulastenverzeichnis der Bauordnungsbehörden gesichert.

Eigentum bedeutet Besitz, Verfügung und Nutzung einer Sache mit umfassendsten Rechten und der Pflicht, das Wohl der Allgemeinheit im Blick zu behalten.

Eine *Enklave* ist die Fläche innerhalb einer Gemeinde (Gemarkung), die zu einer anderen Gemeinde gehört. Umgekehrt ist diese eingeschlossene Fläche die *Exklave* dieser anderen Gemeinde.

Die *Ersitzung* von Grundstücken bedeutet, dass der Besitzer eines Grundstücks zum Eigentümer werden kann, wenn er 30 Jahre zu Unrecht im Grundbuch stand, wenn sein Grundstück nicht in einem Grundbuch steht oder der Eingetragene nicht der Eigentümer ist bzw. der rechtmäßige Eigentümer verschollen oder verstorben ist.

Die *Flurkarte* enthält als amtliches Kartenwerk die Liegenschaften der Gemarkung mit allen Flurstücken in den Maßstäben von 1:500 (Ortskerne) bis 1:5000 (Waldgebiete).

Die *Flurbereinigung (Flurneuordnung)* ist die Bodenordnung im landwirtschaftlichen Raum. Das Flurbereinigungsgesetz regelt die Neuordnung ländlichen Grundbesitzes.

Die *Fortführung* des Liegenschaftskatasters ist eine ständige öffentliche Aufgabe, um Veränderungen der ALK und des ALB zeitnah bereitzustellen. Es wird fortgeführt auf Antrag der Eigentümer, bei Eigentumsänderungen, nach Gerichtsentscheiden, von Amts wegen bzw. nach Mitteilungen anderer Behörden.

Die *Fortführungsmessungen* zur Fortführung des Liegenschaftskatasters sind unter anderem Teilungen (Zerlegungsmessungen), Grenzvermessungen sowie katastermäßige Gebäudeeinmessungen.

Der *Fortführungsriss* ist eine Zeichnung mit Urkundswirkung und enthält alle neuen, veränderten und wegfallenden Daten nach einer Liegenschaftsvermessung.

Eine *Grenzanzeige* ist eine Katastermessung zur Bestätigung des vorhandenen Grenzverlaufs bei Unklarheiten für einen oder mehrere Beteiligte.

Grenzbescheinigungen oder -atteste sind Grenzvermessungen, die den Nachweis führen, dass bauliche Anlagen den geforderten Grenzabstand haben bzw. keine Überbauungen vorliegen.

Die *Grenzermittlung* ist eine Katastermessung, bei der der Verlauf einer nicht festgestellten Grenze ermittelt wird.

Die *Grenzniederschrift* hat den Charakter einer öffentliche Urkunde und liefert zum vereinbarten Grenztermin vor Ort im Beisein des ÖbVI oder des Berechtigten der Katasterbehörde den Nachweis über die Grenzuntersuchung oder Grenzermittlung, die Abmarkung und Anerkennung der Grenze durch alle Beteiligten. Eine Grenzniederschrift wird herkömmlich auch *Grenzverhandlung* genannt.

Der Begriff der *Grenzuntersuchung* umfasst alle Vermessungen zur Ermittlung, Feststellung und Bescheinigung eines Flurstückgrenzverlaufs.

Bei einer *Grenzwiederherstellung* (§ 14 BbgVermG) wird der Grenzverlauf in der Örtlichkeit wiederhergestellt. Die Grenzwiederherstellung ist die Voraussetzung für die Ausstellung eines Grenzzeugnisses. Das Ergebnis einer Grenzwiederherstellung ist die festgestellte, in der Örtlichkeit abgemarkte Grenze, unabhängig davon, ob die Grenze vorher bereits festgestellt war bzw. als festgestellt galt oder erst im Verfahren der Grenzwiederherstellung festgestellt werden musste.

Inselkarten beinhalten einen meist natürlich begrenzten Teil einer Gemarkung. Benachbarte Gemarkungen, Flure und Flurstücke finden keine Beachtung. Heute ersetzen lückenlos aneinanderfügbare Rahmenkarten die Inselkarten, oder rahmenlose Datenstrukturen der ALK liefern flächendeckende, gemarkungsübergreifende Angaben des Liegenschaftskatasters im einheitlichen, amtlichen Koordinatensystem.

Das *Katasteramt* oder eine vergleichbare Behörde nimmt in den Kreisen und Städten die dem jeweiligen Landesvermessungsgesetz entsprechenden öffentlichen Vermessungsaufgaben wahr und wird von einem Beamten oder einer Beamtin des höheren vermessungstechnischen Verwaltungsdienstes geführt.

Das *Liegenschaftskataster* mit seinen Hauptbestandteilen Liegenschaftskarte und Liegenschaftsbuch dient der lückenlosen Sicherung von Eigentumsrechten an Grund und Boden. Eine Katasterbehörde führt das Liegenschaftskataster als amtliches, geometrisch eindeutiges Verzeichnis aller Flurstücke. Die Angaben des Liegenschaftskatasters gehören zu den Geobasisdaten.

Die *Liegenschaftsmessungen* sind allgemein Fortführungsvermessungen zur Fortführung des Liegenschaftskatasters: unter anderem Grenzermittlung, Teilung (Zerlegungsmessung), Grenzvermessung, katastermäßige Gebäudeeinmessung.

Als *Neuvermessung* bezeichnet man vom Umfang und Verfahren her sehr verschiedenartige Vermessungsarbeiten zum Liegenschaftskataster – Flurbereinigung, Umlegungen, allgemeine Katastererneuerung, Messung von Sanierungsgebieten mit klassischen, fotogrammetrischen oder/und Satellitenmethoden.

Rahmenkarten sind im Gegensatz zu Inselkarten von Gitternetzlinien des Koordinatensystems so begrenzt, dass lückenlos benachbarte Karten im gleichen System und Maßstab angeschlossen werden können. Bei der Fortführung der ALK im einheitlichen Gesamtdatenbestand spielen die Rahmen eine untergeordnete Rolle.

Die *Rute* ist ein altes Deutsches Längenmaß – seinerzeit in Preußen mit einer Länge von 3,7662 m und in 12 Fuß unterteilt.

Typische *Schlussvermessungen* sind Straßenschlussvermessungen, die nach der Baumaßnahme der Straßendokumentation dienen und vor allem den neuen Grenzverlauf der Straßenflurstücke für das Liegenschaftskataster schaffen.

Teilung heißt der Rechtsakt, dass eine Teilfläche eines Grundstücks im Grundbuch „abgeschrieben“ (herausgetrennt) wird und künftig ein selbstständiges Grundstück bildet oder einem anderen Grundstück angegliedert wird. Die Teilung ist erforderlich, wenn Grundstücksteile verkauft, vererbt, belastet, getrennt bebaut werden sollen. Voraussetzung zur Teilung ist eine Zerlegungsmessung (oft *Teilungsmessung* genannt) oder Sonderung.

Für Teilungsmessungen können *Teilungsgenehmigungen* durch die Bauaufsichtsbehörde erforderlich sein, wenn bereits bebaute Grundstücke geteilt werden sollen. Grunddienstbarkeiten bzw. Abstandsflächen können Teilungen entgegenstehen. Teilungen dürfen keine Tatsachen schaffen, die den Festsetzungen eines Bebauungsplans entgegenstehen.

Der *Veränderungsnachweis* des Liegenschaftskatasters dient der Übernahme von Veränderungen oder Berichtigungen der Flurstücksangaben in den Katasternachweisen nach Messungen oder anderen rechtswirksamen Änderungen.

Die *Vereinigung* ist das Zusammenschreiben zweier oder mehrerer Grundstücke im Grundbuch eines Eigentümers zu einem Grundstück. Nach zeitnaher Mitteilung des Grundbuchamtes an das Katasteramt wird diese Veränderung als Verschmelzung der betroffenen Flurstücke in den Nachweisen des Liegenschaftskatasters vollzogen.

Die *Verschmelzung* ist die katastertechnische Bildung eines Flurstücks aus zwei oder mehreren benachbarten Flurstücken.

Die *Vormerkung* ist eine vorläufige Eintragung in das Grundbuch zur Sicherung eines Anspruchs an einem Grundstück in einem laufenden Verfahren. Beispiele sind Vormerkungen von Erbansprüchen oder die Auflassungsvormerkung eines Grundstückskäufers.

4.2 Geodaten, Geoinformationssystem, Geodateninfrastruktur

Geodaten, erfasst, verarbeitet und präsentiert in Geoinformationssystemen, verknüpft und kommuniziert in einer Geodateninfrastruktur, sind grundlegendes Informations- und Wirtschaftsgut unserer Gesellschaft. Unsere politischen und wirtschaftlichen Handlungen und Entscheidungen können bis zu geschätzten 80 % direkt oder indirekt auf raumbezogenen Informationen basieren.

4.2.1 Geodaten

Geodaten sind Daten mit direktem oder indirektem Raumbezug zur Erde. Geodaten werden in Geobasisdaten und Geofachdaten unterteilt. Das amtliche Vermessungswesen sorgt für die Erfassung, Speicherung, Modellierung, Aktualisierung, Dokumentation, Visualisierung und Bereitstellung der Geobasisdaten. *Geobasisdaten* (§ 6 BbgVermG) bilden das Primärmodell des Georaumes. Sie beinhalten den Raumbezug: das Lage-, Höhen- und Schwerefestpunktfeld aus der Landesvermessung *(Amtliches Festpunktinformationssystem (AFIS)* und dem *Satellitenpositionierungsdienst (SAPOS)*, die großmaßstäbige Landestopografie und die Nachweise des Liegenschaftskatasters. Geofachdaten sind die raum- und fachbezogenen Daten aller Verwaltungs-, Wissenschafts- und Wirtschaftsbereiche. Sie umfassen analoge und digitale topografische Karten, Luftbilder, Daten der Bodennutzung, Wertermittlung (Bodenrichtwertkarte) oder politische Grenzen. Zur Datenerfassung, Bearbeitung, Präsentation und Auskunftserteilung für Bürger, Verwaltungen, die Wirtschaft und Wissenschaft dient das *ALKIS*. Die Zusammenführung all der ALKIS-Daten mit den AFIS-Daten und mit den kartografisch-topografischen Angaben des *Amtlichen Topographischen-Kartographischen Informationssystems (ATKIS)* ist die Basis einer Geodateninfrastruktur (GDI), d. h. eines öffentlichen, raumbezogenen Geobasisinformationssystems (AFIS-ALKIS-ATKIS-Datenmodell).

Das Amtliche Topographisch-Kartographische Informationssystem beinhaltet in seinem Datenmodell mit logischer Datenstruktur das digitale Landschaftsmodell (DLM) als Vektordatenbestand. Daraus können digitale topografische Karten (DTK) als Rasterdatenbestand abgeleitet werden.

Ein *Geobasisinformationssystem* ist die Sammlung, Aufbewahrung, Laufendhaltung, Analyse und Bereitstellung der Geobasisdaten für die Bürger und alle Anwender aus Wissenschaft, Wirtschaft, Militär und Verwaltung.

4.2.2 Geoinformationssystem (GIS)

Der folgende Abschnitt kann nur einen groben Überblick liefern. Geoinformationssysteme sind Inhalt meist separater Vorlesungsreihen an Universitäten mit hohem Übungs- und Praktikaanteil. Die eigenständige umfassende Thematik GIS füllt andere Lehrbücher (siehe weiterführende Literatur).

Informationssysteme durchdringen unseren gesamten Alltag: Sie finden etwa Anwendung im Bibliothekswesen, im Bankensektor, im Bereich der Logistik und des Managements. Informationssysteme können z. B. personenbezogen oder nachrichtendienstlich sein. Die weitaus größere Zahl der Informationssysteme basiert auf einem geografischen Hintergrund und ist wesentlich effizienter. Ein GIS ist letztlich die Bereitstellung von Fachdaten vor dem Hintergrund des Raumbezugs (Bild 4.4).

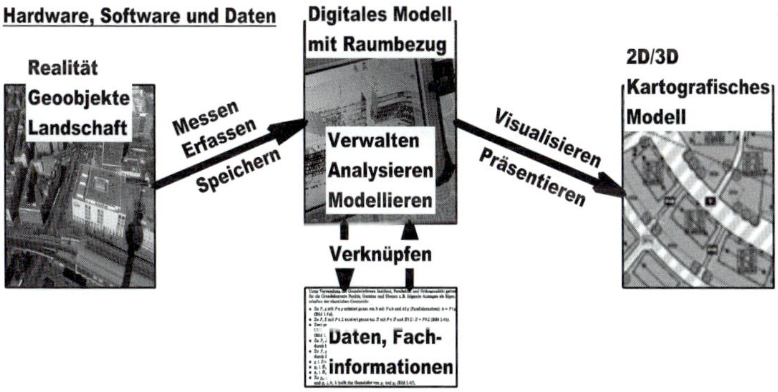

Bild 4.4 GIS-Prinzip (Summe von Hardware, Software und Daten)

Die Datenanalyse aus einem GIS liefert Lösungen für unendlich viele raumbezogene Projektziele, die als Entscheidungsgrundlage für Verantwortungsträger zum Nutzen der Kommunen, Wirtschaft, Banken, Versicherungen, Militärs, Wissenschaft und Bürger sofort verständlich sind. Bei der Verknüpfung thematischer Fachdaten mit dem Lagebezug entstehen z. B. vielfältigste Karten und Pläne:

- Landschaftspläne, Flächennutzungspläne, Bodenrichtwertkarten
- Biotopbesiedlungskarten, Infektionsausbreitungskarten
- Umweltverträglichkeitsprüfungen, Emissionskarten, Schadstoff-Immissionskarten

- Wind-, Wasser-, Wetter-, Klimakarten
- Versicherungsrisikogebiete
- Tourismuskarten über Attraktionen und Angebote
- Karten zu den Themen Schallausbreitung, Lärmbelastung, Funknetzempfang
- Bevölkerungs-, Eigentums- und Sozialstruktur-, Mietspiegelanalysekarten
- Karten zur Infrastrukturbelastung und -entwicklung
- Karten, um unterirdische Kollisionen der Leitungen von Ver- und Entsorgungsnetzen zu vermeiden (Gas-, Strom-, Trinkwasser-, Abwasser-, Fernwärme-, Telefon-, Glasfaserleitungen)
- Karten zum Bewegungs-, Arbeits-, Wohn- und Wanderungsverhalten
- Risikoanalysen-, Hochwasserausbreitungs- und -schutzgebietskarten
- Karten für Flächenbilanzierungen, zum Ausweisen von Potenzialflächen für Windenergieanlagen, Funkmasten, ...
- Pläne für Standortoptimierungen, Stichwort „kleinster Kreis“
- Karten für Erreichbarkeitsstudien, Transportwegeoptimierungen
- Karten der Schadensanalysen nach Naturkatastrophen

Grundsätzliche GIS-Arbeitsschritte sind die Planung, Datenerhebung, Datenverarbeitung, Datenanalyse, Modellierung, Bewertung, Visualisierung und Laufendhaltung in einer Datenbank.

Alle Geodaten mit ihren vielfältigsten Objekten, Strukturen, geografischen Geländeeigenschaften haben eine Gemeinsamkeit: den Raumbezug. Alle fachlichen Daten sind praktisch durch ihre Lage und Höhe miteinander verknüpft. Die Verknüpfungen der verschiedenen Fachdatenebenen liefern neue Informationen (Bild 4.5). Genau das ist die Hauptfunktion und der Sinn von *Geografischen Informationssystemen* oder *Geoinformationssystemen* (§ 6 BbgVermG).

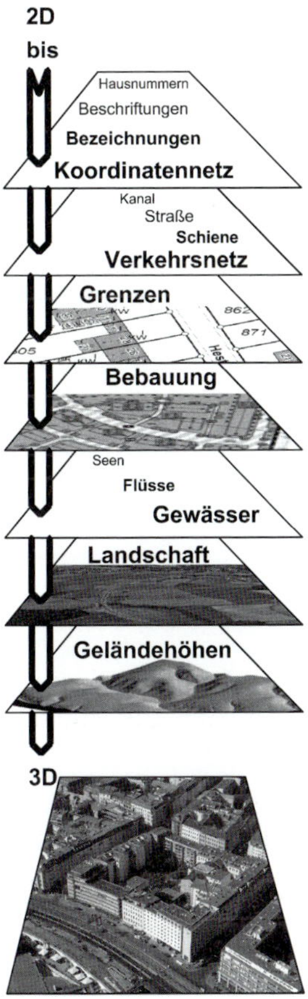

Bild 4.5 Beispiel für GIS-Datenebenen (Topografie und Kataster)

Auf dem klassischen großflächigen, kleinmaßstäbigen GIS können durch Verbindungen zur BIM-Methodik neue 3D-Modellebenen mit großmaßstäbigen Verknüpfungen zur Planung und Ausführung im Architektur- und Baugewerbe aufsetzen (Bild 4.6).

Ein GIS ist ganz allgemein die Summe geografisch basierter Daten, gespeichert in Datenbanken, und ihre Bearbeitung mit spezieller Software in geeigneten Hardwaresystemen mit dem Ziel, durch vielfältigste Datenanalysen neue georeferenzierte Informationen zu generieren.

Das Original - unsere Natur bzw. Umwelt - wird gemessen, digitalisiert, erfasst und modelliert. Das Digitale Objektmodell (DOM) entsteht durch Georeferenzierung, Strukturierung und Modellierung, wird abgespeichert und verwaltet. In das Objektmodell können immer neue Fachdaten, Sachdaten und andere Informationen einfließen, die es zu analysieren gilt. Das Ergebnis der Abfragen, Verschneidungen und Verknüpfungen sind neue Informationen, die im Kartografischen Modell präsentiert werden.

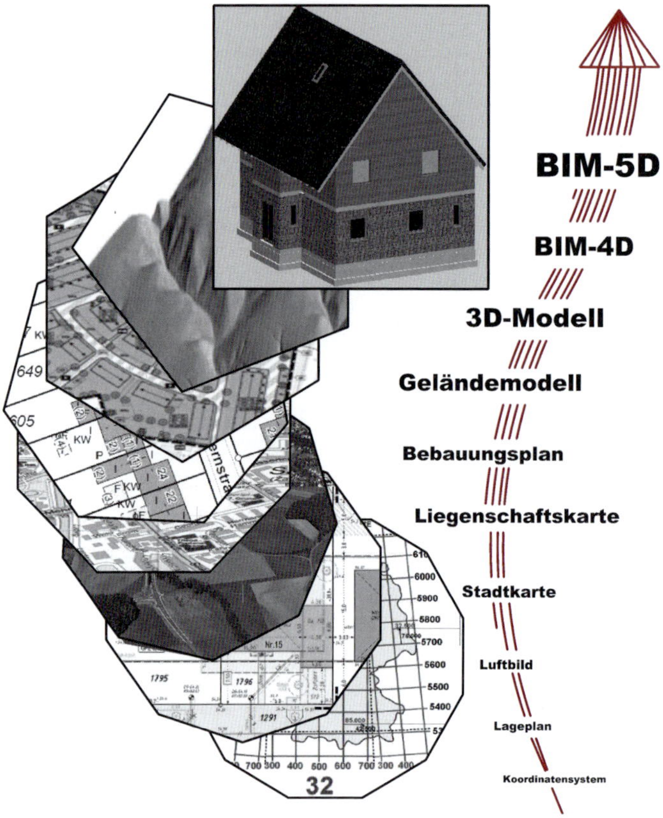

Bild 4.6 GIS-„Karten“-Daten bis BIM-Modellebenen

Geo- und Fachdaten werden in Datenbanken erfasst, strukturiert, sicher aufbewahrt, analysiert, aktualisiert und je nach Abfrage präsentiert. Die Abfragen können geometrisch, topologisch, chronologisch, beschreibend oder in Kombinationen davon geschehen.

Zählen und Messen müssen im GIS möglich sein, wie z. B. die Anzahl von Punkten, die Längen von Strecken und Streckenzügen, der Umfang und die Größe von Flächen und das Volumen zwischen horizontalen Flächen oder vertikalen Schnitten.

Das Beispiel der Dorfstraße (Bild 4.7) zeigt eine geometrische Abfrage: Wie viele Grenzsteine, Schächte und Laternen liegen im Gebiet (Bild 4.7 rechts)?

Unten links folgt eine topologische Abfrage: Welche Grundstücke grenzen an mit Doppelhäusern bebaute Grundstücke?

Im Bild 4.7 unten rechts ist die beschreibende Abfrage dargestellt: Welche Grundstücke sind größer als 500 m^2?

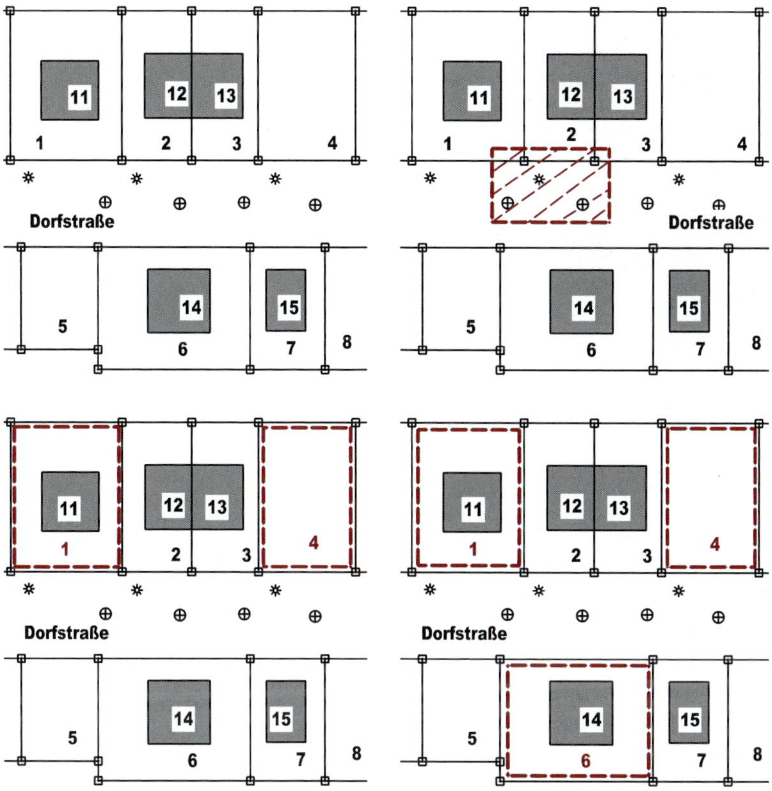

Bild 4.7 Beispiel eines Objektmodells Dorfstraße

Die Erfassung raumbezogener Daten geschieht originär durch geodätische Messungen am Objekt oder sekundär durch z. B. Digitalisierung, Vektorisierung und Georeferenzierung von Daten, die bereits in geeigneter Form vorliegen.

Die Modellbildung im GIS beginnt mit der Abbildung unserer Natur, unberührter und bebauter Umwelt in Geoobjekte. *Geoobjekte* sind die Bausteine des GIS, gegliedert nach Objektarten und -gruppen. Geoobjekte zeichnen sich durch Geometrie, Topologie, Dynamik und Sachdaten aus. Die Geometrie der Geoobjekte wird durch Koordinaten bestimmt. Die Topologie beschreibt die Lage- und Nachbarbeziehungen der Geoobjekte auf der strukturellen Basis von Punkten, Linien und Flächen (Bild 4.8).

Die allgemeine Metrik wie Maßstab, Maßeinheit und Projektion spielt in der Topologie keine Rolle. Punkte, Linien und Flächen können sechs verschiedene Nachbarschaftsbeziehungen eingehen:

Punkt zu Punkt, Punkt zu Linie, Punkt zu Fläche, Linie zu Linie, Linie zu Fläche und Fläche zu Fläche. Innerhalb dieser 6 Beziehungen liefert die Topologie die Werkzeuge, um unter den Objekten folgende topologische Eigenschaften zu unterscheiden: Sie können getrennt liegen, sich berühren, sich überschneiden und sich enthalten, sich zur Deckung bringen oder gleich bzw. identisch sein.

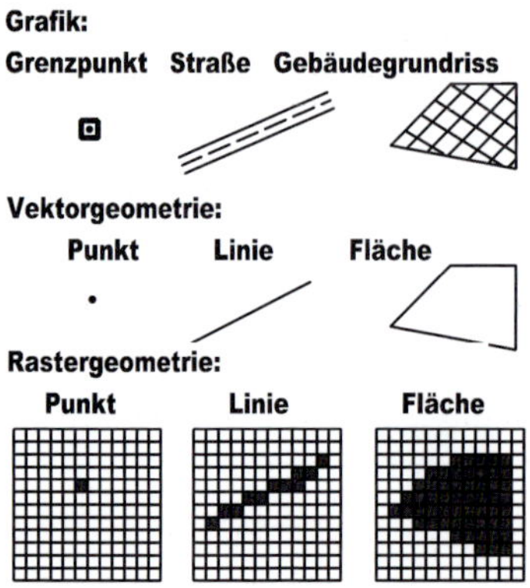

Bild 4.8 Geometrie und grafische Beschreibung

Die Dynamik der Geoobjekte sind alle Veränderungen auf der Zeitachse. Das kann der Sekunden-, Minuten-, Stunden-, Tagestakt sein, Jahrmillionen dauern oder Veränderungen in Zeiträumen dazwischen umfassen. Dazu ist den Objekten bzw. deren Eigenschaften ein sogenannter Zeitstempel aufzuprägen. Beispiele für die Dynamik der Geoobjekte sind Wetterdaten, Hangrutschungen, Überschwemmungen, Ackerfruchtfolgen, Gletscherrückgang, Kontinentaldrift genauso wie Baufortschritt und Änderungen von Grundstücksgrößen. Neben Geometrie und Topologie sind die Sachdaten eine weitere Komponente einer Objektart. Die Sachdaten sind die Merkmale der Geoobjekte mit allgemeinen Angaben zur Beschaffenheit, Quantität, Qualität, Kosten usw.

Die Modellbildung benötigt zunächst die Objektdefinition.

Der Basisdatenbestand im AFIS-ALKIS-ATKIS-Datenmodell umfasst Objektbereiche mit verschiedenen Objektartengruppen und über 60 Objektarten, die je nach Anforderungen der Bundesländer an das DLM (Digitale Landschaftsmodell) variieren können. Die Summe aller Objektarten bildet unsere reale Welt ab. Jede Objektart ist mit zahlreichen Attributen und Relationen versehen.

Die Objektarten sind in Objektartenkatalogen in folgenden Gruppen zusammengestellt:

1. Festpunkte (Lage-, Höhen-, Schwerefestpunkte)
2. Flurstücke, Lage, Hausnummer, Personen- und Bestandsdaten, Gebäude und Nutzung
3. Siedlung (Wohnbauflächen, Gewerbeflächen, Wasserwerk, Kraftwerk, Deponie, Friedhof, Grünflächen, Sportplatz, Zoo, Schwimmbad, Campingplatz, ...)
4. Vegetation (Landwirtschaft, Ackerland, Grünland, Wald, Brachland, Unland, Heide, Sumpf, Bäume, ...)
5. Verkehr (Straße, Straßenachse, Weg, Platz, Bahnstrecke, Bahnachse, Brücke, Hafen, Flugverkehr, Freileitung, Mast, ...)
6. Relief (Damm, Wall, Einschnitt, Düne, Felsen, Höhleneingang, digitales Geländemodell)
7. Gewässer (Quelle, Graben, Fluss, See, Meer, Durchlass, Schleuse, Talsperre, Kanal, Fließgewässerachse, Sandbank, Wasserfall, Pegel, ...)
8. Gebiete (Verwaltungseinheiten, Inseln, Nationalparks, Wasserschutzgebiete, Landschaftsschutzgebiete, Truppenübungsplätze, Sperrgebiete, ...)

Die Objektbereiche gliedern sich in Objektgruppen. Zum Beispiel hat der Bereich Verkehr die Gruppen Straßenverkehr, Schienenverkehr, Flugverkehr, Schiffsverkehr, Anlagen und Bauwerke für Verkehr, Transport und Kommunikation.

Die Objektgruppen sind in Objektarten unterteilt. So gehören z.B. zur Gruppe Schiffsverkehr die Objektarten Hafen, Hafenbecken, Schifffahrtslinie, Fährlinie.

Die Objektarten wiederum (z.B. Hafen) bekommen Attributwerte wie Containerhafen, Ölhafen, Fischereihafen, Yachthafen, Fährhafen, Sonstige.

Am Ende können noch Nutzungen wie zivil und militärisch unterschieden werden und als Objekttyp punktförmig, linienförmig oder flächenförmig definiert werden.

Die einzelnen Geoobjekte sind in der Datenbank im Allgemeinen in ihre kleinsten Strukturen aufzulösen. Der Körper des Beispiel-Tetraeders zerfällt in vier Flächen. Jede Fläche ist mit drei Strecken festgelegt, und jede Strecke ist durch zwei Punkte definiert. Der Punkt trägt am Ende als kleinste Einheit die *x,y*- oder *x,y,z*-Koordinaten oder Raster-Koordinaten (Bild 4.9).

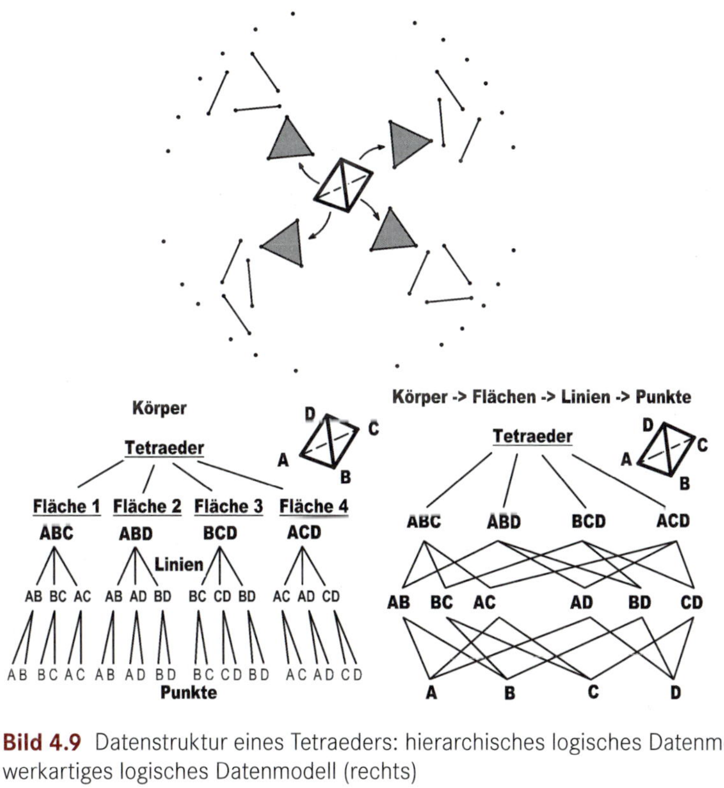

Bild 4.9 Datenstruktur eines Tetraeders: hierarchisches logisches Datenmodell (links unten), netzwerkartiges logisches Datenmodell (rechts)

Als geometrische Datenmodelle sind Vektordaten oder Rasterdaten möglich. Je nach Anwendungsfall gibt es dafür Begründungen mit Vor- und Nachteilen. Es sind Konvertierungen von Vektor- zu Rasterdaten und von Raster- zu Vektordaten möglich.

Drei ebene kartesische Koordinatensysteme sind in Geoinformationssystemen zu unterscheiden (Bild 4.10).

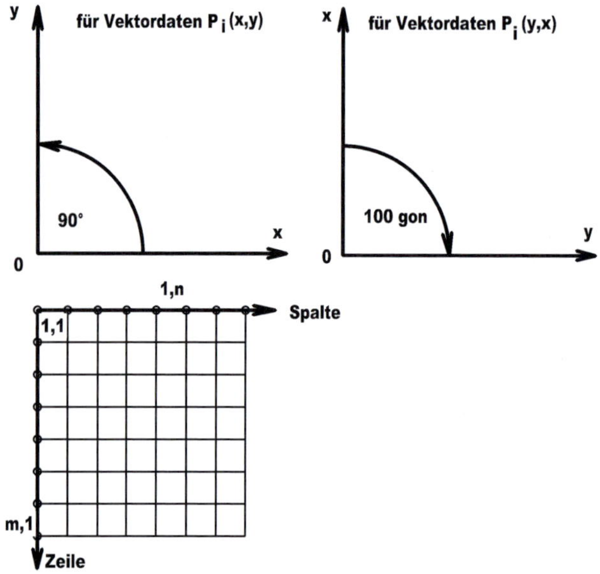

Bild 4.10 Mathematisches Koordinatensystem (links oben), Geodätisches Koordinatensystem (rechts oben) und Rasterdaten-Koordinatensystem (unten)

Vektordaten sind Punkte, Linien, Flächen als geschlossener Linienzug. Rasterdaten sind „Pixel"-Flächen im Raster einer Grundstruktur.

Tabelle 4.1 Vor- und Nachteile von Vektor- und Rasterdaten

Vektordaten		Rasterdaten	
Vorteile	Nachteile	Vorteile	Nachteile
maßstabsunabhängige, punktgenaue Daten	geometrische Analysen aufwendiger als bei Rasterdaten	Daten in Zeilen und Spalten angeordnet	große Datenmengen je nach Auflösung
kürzere Rechenzeiten, geringe Datenmengen		Daten einfach zu erfassen, zu speichern und zu verarbeiten	hohe Genauigkeit nur durch geringe Rasterweite
Speicherbedarf nur von der Datensatzanzahl abhängig		Visualisierung flächenhaft in den Farben der Rasterzellen	
einfacher Objektbezug, logische Datenstrukturierung		herkömmliche Bildverarbeitung ist möglich	

Die thematischen Eigenschaften der Objekte sind für den Anwendungsfall des GIS fachspezifisch in den Sachdaten der Datenbank, meist in Tabellen, zu erfassen.

Daten, ganz gleich ob Vektor- oder Rasterdaten, sind zu georeferenzieren. Die Daten werden durch Koordinatensysteme in einen direkten Bezug gebracht. Dazu kann eine Koordinatentransformation erforderlich sein (siehe Abschnitt 5.11). Die Transformation kann Translationen (Verschiebungen), Rotation (Drehung) und Skalierungen (Maßstabsänderungen) umfassen. In der Kartenebene sind die zwei Verschiebungen in *x*-Richtung und *y*-Richtung und eine Drehung um einen bestimmten Punkt möglich. Skalierungen sollen meist zum gleichem Maßstab in *x*-und *y*-Richtung führen. Neben Skalierungen mit gleichem Maßstab in die *x*- und *y*-Richtung gibt es affine Transformationen mit zwei verschiedenen Maßstäben in den Koordinatenachsen *x* und *y* und projektive Transformationen mit verschiedenen Maßstäben in verschiedene Richtungen (Bild 4.11).

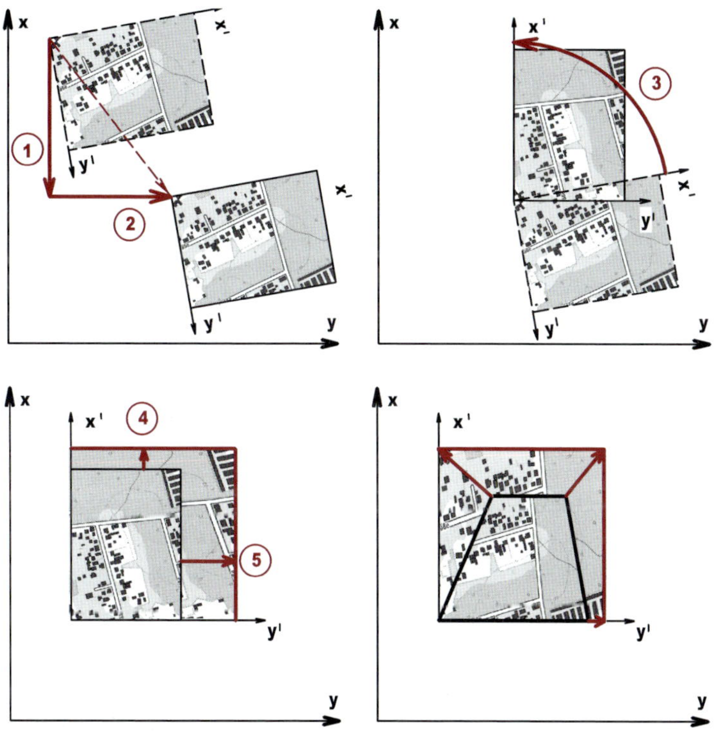

Bild 4.11 Verschiebungen (links oben), Drehung, Skalierung in einem Maßstab oder affin (links unten), projektive Entzerrung (rechts unten)

Räumliche Objekte unterliegen genauso den Zwängen von Verschiebungen, Drehungen und Entzerrungen (Bild 4.12).

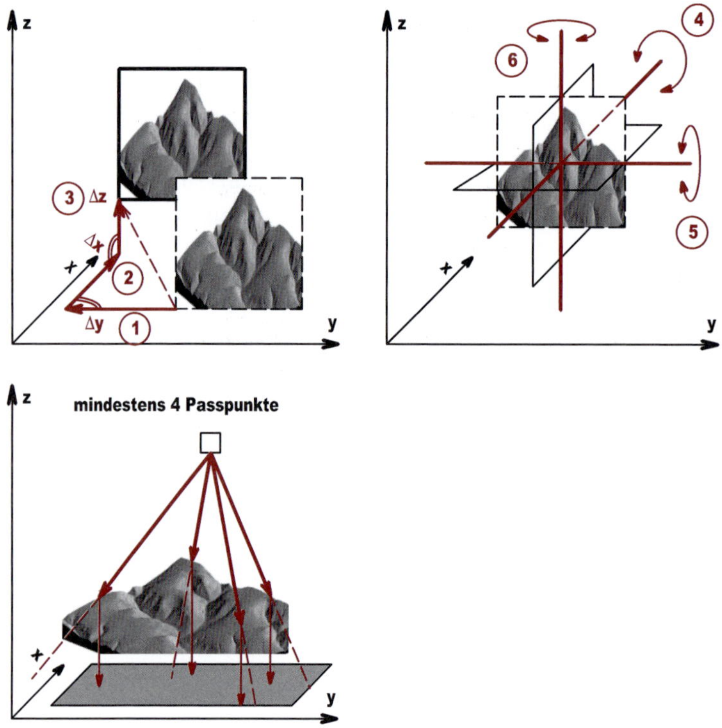

Bild 4.12 Verschiebungen im Raum (links oben), Drehungen im Raum (rechts oben), projektive Entzerrung im Raum über mindestens vier Passpunkte (unten)

Nachdem alle Daten erfasst und im Modell strukturiert sind, kann die Analyse zur Gewinnung neuer Informationen und die Aufbereitung für Präsentationen beginnen. Die Abstände, Richtungen und Flächen sind der Geometrie zu entnehmen. Schnittmengen, Vereinigungsmengen und andere logische Abfragen sind durch die Topologie der Objekte abrufbar. Der Umfang der verknüpften Sachdaten kann ausgewählt werden. Zeitliche Abläufe sind ableitbar. Statistiken können berechnet und erstellt werden, und eine sinnvolle Geländeauswahl kann hinterlegt werden.

Im Ergebnis der Analyse kann die anwender- und aufgabenspezifische Visualisierung vorgenommen werden. Zur neuen thematischen Karte für die Präsentation gehören noch der Kartenrahmen, die Namen, der Maßstab, Symbole, Kartenzeichen und die Zeichenerklärung. Für das folgende Bild 4.13 einer Abfrage zur Flächenverschneidung wurde darauf verzichtet.

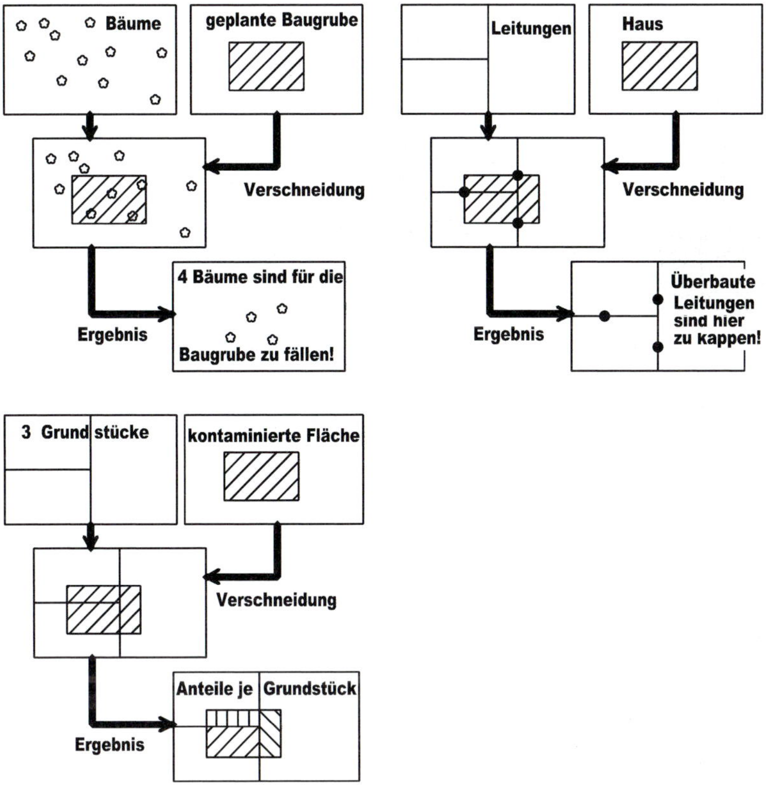

Bild 4.13 Abfragen durch Flächenverschneidung: Punkt und Fläche (links oben), Abfragen durch Flächenverschneidung: Linie und Fläche (rechts oben), Abfragen durch Flächenverschneidung: Fläche und Fläche (unten)

4.2.3 Geodateninfrastruktur (GDI) - INSPIRE

Jedes Wohnhaus ist ein Zielpunkt der Infrastruktur aus Verkehrswegen, Strom-, Trinkwasser-, Abwasser-, Gas-, Telefonleitungen. Viele Häuser aneinandergereiht bilden eine Struktur und stehen in einer Umgebung von Schulen, Krankenhäusern, Kaufhäusern, Postämtern, Theatern, Banken, Polizei, Verwaltungen, Friseuren, Restaurants, Tankstellen, Werkstätten und Fabriken. Unsere gesamte Alltagsumgebung der Städte ist Infrastruktur, die virtuell auf der Grundlage der Geobasisdaten abgebildet werden kann, um sie jedermann für vielfältige neue georeferenzierte Informationen zugänglich zu machen (Bild 4.14).

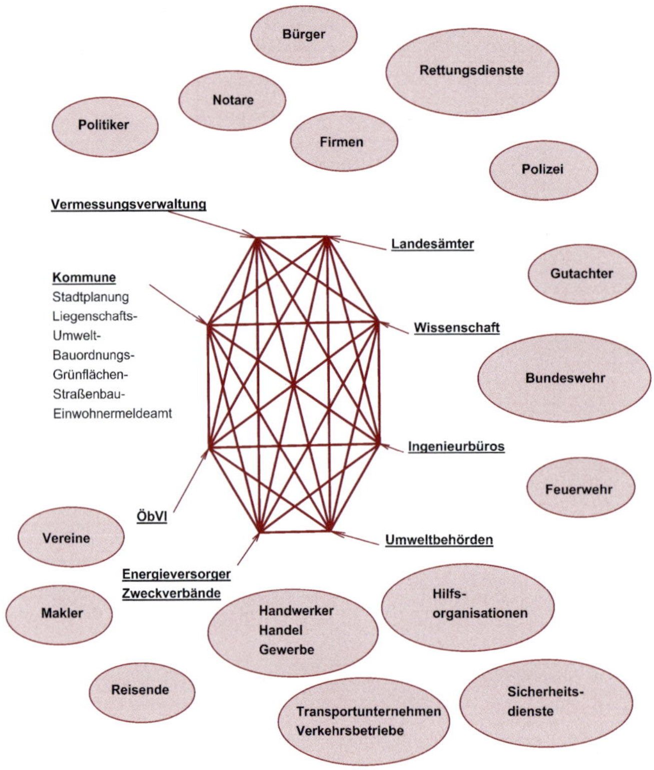

Bild 4.14 Geodateninfrastruktur (GDI): Erzeuger und Nutzer von Geodaten

Auf Geodatenstraßen sollen nahezu alle Informationsziele erreicht werden. Alltagsbeispiele, die bereits jeder kennt und nutzt, sind z. B. Wetterkarten, auf denen die Vorhersage abgebildet wird, oder Straßenkarten, auf denen wir satellitengestützt dem rechten Weg folgen. Eine umfassende Geodateninfrastruktur (GDI) für Tausende weitere Anwendungen braucht Regeln. Das gilt für die einzelnen Bürger, die Gemeinden, Bundesländer, ganz Deutschland oder gleich für ganz Europa.

Die Grundlage zahlreicher neuer Gesetze für eine GDI-Deutschland ist die Richtlinie 2007/2/EG des Europäischen Parlaments und des Rates vom 14. März 2007 zur Schaffung einer GDI für Europa. Sie ist besser bekannt unter dem Namen *INSPIRE-Richtlinie*. Dabei steht INSPIRE für Infrastructure for Spatial Information in the European Community.

INSPIRE soll „inspirieren", Geodaten geordnet zur Verfügung zu stellen und deren Nutzung im Alltag potenzieren – so, wie die Elektrizitätsinfrastruktur sehr schnell über das Betreiben von Elektromotoren und Glühlampen hinauswuchs.

INSPIRE gibt eine Struktur mit drei Gruppen von Inhalten mit 34 Datenthemen zur einheitlichen Gestaltung von Geodatenportalen vor.

I. Koordinatenreferenzsysteme, geografische Gittersysteme, geografische Bezeichnungen, Verwaltungseinheiten, Adressen, Flurstücke/Grundstücke, Verkehrsnetze, Gewässernetz, Schutzgebiete

II. Höhe, Bodenbedeckung, Orthofotografie, Geologie

III. Statistische Einheiten, Gebäude, Boden, Bodennutzung, Gesundheit und Sicherheit, Versorgungswirtschaft und staatliche Dienste, Umweltüberwachung, Produktions- und Industrieanlagen, Landwirtschaftliche Anlagen und Aquakulturanlagen, Verteilung der Bevölkerung/Demografie, Bewirtschaftungsgebiete/Schutzgebiete/geregelte Gebiete und Berichterstattungseinheiten, Gebiete mit naturbedingten Risiken, atmosphärische Bedingungen, meteorologisch-geografische Kennwerte, ozeanografisch-geografische Kennwerte, Meeresregionen, biogeografische Regionen, Lebensräume und Biotope, Verteilung der Arten, Energiequellen, mineralische Bodenschätze

INSPIRE in Europa bedeutet für die GDI in Deutschland:

- Geodaten werden in verschiedenen Verwaltungen und Verwaltungsebenen gespeichert, verwaltet und entsprechend den Regeln zugänglich gemacht. Formate müssen mit Schnittstellen übertragbar sein.
- Geodaten werden zwischen Verwaltungen austauschbar, und der Austausch bringt effizienteres Arbeiten. Internet, Datendienste, Visualisierungen sind dahingehend grundlegende Technologien und entsprechend weiterzuentwickeln.
- Nutzung und Nutzungsbedingungen der Geodaten werden einfacher und transparenter, z. B. im Planungsbereich oder in der Umweltpolitik.
- Geodaten sollen über Metadaten leichter auffindbar und für spezielle Nutzungen mit Mehrwert als geeignet erkennbar sein (Bild 4.15). Nutzungsbarrieren sind zu verringern.

Zur Umsetzung der Vorgaben von INSPIRE sind für Deutschland seit 2009 die *Geodatenzugangsgesetze* des Bundes und der Länder (GeoZG) erlassen worden.

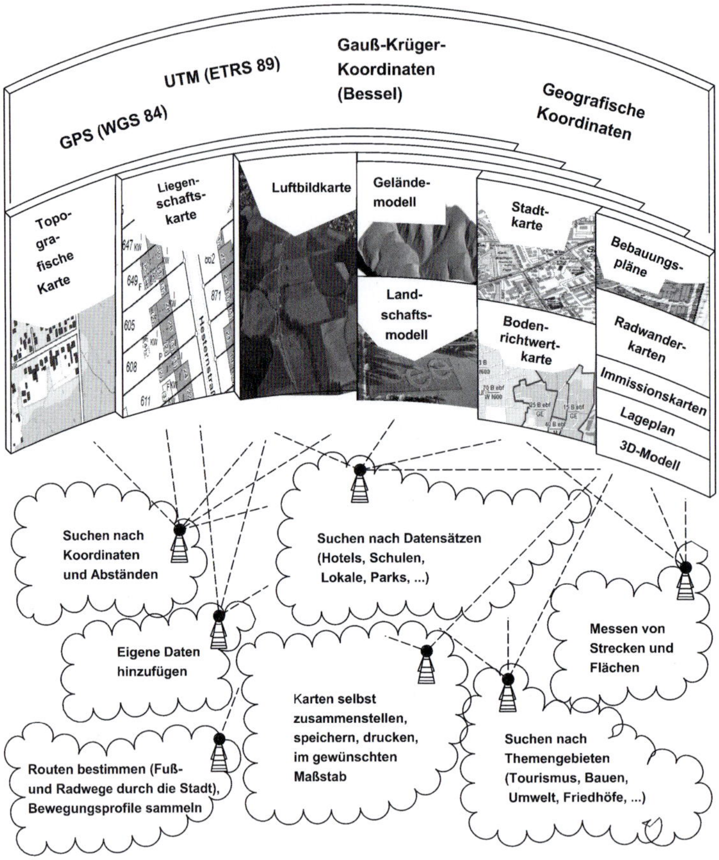

Bild 4.15 Geoportal zur Kommunikation mit Datendiensten für den Zugang zu Geodaten

4.3 Prüfungsaufgaben

1. Welche Inhalte zeichnen eine Liegenschaftskarte aus?
2. Wozu dienen Geoinformationssysteme? Nennen Sie Beispiele!
3. Was sind Geobasisdaten? Nennen Sie Beispiele!
4. Was ist der geodätische Raumbezug? Wie wird er Anwendern nutzbar gemacht?
5. Skizzieren Sie eine hierarchische logische Datenstruktur für einen Würfel!
6. Skizzieren Sie eine netzwerkartige logische Datenstruktur für einen Würfel!
7. Nennen Sie je ein Beispiel für eine geometrische, topologische und beschreibende GIS-Abfrage!
8. Was verstehen Sie unter einer GDI?

5 Maße, Berechnungen und Genauigkeit

Das Rechnen ist vor, während und nach allen Vermessungen die Haupttätigkeit geodätischer Arbeit. Jeder Bauingenieur oder Architekt, der auf Vermessung trifft, wird gut und viel rechnen müssen – zuerst als Student im geodätischen Grundlagenstudium.

Der Umgang mit Koordinaten in den verschiedenen Systemen ist die Grundlage aller Vermessungsaufgaben. Für Koordinatenberechnungen stehen umfangreiche geodätische Berechnungsprogramme zur Verfügung, die zum Teil in die Messinstrumente implementiert sind oder zur CAD-Software der vermessungstechnischen Auswertung gehören. Grundlegende Berechnungen im ebenen kartesischen Koordinatensystem können jederzeit vor Ort mit einem Taschenrechner (bzw. mit der Taschenrechner-App) ausgeführt werden. In den folgenden Beispielen sind die Koordinaten x und y in Metern angegeben. Es wurde meist aus Platzgründen auf amtliche Koordinaten mit sechs bzw. sieben Stellen vor dem Komma verzichtet. Weiterhin sind Strecken nur cm-genau und Winkel mgon-genau angegeben, obwohl moderne Instrumente meist mm- und 0,0001-gon-genaue Messwerte anzeigen und erreichen.

Ausgangspunkt der folgenden Berechnungsbeispiele soll immer eine konkrete Messaufgabe mit spezifischer Gelände- oder Baustellensituation sein. Es gibt meist mehrere mögliche geometrische Konfigurationen für eine Messung, unterschiedliche Instrumente können zum Einsatz kommen, und entsprechend vielschichtig sind die mathematischen Lösungsansätze und Kontrollberechnungen.

5.1 Maße, Maßeinheiten

Gesetzliche Vorgaben zu Maßeinheiten, Normalmaßen, deren Verbreitung und Kontrolle fallen in Deutschland in die Zuständigkeit der Physikalisch-Technischen Bundesanstalt (PTB) in Braunschweig.

Grundlage der Naturwissenschaften sind die sieben SI-Basiseinheiten, die mit Ausnahme der Sekunde und des Meters auf der 26. Generalkonferenz für Maß und Gewicht im November 2018 neu definiert wurden:

- Meter m für die Länge,
- Sekunde s für die Zeit,
- Kilogramm kg für die Masse,
- Kelvin K für die Temperatur,
- Ampere A für die elektrische Stromstärke,
- Candela cd für die Lichtstärke und
- Mol mol für die Stoffmenge.

Im Vermessungsalltag sind die ersten vier Einheiten vorrangig.

Daraus abgeleitete Einheiten sind

- Quadratmeter für die Fläche m^2, das Ar a, der Hektar ha, der Quadratkilometer km^2,
- Kubikmeter für das Volumen m^3,
- Hertz für die Frequenz Hz, die Anzahl je Sekunde s^{-1},
- Newton für die Kraft N, $kg \cdot m/s^2$,
- Gon für den Winkel gon, Grad ° und der Radiant rad.

Ein *Radiant* ist der Winkel, dessen *Bogenmaß*, d. h. das Verhältnis *Bogenlänge* zum Radius, gleich eins ist.

$$400 \text{ gon} = 360° = 2\,\pi \text{ rad} \tag{5.1}$$

Die Fallbeschleunigung bzw. „Schwere" wird in *Gal* (nach Galileo Galilei) gemessen. 1 Gal = 0,01 m/s^2 oder 1 m/s^2 = 100 Gal

Der Maßstab M als Verhältnis von Kartenmaß zu Naturmaß, reduziert auf $1:m$ (m – Maßstabszahl) und die Umrechnung zwischen Maßstäben von großmaßstäblichen Plänen (1:10; 1:50; …) bis kleinmaßstäblichen Karten (1:1000; 1:10 000; …) gehören zu den Grundkenntnissen.

Eine weitere Grundlage für geodätische Messungen und Berechnungen im Umfeld des Baugeschehens sind Maße der Neigungen, *Gefälle*, Steigungen zur Beschreibung von Böschungen, Rampen, Straßen, Gleisanlagen, Ab- und Regenwasserleitungen (Bild 5.1):

- Verhältniszahlen des Höhenunterschieds h zur horizontalen Strecke s der Steigung h/s (z. B. für Böschungen),
- Winkelmaße Grad °, Gon gon,
- Prozent % (für Straßenbauplanungen),
- Promille ‰ (für Gleisbauplanungen),
- Verhältniszahlen 1: … (z. B. 1:200 oder 1:500 für Entwässerungsleitungen).

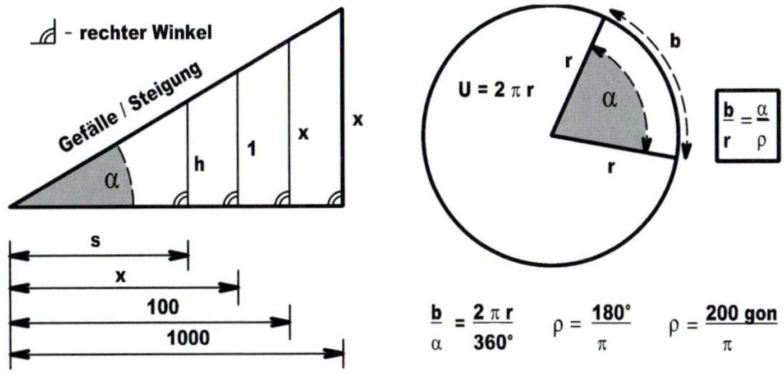

Bild 5.1 Gefälle, Steigungen, Neigungen, Bogenlänge

Praktisch für verschiedene Überlegungen zwischen der Größe eines Winkels α und der Länge des Bogens *b*, den er in einer bestimmten Entfernung *r* aufspannt, ist die Konstante Rho ρ mit der Größe 63,6619… gon bzw. 57,2957…°. Der Betrag entspricht der Größe des Winkels eines Radianten (Bild 5.1 rechts).

$$\frac{b}{r} = \frac{\alpha}{\rho} \tag{5.2}$$

Die folgenden geodätischen Berechnungen zu Lagebeziehungen und Koordinaten in der Ebene basieren auf dem in Bild 5.2 skizzierten kartesischen Koordinatensystem mit den im Vergleich zum mathematischen System gespiegelten *x*- und *y*-Achsen.

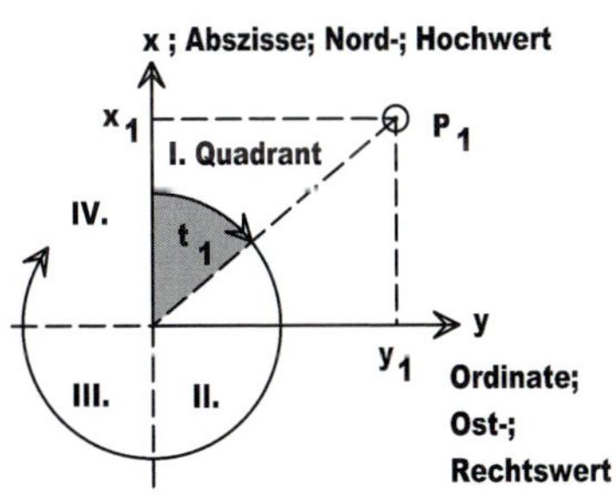

Bild 5.2 Geodätisches Koordinatensystem der Ebene

■ 5.2 Erste geodätische Grundaufgabe

Wenn die Koordinaten *x, y* eines Punktes bekannt sind und der Richtungswinkel und die Strecke zum zweiten Punkt bestimmt wurden, liegen *Polarkoordinaten* vor. Die kartesischen Koordinaten des zweiten Punktes sind zu ermitteln. Man spricht von der ersten geodätischen Grundaufgabe (Bild 5.3).

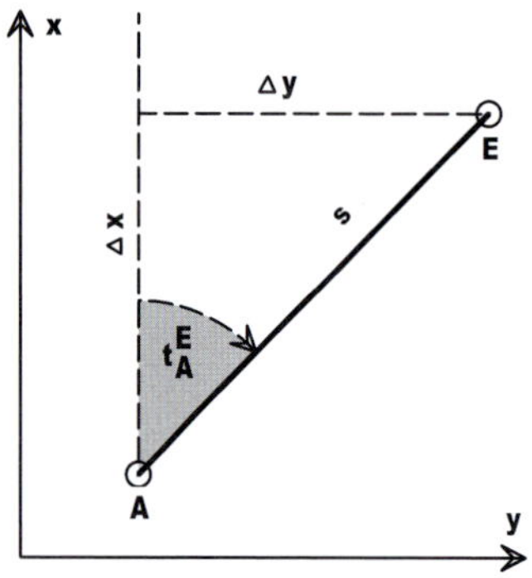

Bild 5.3 Erste geodätische Grundaufgabe

Messaufgabe 5.1

Von dem koordinatenmäßig bekannten Punkt $A(x = 6874{,}55$ m; $y = 4701{,}38$ m) aus sind der Richtungswinkel und die Strecke $s = 177{,}73$ m zum Neupunkt E bestimmt worden. Aus einer Richtungsmessung ist der Richtungswinkel von A nach E mit $t = 67{,}524$ gon bereits berechnet. Bestimmen Sie die Koordinaten des Punktes $E(x_E; y_E)$!

Gegeben: $A(x_A; y_A)$

Gemessen: Strecke s/Richtungswinkel t

Gesucht: $E(x_E; y_E)$

Berechnung:

$$x_E = x_A + s \cdot \cos t_A^E \tag{5.3}$$

$$y_E = y_A + s \cdot \sin t_A^E \tag{5.4}$$

Ergebnis: $x_E = 6961{,}33$ m $y_E = 4856{,}48$ m $E(x = 6961{,}33$ m; $y = 4856{,}48$ m)

5.3 Zweite geodätische Grundaufgabe

Sind für zwei Punkte z. B. einer Straßenachse die rechtwinklig-kartesischen Koordinaten bekannt oder liegen z. B. für zwei Hausecken oder zwei Grenzsteine Koordinaten vor, ist sofort eine Orientierung im Gelände möglich. Die Richtung der Objekte kann berechnet werden. Man spricht von der zweiten geodätischen Grundaufgabe. Liegen dabei amtliche Koordinaten des Raumbezugs vor, ist das Ergebnis die Richtung zur Nordrichtung: der sogenannte *Richtungswinkel*. Als Zweites ist mittels Pythagoras aus den Koordinatenunterschieden der beiden Punkte die Länge der Strecke s zwischen A und E zu berechnen (Bild 5.4).

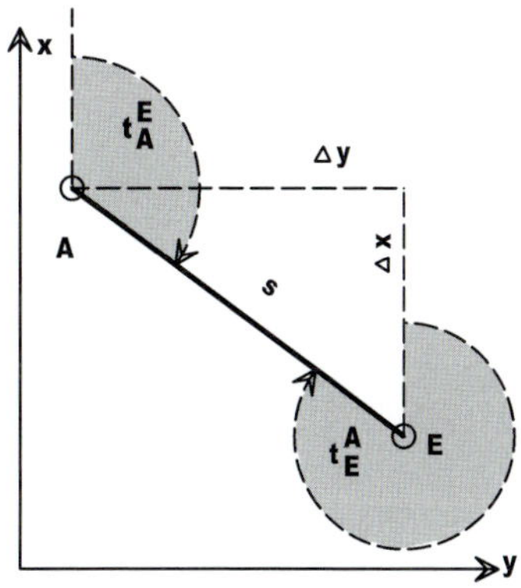

Bild 5.4 Richtungswinkel und Strecke

Messaufgabe 5.2

Vor der Auswertung eines Polygonzugs sind aus den Koordinaten der zwei Anschlusspunkte $A(x = 5234{,}12$ m; $y = 3123{,}41$ m) und

$E(x = 5087{,}33$ m; $y = 3298{,}67$ m)

der Richtungswinkel t von A nach E und zur Kontrolle die Strecke s zu bestimmen.

Gegeben: $A(x_A\,;y_A)$, $E(x_E\,;y_E)$

Gesucht: Richtungswinkel t_A^E oder t_E^A; Strecke s_{AE}

Berechnung: $\Delta x = x_E - x_A \quad \Delta y = y_E - y_A$

$$s = \sqrt{(\Delta x)^2 + (\Delta y)^2} \tag{5.5}$$

$$t_A^E = \arctan\frac{\Delta y}{\Delta x} \tag{5.6}$$

$$t_E^A = t_A^E + 200 \text{ gon} \tag{5.7}$$

Bei der Berechnung von Richtungswinkeln sind die Doppellösungen aufgrund der Arcustangensfunktion in den Quadranten I bis IV am Kreis gemäß Bild 5.2 zu beachten:

I: $\Delta x > 0; \Delta y > 0 \rightarrow t_A^E = t$

II: $\Delta x < 0; \Delta y > 0 \rightarrow t_A^E = t + 200$ gon

III: $\Delta x < 0; \Delta y < 0 \rightarrow t_A^E = t + 200$ gon

IV: $\Delta x > 0; \Delta y < 0 \rightarrow t_A^E = t + 400$ gon

Ergebnis:

$\Delta x = -146{,}79$ m $\quad \Delta y = 175{,}26$ m

$t = -55{,}613$ gon

II. Quadrant $\rightarrow t_A^E = 144{,}387$ gon

$s = 228{,}61$ m

5.4 Polares Anhängen

Die Verbindung der ersten und zweiten geodätischen Grundaufgabe führt zum polaren Anhängen. Sind zwei Punkte im Gelände koordinatenmäßig bekannt, können durch die Messung des Winkels β und der Strecke s von einem der beiden Punkte aus die Koordinaten eines neuen Punktes bestimmt werden (Bild 5.5). Dazu wird zunächst der Anschlussrichtungswinkel von A nach E berechnet. Aus der Addition des Anschlussrichtungswinkels und des gemessenen Winkels β minus 200 gon folgt der Richtungswinkel zum Neupunkt N. Über die Sinus- und Kosinusfunktion des Richtungswinkels in Verbindung mit der gemessenen Strecke s ergeben sich die gesuchten Koordinatenunterschiede und damit Koordinaten des Neupunktes N.

Praktisch können in gleicher Weise fortlaufend weitere Punkte angehangen werden. Die Genauigkeit nimmt schnell ab, und es fehlt die Messkontrolle. Deshalb werden im Fall mehrerer Neupunkte Polygonzugmessungen und -berechnungen angewandt (Abschnitt 5.11).

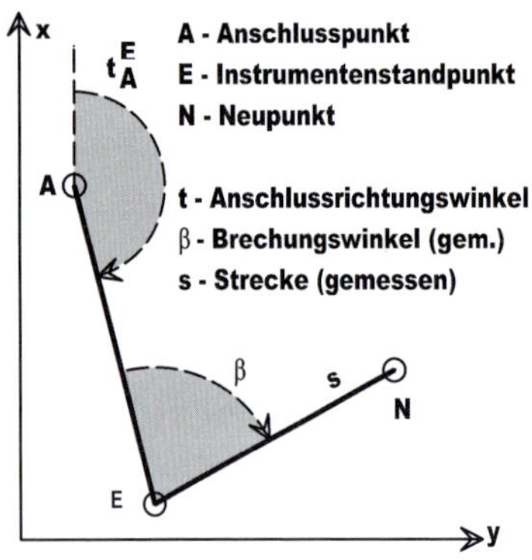

Bild 5.5 Polares Anhängen

5.5 Höhe und Höhenfußpunkt

Flächen zu zerlegen, Dreiecke zu bilden und Dreiecke einfach über die Messung der drei Seiten zu bestimmen – im einfachsten Fall mit einem Messband – ist in vielen Fällen ein erstes triviales vermessungstechnisches Herangehen. Wenn die Dreiecke weiter zerlegt werden sollen, weil z. B. ein Zaun senkrecht zu einer Hausfront gestellt werden muss, hilft die klassische Dreiecksberechnung, um die *Höhe und den Höhenfußpunkt* zu bestimmen (Bild 5.6). Die Dreiecksaufgabe wird sofort zu einer Koordinatenberechnung, wenn die zwei Punkte A und B als Achse eines lokalen Koordinatensystems angesehen werden und die Koordinaten von C als Höhe und Höhenfußpunkt bestimmt werden sollen.

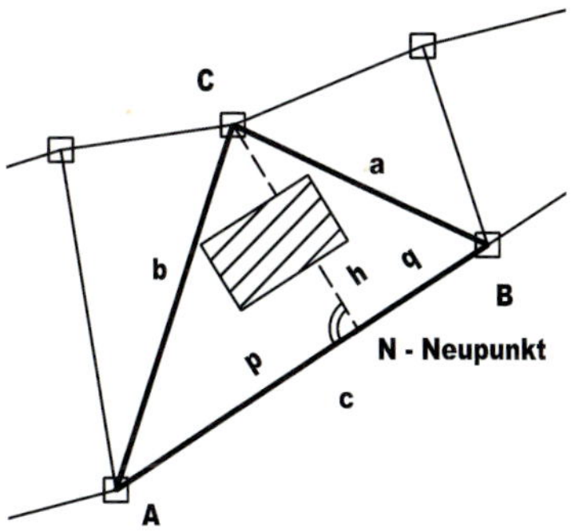

Bild 5.6 Höhe und Höhenfußpunkt als geodätische Aufgabe

Messaufgabe 5.3

Bezogen auf die Messungslinie *AB* mit den Koordinaten *A*(0; 0) und *B*(87,12; 0) sind die Koordinaten des Punktes *C* zu berechnen. Die Strecken *AC* = 71,63 m und *BC* = 58,44 m wurden gemessen.

Gegeben: Längen aller Dreiecksseiten *a, b, c*

Gesucht: h, p, q bzw. *C*(*p*, *h*)

Berechnung:

$$p = \frac{c^2 + b^2 - a^2}{2 \cdot c}; \quad q = \frac{c^2 + a^2 - b^2}{2 \cdot c} \tag{5.8}$$

Zur Kontrolle: $q = c - p$; $c = p + q$

$$h = \sqrt{a^2 - q^2} \tag{5.9}$$

Zur Kontrolle: $h = \sqrt{b^2 - p^2}$

Ergebnis:

p = 53,41 m q = 33,71 m h = 47,73 m → C(53,41; −47,73)

Dreiecke sind geometrisch wie vermessungstechnisch nicht nur über die Streckenbestimmung ihrer drei Seiten aufzulösen.

Drei Winkel und eine Seite als Maßstab können gemessen sein. Ein Winkel und die beiden anliegenden Seiten liefern eine eindeutige Lösung. Ein Winkel, eine anliegende und die dem Winkel gegenüberliegende Seitenlänge sind geometrisch nicht eindeutig. Zwei Lösungen sind möglich (Bild 5.7). Die praktische Vermessungsaufgabe im Gelände wird keinen Zweifel daran lassen, welcher Punkt *C* wirklich gemeint ist.

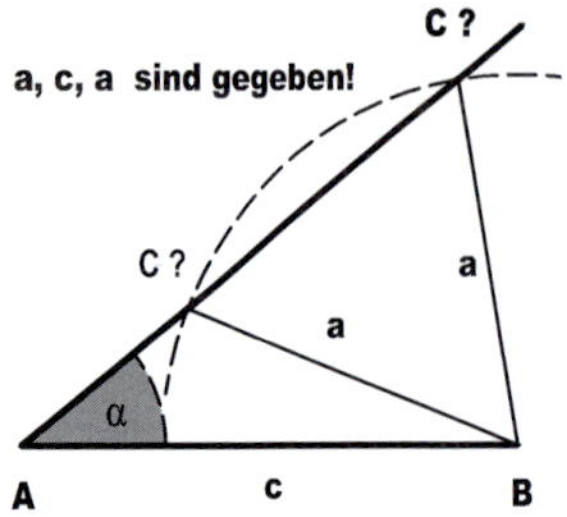

Bild 5.7 Doppellösung im Dreieck

■ 5.6 Kleinpunkte

Die Koordinaten von Hausecken, Straßenkanten oder Grenzpunkten des Grundstücks sind bekannt. Ein paar neu gepflanzte Bäume, eingebaute Schächte oder Schieber werden nachträglich eingemessen und sind koordiniert darzustellen. Es handelt sich um untergeordnete Punkte, um sogenannte *Kleinpunkte*. Nach derartig einfachen Lagemessungen mit dem Messband und dem Doppelpentagon (Rechtwinkelinstrument) können *Kleinpunktberechnungen* oder ein Bogenschnitt (Abschnitt 5.7) die Lösung für die Koordinatenbestimmung sein.

Der Kleinpunkt P (Bild 5.8) liegt rechts der Messungslinie AE. Allgemein können Kleinpunkte links oder rechts oder auf der Messungslinie AE liegen.

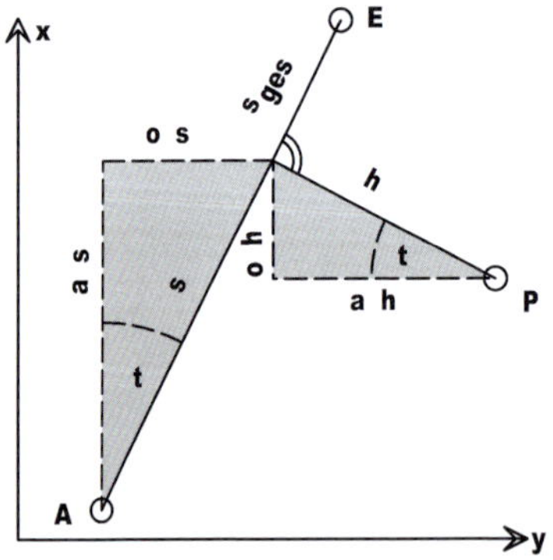

Bild 5.8 Kleinpunkte (Beispiel mit einem Kleinpunkt P)

Messaufgabe 5.4

Zu bestimmen sind die Koordinaten der beiden Punkte P_1 und P_2. Sie wurden orthogonal zur Linie AE aufgemessen

A(7534,12; 2364,01) E(7712,32; 2402,86) mit

s_1 = 51,27 m h_1 = 21,48 m (rechts der Strecke von A nach E)

s_2 = 94,22 m h_2 = 32,65 m (links der Strecke von A nach E).

Die Streckenkontrolle zwischen den gegebenen Punkten A und E ergab

s_{ges} = 182,41m.

Gegeben: $A(x_A, y_A)$ $E(x_E, y_E)$

Gemessen: s und h je Kleinpunkt P

Gesucht: Koordinaten der Kleinpunkte $P(x, y)$ im System der Punkte A, E

Berechnung:

$$a = \frac{x_E - x_A}{s_{ges}} \qquad o = \frac{y_E - y_A}{s_{ges}} \tag{5.10}$$

$$x = x_A + a \cdot s - o \cdot h \qquad y = y_A + o \cdot s + a \cdot h \tag{5.11}$$

Beachte: Liegt der Punkt P in der Richtung von A nach E betrachtet $\frac{\text{rechts}}{\text{links}}$ der Linie AE, so ist die Strecke h $\frac{\text{positiv}}{\text{negativ}}$ in die Formel einzusetzen!

Ergebnis:

a = 0,97692 o = 0,21298

Beachte: Bei den Faktoren a und o, die geometrisch dem Kosinus und Sinus des Richtungswinkels entsprechen, sind mindestens so viele Nachkommastellen mitzuführen, wie es Stellen der Koordinatenänderungen bzw. Ziffern der Streckenmessung gibt (im Beispiel sind es vier Stellen: Dekameter, Meter, Dezimeter und Zentimeter).

P_1(7579,63; 2395,91) P_2(7633,12; 2352,18)

5.7 Bogenschnitt

Der *Bogenschnitt* liefert als rein mathematische Aufgabe immer zwei Lösungen. Die Praxisaufgabe benötigt nur ein Ergebnis. Der Geodät oder Bauingenieur wird wissen, auf welcher Seite der Linie zwischen beiden Bezugspunkten er gemessen hat, und praktisch die Lösung finden (Bild 5.9).

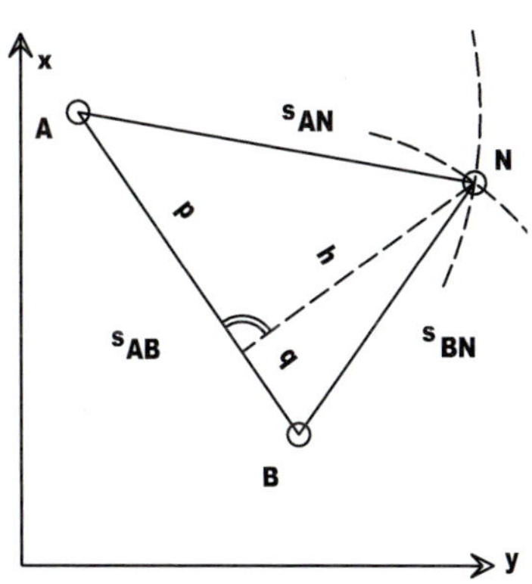

Bild 5.9 Bogenschnitt

Messaufgabe 5.5

Bestimmen Sie die Koordinaten des links von *AB* liegenden Neupunktes *N*!

A(2124,23; 1665,17) *B*(2093,35; 1707,19)

Die Strecken zum Neupunkt *N* sind gemessen: s_{AN} = 61,08 m s_{BN} = 45,89 m.

Gegeben: $A(x_A, y_A)$ $B(x_B, y_B)$

Gemessen: s_{AN}, s_{BN}

Gesucht: $N(x_N, y_N)$

Berechnung:

$$s_{AB} = \sqrt{(x_B - x_A)^2 + (y_B - y_A)^2} \tag{5.12}$$

$$p = \frac{s_{AN}^2 + s_{AB}^2 - s_{BN}^2}{2 \cdot s_{AB}} \qquad h = \sqrt{s_{AN}^2 - p^2} \tag{5.13}$$

$$o = \frac{y_B - y_A}{s_{AB}} \qquad a = \frac{x_B - x_A}{s_{AB}} \tag{5.14}$$

$$x = x_A + a \cdot p - o \cdot h \qquad y = y_A + o \cdot p + a \cdot h \tag{5.15}$$

Beachte: Liegt der Punkt *N* in der Richtung von *A* nach *B* betrachtet $\frac{\text{rechts}}{\text{links}}$ der Linie *AB*, so ist die Strecke *h* $\frac{\text{positiv}}{\text{negativ}}$ in die Formel einzusetzen!

Ergebnis:

s_{AB} = 52,146 m

p = 41,653 m h = 44,674 m (negativ in die Formel einsetzen)

o = 0,80581 a = −0,59218

x_N = 2135,56 m y_N = 1725,19 m → *N*(2135,56; 1725,19)

5.8 Geradenschnitt

Der *Geradenschnitt* ist aus rechentechnischer Sicht allen bekannt. In zwei Geradengleichungen ist jeweils der Anstieg enthalten. Die gemeinsame Lösung ist der Schnittpunkt (Bild 5.10). Aber welche Messaufgabe kann dem Geradenschnitt zugrunde liegen?

Punkte von Straßenachsen haben bereits Koordinaten. Für den Kurvenausbau ist oft ein Bogenhauptpunkt zu bestimmen: der Schnitt der beiden Achsen, der Tangentenschnittpunkt.

Oder: Gebäudeecken werden abgesteckt und jeweils mit Pfahl und Nagel vermarkt. Zur Sicherung der Richtungen der Hauskanten erfolgt die *Schnurgerüstabsteckung*. Zwei Ecken einer Hauskante bilden eine Gerade. Zwei frei gewählte Punkte auf dem Schnurgerüstbrett werden aufgemessen und stellen die zweite Gerade dar. Im Schnitt der beiden Geraden wird der Sicherungsnagel in das *Schnurgerüst* geschlagen. Die „Schnurgerüstabsteckung“ ist ein fest installiertes Programm in den Tachymetern.

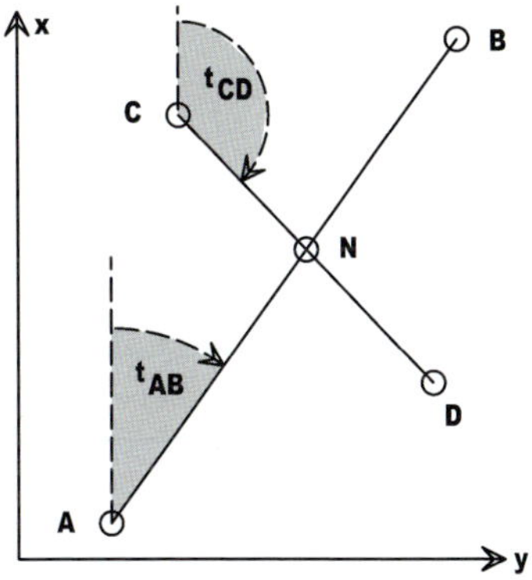

Bild 5.10 Geradenschnitt

Messaufgabe 5.6

Bestimmen Sie die Koordinaten des Tangentenschnittpunktes zur Vorbereitung der Planung einer Kurve zwischen zwei Straßen! Die Straßenachsen sind jeweils durch zwei Punkte der Geraden festgelegt: Straße 1 (*A*, *B*); Straße 2 (*C*, *D*)

A(3124,23; 1665,17)

B(3173,35; 1707,19)

C(3388,11; 1681,65)

D(3294,40; 1764,32)

Gegeben: Gerade 1: $A(x_A, y_A)$ $B(x_B, y_B)$

Gerade 2: $C(x_C, y_C)$ $D(x_D, y_D)$

Gesucht: $N(x_N, y_N)$

Berechnung: Mit den Richtungen (Anstiegen) $m = \tan t$ der Geraden von *A* nach *B* und von *C* nach *D* ergibt sich:

$$m_1 = \tan t_{AB} = \frac{y_B - y_A}{x_B - x_A} \tag{5.16}$$

$$m_2 = \tan t_{CD} = \frac{y_D - y_C}{x_D - x_C} \tag{5.17}$$

$$x_N = x_C + \frac{(y_C - y_A) - m_1 \cdot (x_C - x_A)}{m_1 - m_2} \tag{5.18}$$

$$y_N = y_C + m_2 \cdot (x_N - x_C) \tag{5.19}$$

Ergebnis:

$m_1 = 0{,}85546$ $m_2 = -0{,}88219$

$x_N = 3267{,}68$ m $y_N = 1787{,}89$ m $\rightarrow N(3267{,}68;\ 1787{,}89)$

5.9 Vorwärtsschnitt

Von zwei koordinatenmäßig bekannten Punkten aus kann allein durch die Messung horizontaler Richtungen jeder unzugängliche, von beiden Standpunkten aus sichtbare Punkt durch *Vorwärtsschnitt* gemessen und berechnet werden (Bild 5.11).

Lokale Messungen sind genauso möglich. Man legt in der Örtlichkeit geschickt eine Linie fest, von deren beiden Enden alle zu messenden Punkte einsehbar sind. Die Linie definiert bereits das lokale Koordinatensystem. Der Anfangspunkt der Linie hat die Koordinaten $x = 0{,}00$ m und y = 0,00 m. Der Endpunkt hat die Koordinaten x = (Streckenlänge der Linie) und $y = 0{,}00$ m.

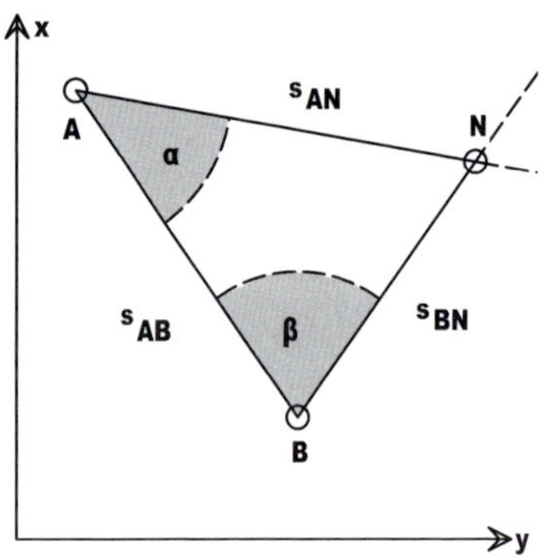

Bild 5.11 Vorwärtsschnitt (allgemein)

Messaufgabe 5.7

Die Koordinaten eines unzugänglichen Punktes N sind zu ermitteln! Nur horizontale Richtungen werden gemessen. Die Basislinie ist durch die Koordinaten der beiden Messstandpunkte A und B vorgegeben.

$A(7192{,}23;\ 5431{,}81)$ $B(7165{,}06;\ 5489{,}40)$

$\alpha = 64{,}654$ gon $\beta = 59{,}013$ gon

Gegeben: $A(x_N, y_N)$ $B(x_A, y_A)$

Gemessen: Richtungen von A nach B und A nach $N \rightarrow \alpha$

Richtungen von B nach A und B nach $N \rightarrow \beta$

Gesucht: $N(x_N, y_N)$

Berechnung: Die Berechnung beginnt mit dem Richtungswinkel t zwischen A und B und der Strecke über den Pythagoras für s_{AB}, gefolgt vom Sinussatz für die Streckenlänge der beiden anderen Dreiecksseiten, und endet mit dem polaren Anhängen an den Punkt A. Zur Kontrolle wird der polare Anhänger von B aus berechnet.

$$s=\sqrt{(\Delta x)^2+(\Delta y)^2} \qquad t_A^B=\arctan\frac{\Delta y}{\Delta x} \qquad t_B^A=t_A^B\pm 200\text{ gon} \tag{5.20}$$

$$s_{AN}=\frac{s_{AB}\cdot\sin\beta}{\sin(\alpha+\beta)} \qquad t_A^N=t_A^B-\alpha \tag{5.21}$$

$$s_{BN}=\frac{s_{AB}\cdot\sin\alpha}{\sin(\alpha+\beta)} \qquad t_B^N=t_B^A+\beta \tag{5.22}$$

$$x_N=x_A+s_{AN}\cdot\cos t_A^N \qquad y_N=y_A+s_{AN}\cdot\sin t_A^N \tag{5.23}$$

$$x_N=x_B+s_{BN}\cdot\cos t_B^N \qquad y_N=y_B+s_{BN}\cdot\sin t_B^N \tag{5.24}$$

Ergebnis:

$t_A^B=128{,}064$ gon $\qquad t_B^A=328{,}064$ gon

s_{AB} = 63,677 m

s_{AN} = 54,664 m

s_{BN} = 58,080 m $\qquad t_A^N=63{,}410$ gon $\qquad t_B^N=387{,}077$ gon

x_N = 7221,95 m $\qquad y_N$ = 5477,69 m → N(7221,95; 5477,69)

■ 5.10 Rückwärtsschnitt

Der *Rückwärtsschnitt* bietet eine weitere klassische, heute weniger gebrauchte Möglichkeit, ohne Distanzmessungen Koordinaten zu bestimmen. Das Winkelmessinstrument, der Theodolit, wird im Messgebiet so aufgestellt (Punkt N), dass außer dem Messumfeld mindestens drei koordinierte Anschlusspunkte A, M, B zu sehen sind. Im extremen Fall könnten das auf freiem Feld drei Kirchturmspitzen naheliegender Dörfer sein. Für Kirchtürme gibt es meist Lagekoordinaten. Die Messung der drei horizontalen Richtungen und die anschließende Rückwärtsschnittberechnung liefern die Koordinaten des Standpunktes N (Bild 5.12). Damit sind alle Folgemessungen in dem Koordinatensystem möglich.

Zur mathematischen Lösung des Rückwärtsschnittes gibt es sehr viele Lösungswege. Auf die geometrisch kritische Lage der vier Punkte (ein Standpunkt und drei Anschlusspunkte) zueinander wird hier nicht näher eingegangen. Die vier Punkte dürfen nicht auf einem Kreis liegen.

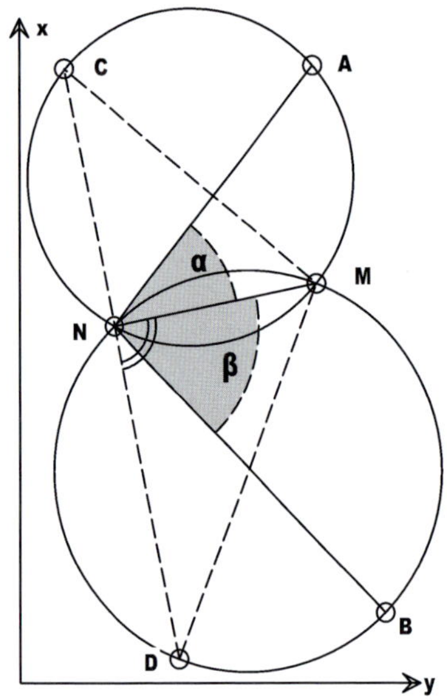

Bild 5.12 Rückwärtsschnitt

Messaufgabe 5.8

Zu drei weit entfernten, zum Teil unzugänglichen, aber koordinatenmäßig bekannten Punkten sind horizontale Richtungen gemessen worden, um die Koordinaten des eigenen Standpunktes im System der Anschlusspunkte zu berechnen. Aus den Richtungsdifferenzen sind die beiden Winkel α (*AM*) = 31,006 gon und β (*MB*) = 50,789 gon abgeleitet. Die gegebenen Koordinaten des mittleren Anschlusspunktes *M* und der beiden Punkte links *A* und rechts *B* betragen:

A(8648,10; 2101,33) *B*(8554,55; 3145,21) *M*(8451,53; 2500,74)

Gegeben: $A(x_A, y_A)$ $B(x_B, y_B)$ $M(x_M, y_M)$

Gemessen: Richtungen von *N* nach *A* und *N* nach $M \rightarrow \alpha$

Richtungen von *N* nach *M* und *N* nach $B \rightarrow \beta$

Gesucht: $N(x_N, y_N)$

Berechnung: Die Lösung geschieht über die zwei Kreise *AMN* und *BMN* mit den Durchmessern *MC* und *MD*.

$$x_C = x_A - (y_M - y_A) \cdot \cot\alpha \tag{5.25}$$

$$y_C = y_A + (x_M - x_A) \cdot \cot\alpha \tag{5.26}$$

$$x_D = x_B + (y_M - y_B) \cdot \cot\beta \tag{5.27}$$

$$y_D = y_B - (x_M - x_B) \cdot \cot\beta \tag{5.28}$$

$$t_C^D = \arctan\frac{y_D - y_C}{x_D - x_C} \qquad t_D^C = \arctan\frac{y_C - y_D}{x_C - x_D} \qquad t_D^C = t_M^N - 100\text{ gon} \tag{5.29}$$

$$x_N = x_C + \frac{y_M - y_C - (x_M - x_C) \cdot \cot t_C^D}{\tan t_C^D + \cot t_C^D} \quad (5.30)$$

$$y_N = y_C + (x_N - x_C) \cdot \tan t_C^D \quad (5.31)$$

Ergebnis:

x_C = 7893,918 m y_C = 1730,158 m x_D = 7925,860 m y_D = 3245,708 m

$t_C^D = 98{,}6584$ gon

x_N = 7910,40 m y_N = 2512,15 m → N(7910,40; 2512,15)

5.11 Polygonzug

Beim *Polygonzug* werden durch das Messen horizontaler Distanzen und horizontaler Richtungen fortlaufend Linien aneinandergelegt, um in einem Zug über größere Entfernungen hinweg Koordinaten mehrerer neuer Punkte - sogenannter Brechungspunkte - zu bestimmen. Die Differenz der zwei Richtungen zu benachbarten Punkten geht als der Brechungswinkel in die Berechnung ein.

Der Polygonzug dient der Verdichtung des vorhandenen Festpunktnetzes (Aufnahmepunktnetz - AP-Netz) zur Lösung kommender Messaufgaben. Nach der geometrischen Konfiguration werden offene und geschlossene Polygonzüge unterschieden. Nach den gegebenen Anschlusspunkten können offene Polygonzüge in einseitig und beidseitig angeschlossene eingeteilt werden. Geschlossene Polygonzüge (Ringpolygone) gibt es mit und ohne Koordinatenanschluss. Im abschließenden Beispiel wird die Berechnung des offenen, beidseitig angeschlossenen Polygonzugs vorgestellt. Eine quasi gleichzeitige Höhenübertragung wäre möglich.

Die klassische Messung von Polygonzügen erfolgte mittels Theodolit und Messband. Gegenwärtig werden Polygonzüge mit dem elektronischen Tachymeter gemessen oder fallen im praktischen Vermessungsalltag bereits ganz weg, wenn zwei oder mehr Anschlusspunkte für ein Messobjekt allein mit satellitengestützten Verfahren geschaffen werden.

Der freie Polygonzug bedeutet, Punkte an einem Messobjekt lokal miteinander zu verbinden (Bild 5.13).

Die Messung kann nur durch eine Doppelmessung kontrolliert werden. Es kann für die folgenden Messungen sinnvoll sein, zwei der Punkte als Koordinatenachse festzulegen. Im Bild 5.13 könnten die Punkte 1 und 2 oder 1 und 4 die x-Achse definieren mit den Koordinaten x = 0 und y = 0 im Punkt 1.

Der an beiden Enden mit je einem Anschlusspunkt fixierte Polygonzug ist sofort in das übergeordnete Koordinatensystem der Punkte A und E eingebunden (Bild 5.13). Die gemeinsame Kontrolle der Winkel- und Streckenmessung erfolgt durch den Vergleich der aus der Messung ermittelten Koordinatenunterschiede mit den aus Anfangs- und Endpunkt berechneten Koordinatenunterschieden.

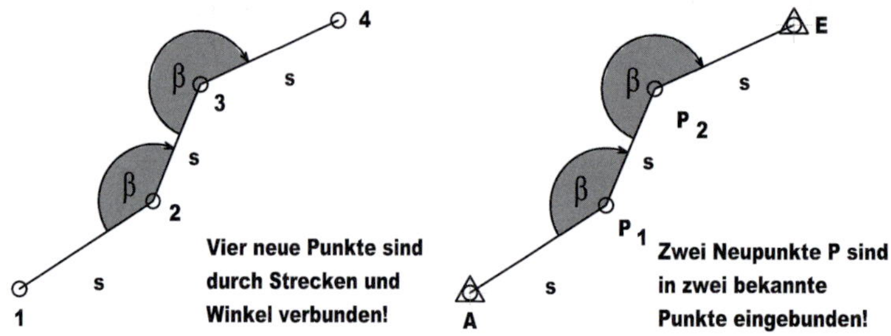

Bild 5.13 Freier Polygonzug (links), beidseitig koordinatenmäßig angeschlossener Polygonzug (rechts)

Der einseitig angeschlossene Polygonzug sollte nicht über zwei, drei Neupunkte hinausführen und nur im Notfall Anwendung finden (Bild 5.14). Der Notfall ist, dass diese Züge in Höhlen, Tunnel, unerschlossene Täler oder Wälder hineingelegt werden müssen. Die Messung ist durch eine zweite Messung zu kontrollieren. Die Genauigkeit der Koordinatenbestimmung nimmt von Punkt zu Punkt ab.

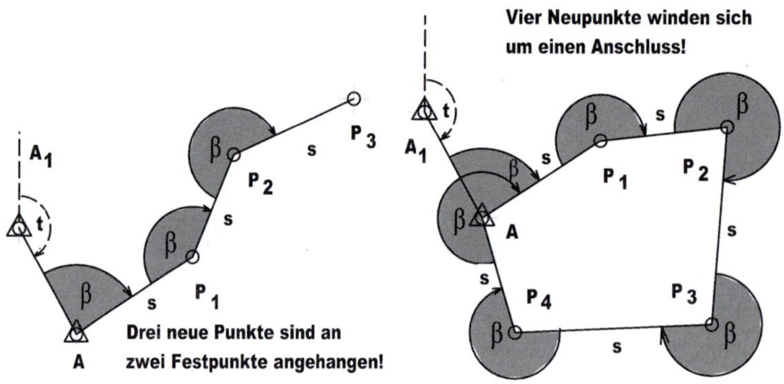

Bild 5.14 Einseitig koordinaten- und richtungsmäßig angeschlossener Polygonzug (links), Ringpolygonzug mit Richtungs- und Koordinatenanschluss (rechts)

Im Ringpolygon ist eine Kontrolle der Strecken- und Richtungsmessungen gegeben (Bild 5.14). Über die Genauigkeit der Neupunktkoordinaten entscheidet vorrangig die Genauigkeit der beiden Anschlusspunkte.

Die praktische Vermessung eines Polygonzugs beginnt mit der Planung, Erkundung und Vermarkung künftiger Festpunkte. Die sichere Lage und die guten Sichtbedingungen zu den Nachbar- und den Anschlusspunkten sind zu garantieren und ihre Eignung als künftige Anschlusspunkte für Einmessungen oder Absteckungen an den Baustellen ist zu prüfen. Das Endergebnis sind mindestens zentimetergenaue Koordinaten, wenn ein doppelter (beidseitiger) Anschluss an zwei oder mehrere Festpunkte (AP-Aufnahmepunkte) erfolgt und mit einer Zwangszentrierung gemessen wird. Bei der Zwangszentrierung bleiben Stative mit einmal zentrierten Dreifüßen der Instrumente oder Zielzeichen (Prismen-Reflektoren) für die Dauer der Messung unverändert stehen. Nur Instrumente und Zielzeichen selbst wechseln oder werden weitergetragen. Die Strecken werden doppelt (hin und zurück) gemessen, die Richtungen in mehreren Vollsätzen.

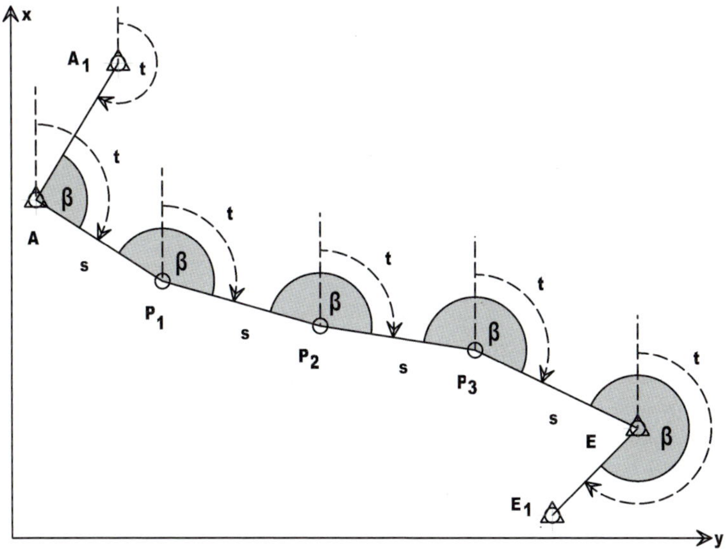

Bild 5.15 Gestreckter, beidseitig angeschlossener Polygonzug

Messaufgabe 5.9

Drei neue Messpunkte sind im Baufeld zu erkunden, mit Pfahl und Nagel zu vermarken und durch einen Winkel-Streckenzug einzumessen. Der Punkt- und Richtungsanschluss hat an den Punkten A und A_1 zu erfolgen. A ist der erste Instrumentenstandpunkt. Der letzte Instrumentenstandpunkt ist der Festpunkt E mit der Abschlussrichtung E_1 (Bild 5.15).

$A(8453{,}96;\ 5352{,}97)$ $A_1(8757{,}36;\ 5793{,}62)$

$E(7880{,}59;\ 6270{,}05)$ $E_1(7481{,}98;\ 6165{,}87)$

Drei neue Punkte erfordern vier Strecken und fünf Brechungswinkel zu messen, um mit sechs Richtungswinkeln den Polygonzug zu rechnen.

Gegeben: A, A_1, E, E_1

Gemessen: 5 Brechungswinkel β, 4 Strecken s

Gesucht: Koordinaten der neu vermarkten Punkte

$P_1(x_1, y_1)$ $P_2(x_2, y_2)$ $P_3(x_3, y_3)$

Berechnung:

1. Richtungswinkel zum Anfangspunkt und vom Endpunkt

$$t_{A1}^{A} = \arctan\frac{\Delta y}{\Delta x} = 261{,}6128 \text{ gon} \qquad t_{E}^{E1} = \arctan\frac{\Delta y}{\Delta x} = 216{,}2745 \text{ gon} \tag{5.32}$$

2. Kontrolle der gemessenen Brechungswinkel: Die fortlaufende Summation zum Anfangsrichtungswinkel ± 200 gon je Brechungswinkel müsste zum Richtungswinkel am Endpunkt führen, dem Richtungsabschluss. Die zulässige kleine Differenz ist die Verbesserung $v = t_{Soll} - t_{Ist} = +0{,}0014$ gon. Die Verbesserung wird gleichmäßig auf alle Brechungswinkel aufgeteilt und angebracht.
3. Mit den verbesserten Brechungswinkeln β sind die vier neuen Richtungswinkel t nach P_1, P_2, P_3 und E durch fortgesetzte Addition (− 200 gon) zu berechnen.

   $t_{A1} = 142{,}0009$ gon $t_{12} = 127{,}5218$ gon $t_{23} = 124{,}0234$ gon $t_{3E} = 151{,}2310$ gon

   Zur Kontrolle: Die Endrichtung $t_{EE1} = 216{,}2745$ gon muss erreicht werden!
4. Polares Anhängen ergibt die Koordinatenunterschiede $\Delta x = s \cdot \cos t$, $\Delta y = s \cdot \sin t$, z. B. vom Punkt A nach P_1: $\Delta x = -139{,}185$ m; $\Delta y = +179{,}430$ m.
5. Die Summe der so errechneten Koordinatenunterschiede muss mit den Soll-Koordinatenunterschieden zwischen dem Anfangs- und Endpunkt in Übereinstimmung gebracht werden.

   $\Delta x_{Soll} = x_E - x_A = -573{,}37$ m $\Delta y_{Soll} = y_E - y_A = +917{,}08$ m

   $\Delta x_{Ist} = -573{,}307$ m $\Delta y_{Ist} = +917{,}067$ m

   Die Verbesserungen $v_{\Delta x} = \Delta x_{Soll} - \Delta x_{Ist} = -66$ mm und $v_{\Delta y} = \Delta y_{Sol} - \Delta y_{Ist} = 13$ mm der Koordinatenunterschiede sind unabhängig von der Streckenlänge gemäß der Anzahl der gemessenen Strecken anzubringen (nur ganze Millimeter).
6. Die fortlaufende Addition der verbesserten Koordinatenunterschiede führt zu den gesuchten Koordinaten der drei Neupunkte, gerundet auf Zentimeter entsprechend der Genauigkeit der gegebenen Ausgangskoordinaten.

   P_1(8314,76; 5532,40) P_2(8197,66; 5786,15) P_3(8083,04; 6075,29)

Zur Kontrolle: Die Endpunktkoordinaten müssen erreicht werden!

Ergebnis: Der beschriebene Lösungsweg ist übersichtlich in einer Tabelle zu verfolgen.

Tabelle 5.1 Berechnung des doppelt angeschlossenen Polygonzuges

Punkt	$\beta + v$ in mgon t in gon	s in m	x in m $\Delta x + v$ in mm	y in m Δy in mm
A_1	261,6128		8757,36	5793,62
A	80,3878 +3 142,0009	 227,085	8453,96 −139,185 −16	5352,97 +179,430 +3
P_1	185,5206 +3 127,5218	 279,454	8314,76 −117,083 −17	5532,40 +253,744 +4
P_2	196,5014 +2 124,0234	 311,022	8197,66 −114,601 −17	5786,15 +289,139 +3
P_3	227,2073 +3 151,2310	 280,908	8083,04 −202,435 −16	6075,29 +194,754 +3
E	265,0432 +3 216,2745 (Soll) 216,2731 (Ist)		7880,59 −573,370 (Soll) −573,304 (Ist) −66 (Σv)	6270,05 +917,080 (Soll) +917,067 (Ist) +13 (Σv)
E_1	+14 (Σv)		7481,98	6165,87

Zur Untersuchung von Fehlereinflüssen auf die Messungsergebnisse eines gestreckten Polygonzugs können Längsabweichungen und Querabweichungen zur Richtung zwischen dem Anfangs- und Endpunkt des Zugs untersucht werden. Eine *Längsabweichung* lässt auf eine ungenaue Distanzmessung oder einen Maßstabsfehler bei der Streckenermittlung schließen. Die *Querabweichung* deutet auf ungenaue Richtungsmessungen hin.

5.12 Koordinatentransformation

Die Koordinaten von Punkten sind in einem bestimmten Koordinatensystem gegeben und sollen in Koordinaten eines anderen Systems umgewandelt werden (Bild 5.16).

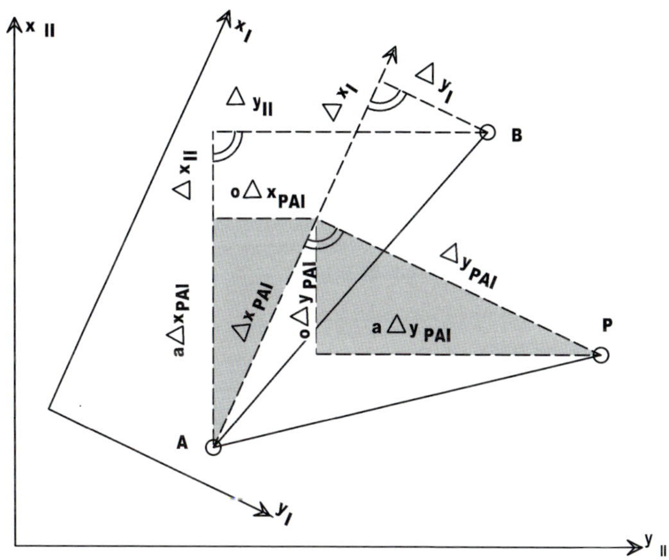

Bild 5.16 Ebene Koordinatentransformation

Die Voraussetzung für eine ebene *Koordinatentransformation* ist, dass die Koordinaten von mindestens zwei Punkten in beiden Systemen bekannt sind. Bei mehr als zwei identischen Punkten müssen die Transformationsparameter durch das mathematische Verfahren der Ausgleichung berechnet werden. Bei der Transformation werden die Punkte in x- und y-Richtung verschoben (Translation), um den Winkel zwischen den Koordinatenachsen gedreht (Rotation) und um einen Maßstabsfaktor, um den sich die Strecken zwischen den beiden identischen Punkten unterscheiden, verändert. Im folgenden Beispiel werden ebene rechtwinklige Koordinaten eines Neupunktes P mit zwei identischen Punkten A und B vom System I in das System II transformiert.

Gegeben: Koordinatensystem I $A(87{,}12;\ 13{,}91)$; $B(122{,}93;\ 27{,}42)$
$P(101{,}44;\ -17{,}06)$

Koordinatensystem II $A(3294{,}57;\ 3058{,}38)$; $B(3286{,}24;\ 3095{,}71)$

Gesucht: $P(x;\ y)$ im Koordinatensystem II

Berechnung und Ergebnisse:

Lösungsansatz 1:

1. Transformationsparameter α und o (ähnlich der Kleinpunktberechnung) mit den Punkten A und B bestimmen
2. Berechnung der Punktkoordinaten im System II

$$\Delta x_I = x_{BI} - x_{AI} \tag{5.33}$$

$$\Delta y_I = y_{BI} - y_{AI} \tag{5.34}$$

$$\Delta x_{II} = x_{BII} - x_{AII} \tag{5.35}$$

$$\Delta y_{II} = y_{BII} - y_{AII} \tag{5.36}$$

$$o = \frac{\Delta y_{II} \cdot \Delta x_I - \Delta x_{II} \cdot \Delta y_I}{\Delta x_I^2 + \Delta y_I^2} = 0{,}989384 \tag{5.37}$$

$$a = \frac{\Delta x_{II} \cdot \Delta x_I + \Delta y_{II} \cdot \Delta y_I}{\Delta x_I^2 + \Delta y_I^2} = 0{,}140647 \tag{5.38}$$

$$x_P = x_{AII} + a \cdot \Delta x_{PAI} - o \cdot \Delta y_{PAI} = 3327{,}23 \text{ m} \tag{5.39}$$

$$y_P = y_{AII} + o \cdot \Delta x_{PAI} + a \cdot \Delta y_{PAI} = 3068{,}19 \text{ m} \tag{5.40}$$

→ $P(3327{,}23;\ 3068{,}19)$

Lösungsansatz 2:

1. Strecken und Richtungswinkel zwischen A und B im System I und II:

   System I

$$t_A^B = \arctan \frac{\Delta y}{\Delta x} = t_I = 22{,}9666 \text{ gon} \tag{5.41}$$

$$s = \sqrt{(\Delta x)^2 + (\Delta y)^2} = s_I = 38{,}274 \text{ m} \tag{5.42}$$

System II

$t_{II} = 113{,}9769$ gon $s_{II} = 38{,}248$ m

2. Drehwinkel $\varepsilon = t_{II} - t_I = 91{,}0103$ gon und
   Maßstabsfaktor $q = s_{II}/s_I = 0{,}999331$
3. im System I: Richtungswinkel und Strecken von A aus zu allen Neupunkten P
   → für P $t_I = 327{,}5722$ gon $s_I = 34{,}120$ m
4. im System II: Richtungswinkel und Strecken von A aus zu allen Neupunkten P mit Drehwinkel und Maßstabsfaktor
   → für P $t_{II} = 18{,}5825$ gon $s_{II} = 34{,}098$ m
5. im System II: Koordinaten der umzuformenden Neupunkte P

$$x_P = x_A + s_{AP} \cdot \cos t_A^P = 3327{,}23 \text{ m} \tag{5.43}$$

$$y_P = y_A + s_{AP} \cdot \sin t_A^P = 3068{,}19 \text{ m} \tag{5.44}$$

→ $P(3327{,}23;\ 3068{,}19)$

5.13 Genauigkeitsmaße

Die Ingenieurgeodäsie im Bauwesen ist nach den Liegenschaftsvermessungen und topografischen Aufnahmen die umfassendste Anwendung der geodätischen Wissenschaft. Die Ingenieurgeodäsie löst praktische Aufgaben unter ökonomischen Gesichtspunkten. Ein Ziel besteht darin, so genau wie nötig zu messen und nicht so genau wie möglich. Was sind Genauigkeit, Messunsicherheit, Toleranz? Aus den Grundlagen der Messtechnik ergeben sich Genauigkeitsgrundsätze für die Ingenieurgeodäsie. Das Ergebnis einer Messung ist immer nur ein ermittelter Schätzwert für den wahren Wert der Messung einer bestimmten Messgröße an einem Objekt.

Carl Friedrich Gauß schuf die mathematischen Grundlagen moderner Genauigkeitsbetrachtungen nach der Methode der kleinsten Quadrate auf der Basis zufälliger Fehler. Grobe Fehler sind vorher auszuschließen und systematische Fehler rechnerisch oder messtechnisch zu beseitigen. Grobe Fehler liegen vor bei offensichtlich falschen Ergebnissen in einer Messreihe oder wenn ein statistischer Test eine zu große Abweichung eines einzelnen Messwertes nachweist. Grobe Fehler sind aus der Messreihe zu entfernen. Systematische Fehler liegen vor, wenn Messverfahren, Messinstrumente oder Umwelteinflüsse die gesamte Messreihe in positive oder negative Werterichtung verändern. Systematische Fehler können erkannt, berechnet oder durch die Messverfahren beseitigt werden. Sie sind in der Fehleranalyse vor der Bestimmung von Genauigkeitsmaßen aus zufälligen Fehlern zu berücksichtigen. Wenn geodätische Messreihen groß genug sind, entsprechen die Einzelergebnisse einer *Normalverteilung*. Die Größe und Anzahl der Abweichungen folgen einer Verteilung nach der Gauß'schen Glockenkurve (Bild 5.17).

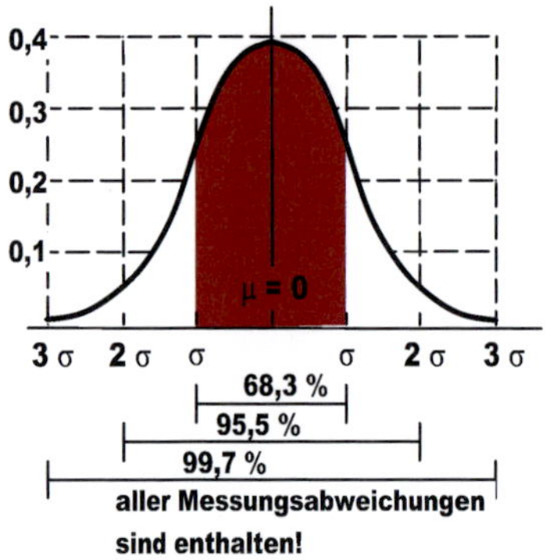

Bild 5.17 Gauß'sche Normalverteilung

Wenn Messwerte oder Endergebnisse einer Messreihe nicht den Erwartungen entsprechen, zu groß oder zu klein erscheinen, sind sie nicht gleich zu verwerfen. Mathematische *Ausreißertests* können *Ausreißer* als grobe Fehler qualifiziert aufdecken und die Suche der Ursachen in Messunsicherheiten, Veränderungen in Anschlusspunkten oder Objektdeformationen unterstützen.

Die klassische Fehlertheorie mündet in der Wahrscheinlichkeitsrechnung und mathematischen Statistik. Das Wort „Fehler" ist mit dem Sinn einer „Untauglichkeit" verknüpft. Deshalb werden „Fehler" grundsätzlich *„Abweichungen"* genannt - *„Messunsicherheiten"*, „Ungenauigkeiten" kommen ebenfalls als Bezeichnungen vor. Auf der Basis der mathematischen Statistik ist der Gauß'sche „mittlere Fehler" die *„Standardabweichung"*, der Messfehler die Messabweichung. *Messabweichungen* vom wahren Wert der Messgröße entstehen grundsätzlich durch die Messinstrumente, Messverfahren, Bezugspunkte, messenden Personen, Umweltfaktoren und Ungenauigkeit der Form und Verformung des Messobjektes selbst.

Systematische Messabweichungen in der Geodäsie werden minimiert durch

1. Messanordnungen: Beim Nivellement wird möglichst mit gleichen Zielweiten im Rück- und Vorblick gearbeitet. Richtungen und Winkel misst man in zwei Fernrohrlagen.
2. Justierung und
3. Kalibrierung der Instrumente, einen Vergleich mit einem genaueren Maßstab.

Existiert eine endlich Messreihe mit den Werten x_1; x_2; x_i; x_n, dann gilt als empirische Standardabweichung s_x eines Messwertes x_i:

$$s_x = \pm\sqrt{\frac{1}{n-1}\sum_{i=1}^{n}(x_{\mathrm{m}} - x_i)^2} \tag{5.45}$$

Die empirische Standardabweichung des arithmetischen Mittelwertes x_{m} dieser Messreihe beträgt:

$$s_{x\mathrm{m}} = \frac{s_x}{\sqrt{n}} \tag{5.46}$$

$$s_{xm} = \pm\sqrt{\frac{1}{n(n-1)}\sum_{i=1}^{n}(x_m - x_i)^2} \qquad (5.47)$$

Beispiel: Eine Strecke *AB* wurde fünfmal gemessen:

96,543 m; 96,549 m; 96,551 m; 96,546 m; 96,546 m

x_m = 96,547 m $x_m - x_i$ = +4 mm; - 2 mm; - 4 mm; + 1 mm; + 1 mm

s_x = 3,1 mm s_{xm} = 1,4 mm Ergebnis: *AB* **= 96,547 m ± 1,4 mm**

Bei vielen Vermessungsaufgaben sind Doppelmessungen vorgesehen. Doppelnivellement, Messung in zwei Fernrohrlagen, Hin- und Rückmessung sind Beispiele. Zwei unabhängige, übereinstimmende Ergebnisse bieten ein hohes Maß an Zuverlässigkeit, dienen der Kontrolle und verbessern das Genauigkeitsmaß. Keine Übereinstimmung im Bereich erwarteter Abweichungen verpflichtet sofort zu einer dritten Messung.

Die Standardabweichung einer Messung *x* beträgt bei einer Anzahl von *n* Doppelbeobachtungen mit den jeweiligen Differenzen *d*:

$$s_x = \pm\sqrt{\frac{\sum d^2}{2n}} \qquad (5.48)$$

Die Standardabweichung des Mittels x_m aus beiden Messungen beträgt:

$$s_{xm} = \pm\frac{1}{2}\sqrt{\frac{\sum d^2}{n}} \qquad (5.49)$$

Beispiel: Vier horizontale Richtungen sind jeweils in der ersten und zweiten Fernrohrlage (FL) gemessen worden (Tabelle 5.2):

Tabelle 5.2 Standardabweichungen aus doppelt gemessenen Richtungen

Punkt-Nr.	1. FL in gon	2. FL in gon	Mittel in m	*d* in mgon	d^2 in mgon^2
1	0,1261	200,1253	0,1257	0,8	0,64
2	17,3409	217,3421	17,3415	-1,2	1,44
3	209,5588	9,5578	209,5583	1,0	1,0
4	381,0066	181,0072	381.0069	-0,6	0,36
				$\sum$ =	3,44

s_x = ± 0,66 mgon s_{xm} = ± 0,46 mgon

Vor der Betrachtung von Genauigkeitsmaßen können Messwerte oft direkt mit wahren Werten (Sollwerten) verglichen und verbessert werden. Das gilt z.B. für Zenitwinkelmessungen in zwei Fernrohrlagen oder die Messung der drei Innenwinkel im Dreieck (Tabelle 5.3).

Die *Verbesserung v* ist die Differenz zwischen Sollwert und Istwert. (Der Fehler ist - umgekehrt - die Differenz zwischen Istwert und Sollwert.) Der Sollwert der Summe der Zenitwinkel aus zwei Fernrohrlagen beträgt 400 gon.

Tabelle 5.3 Zenitwinkel nach der Messung in zwei Fernrohrlagen

Punkt-Nr.	1. FL in gon	2. FL in gon	Ist-Summe in gon	v in mgon	$v/2$ in mgon	1. FL (verb.) in gon
1	96,123	303,889	400,012	-12	-6	96,117

Das Endergebnis ist der Winkel der verbesserten 1. Fernrohrlage **96,117 gon**.

Analog sind gleichwertige Messungen der drei horizontalen Winkel im Dreieck zu bewerten. Abweichungen vom Sollwert 200 gon, der Winkelsumme im Dreieck, sind gleichmäßig auf alle drei Winkel zu verteilen.

Komplizierter werden die Genauigkeitsüberlegungen und -berechnungen, wenn verschiedene Messwerte über einen funktionalen Zusammenhang in ein Endresultat einfließen. Die Lösung bringt das *Varianzfortpflanzungsgesetz* (alt *„Fehlerfortpflanzungsgesetz“*). Es wird berechnet, wie sich Abweichungen aus Eingangsmessungen fortpflanzen. Auf der Basis des totalen Differenzials und unter Benutzung der empirischen Standardabweichungen der Messgrößen ist die funktionale Beziehung zwischen dem Endergebnis y und den einzelnen Messgrößen x_i abzuleiten, zu quadrieren, mit dem Quadrat der jeweiligen Standardabweichung zu multiplizieren. Die Wurzel aus der Summe aller dieser Messgrößeneinflüsse ist die Standardabweichung des Endresultats.

$$s_y = \pm\sqrt{\sum_{i=1}^{m}\left(\frac{\mathrm{d}y}{\mathrm{d}x_i}\right)s_i^2} \tag{5.50}$$

Als einfachstes Beispiel gilt die Bestimmung der Genauigkeit der Fläche eines Rechtecks nach der Streckenermittlung der Länge und Breite: $a = 55{,}12$ m ± 3 cm; $b = 94{,}25$ m ± 4 cm; $F = a \cdot b = 5195{,}06$ m².

$$y = x_1 \cdot x_2 \tag{5.51}$$

heißt die Fläche $F = a \cdot b$ mit den partiellen Ableitungen

$$\frac{\mathrm{d}F}{\mathrm{d}a} = b \qquad \frac{\mathrm{d}F}{\mathrm{d}b} = a \tag{5.52}$$

$$s_F = \sqrt{b^2 \cdot s_a{}^2 + a^2 \cdot s_b{}^2} \tag{5.53}$$

$s_F^2 = 8883\ \mathrm{m}^2 \cdot 0{,}0009\ \mathrm{m}^2 + 3038\ \mathrm{m}^2 \cdot 0{,}0016\ \mathrm{m}^2 = 12{,}855\ \mathrm{m}^4$

± 3,59 m² ist das Genauigkeitsmaß der Fläche. Das Endergebnis lautet: Die Größe der Fläche beträgt 5195,06 ± 3,59 m².

Kontrollmessungen, Doppelmessungen und sonstige zusätzliche Messungen führen zu Überbestimmungen, *Redundanz* liegt vor. Wenn alle Messungen in die Endergebnisse einfließen sollen, ist eine *Ausgleichung* zu rechnen. Messungen und Endergebnisse werden nach den mathematischen Regeln der Ausgleichung verbessert. Mathematisch regelgerechte Verbesserungen entstehen durch das Minimieren der gewogenen Summe der Quadrate aller Verbesserungen. „Gewogen" bedeutet allgemein, dass Messungen verschiedener Genauigkeit mit unterschiedlichem Gewicht in die Berechnungen einfließen müssen. Wenn z. B. eine Messbandmessung und eine elektronische Distanzmessung gemittelt werden sollen, muss das *gewogene Mittel* gebildet werden.

Die Beschreibung der verschiedenen Ausgleichungsverfahren nach der Gauß'schen „Methode der kleinsten Quadrate" soll nicht Gegenstand der Betrachtungen in diesem Buch sein.

Sowohl die geodätischen Messungen als auch die technischen Fertigungen von Bauteilen sind mit Ungenauigkeiten behaftet. Die Genauigkeit der Ergebnisse geodätischer Messungen wird mit der empirischen Standardabweichung beschrieben. Die Technik beschränkt zulässige Fertigungsunsicherheiten (Abweichungen) in der „Toleranz", dem Maß des noch „Duldbaren". Auch in der Baufertigung gelten Toleranzmaße (Bild 5.18 rechts).

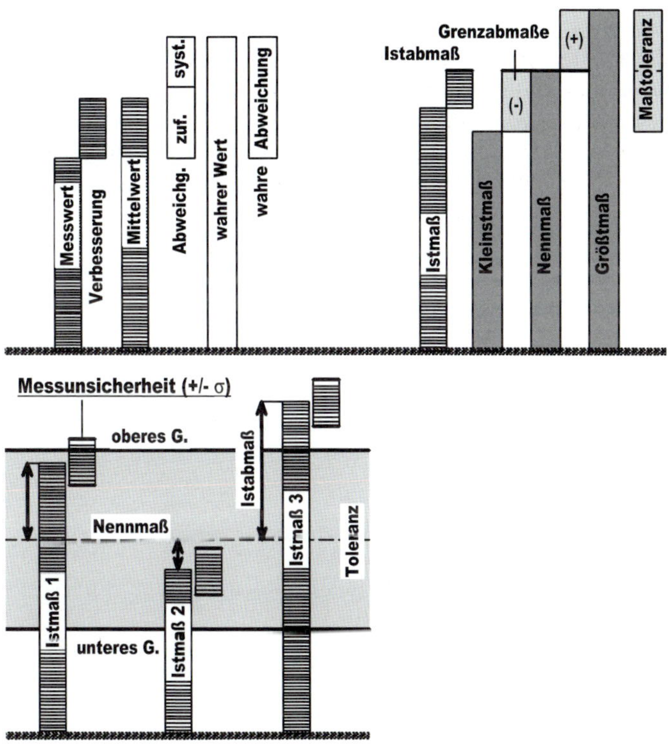

Bild 5.18 Abweichungen, Toleranzen, Toleranzüberschreitungen

Die beiden Genauigkeitssysteme Standardabweichung der Ingenieurgeodäsie und Toleranz des Bauwesens müssen in Einklang gebracht werden.

Toleranzen sind Vorgabewerte für zulässige Abweichungen von einem *Nennmaß*, dem Sollmaß entsprechend der Bauplanungen. Bautoleranzen für das Endergebnis einer baulichen Anlage setzen sich zusammen aus Abweichungen bei der Bauteilfertigung, der Absteckung und Montage. Temperatur- und Belastungseinflüsse, die zu Deformationen führen, sind zu berücksichtigen und wirken sich zusätzlich auf vorzugebende Toleranzgrößen aus.

Die Messunsicherheit dagegen beschreibt die Genauigkeit der Messung einer bestimmten Größe. Die Summe aller ermittelten Messunsicherheiten muss sich in das Toleranzfeld zwischen *Kleinstmaß* und *Größtmaß* eines Objektes einfügen. Das Nennmaß darf also um ein positives oder negatives *Grenzabmaß* bis zum Größt- oder Kleinstmaß abweichen (Bild 5.18). Tatsächlich wird jedes Bauteil oder jeder Konstruktionssachverhalt ein *Istmaß* haben, das um das sogenannte *Istabmaß* vom Nennmaß abweicht. Das Istmaß ist der Bezugswert für den Bereich der empirischen Standardabweichung bei der ingenieurgeodätischen Berechnung der Messunsicherheit. Der Bereich muss sich in den Bereich der *Maßtoleranz* einfügen. Dann ist alles in Ordnung (Bild 5.18).

5.14 Prüfungsaufgaben

1. Wie viel Gon entsprechen dem Winkel von 12° 12’ 12”?

2.a) Eine Böschung hat einen Höhenunterschied von 3 Metern auf einer horizontalen Strecke von 14 Metern. Geben Sie die Neigung der Böschung in Grad, Gon, Prozent und Promille an!

2.b) Das Gefälle ist 1 : 27. Wie viel Grad, Gon, Prozent und Promille sind das?

3. Eine Böschung steigt auf 17 Meter horizontaler Entfernung 3 Meter an. Berechnen Sie den Geländewinkel zum Horizont in gon und ° und geben Sie das Gefälle in ‰ und % an!

4. Ein Grundstück ist 0,123 Hektar groß. Welche Fläche nimmt es in der Flurkarte des Maßstabs 1 : 3000 ein?

5. Eine rechteckige Fläche ist in der Karte des Maßstabs 1 : 2000 6 cm lang und 8 cm breit. Wie viel Fläche nimmt sie in der Natur ein? Geben Sie das Ergebnis in Hektar, Ar und Quadratmetern an!

6. Kann man mittels eines Theodoliten, der 0,02 gon genaue Anzielungen einer Richtung erlaubt, in 50 m Entfernung einen Punkt auf 1 cm genau anvisieren? Berechnen Sie den Einfluss der 0,02 gon auf die Lage des Punktes!

7. Bauordnungen schreiben vor, dass Wohnungen nicht nur Nordfenster haben dürfen. Bestimmen Sie die Ausrichtung der Fensterfront aus den Koordinaten der beiden Hausecken *A* und *B*!

   x_A = 5 758 123,25 m y_A = 3 445 407,32 m

   x_B = 5 758 002,88 m y_B = 3 445 627,89 m

8. Bestimmen Sie die Koordinaten des Neupunktes *C*! Gegeben ist der Anschlusspunkt *A* mit *x* = 87 163,41 m; *y* = 24 582,77 m und der Instrumentenstandpunkt *B* mit *x* = 86 971,12 m; *y* = 26 599,38 m. Am Punkt *B* sind der Winkel zwischen *A* und *C* mit 138,17 gon und die Strecke *s* nach *C* mit 183,87 m gemessen worden (Bild 5.19).

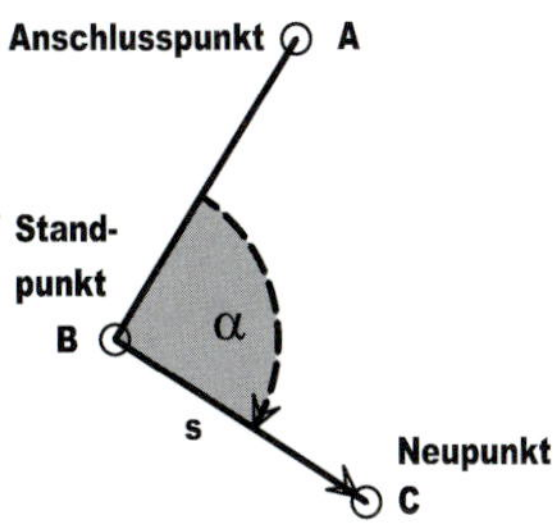

Bild 5.19 Prüfungsaufgabe: Polares Anhängen

9. Anfangs- und Endpunkt einer Messungslinie sind bekannt: A (x = 5 733 156,19 m; y = 5 453 085,90 m); E (x = 5 733 320,55 m; y = 5 453 142,17 m). Kleinpunkte N und M sind orthogonal zur Messungslinie eingemessen worden (Abszissen- und Ordinatenmaße in m, Bild 5.20). Bestimmen Sie die Koordinaten der Punkte 1 bis 5 zunächst nur grafisch anhand einer maßstäblichen Skizze! Nennen Sie ihren gewählten Maßstab, notieren Sie die Neupunktkoordinaten und schätzen Sie deren Genauigkeit ab!

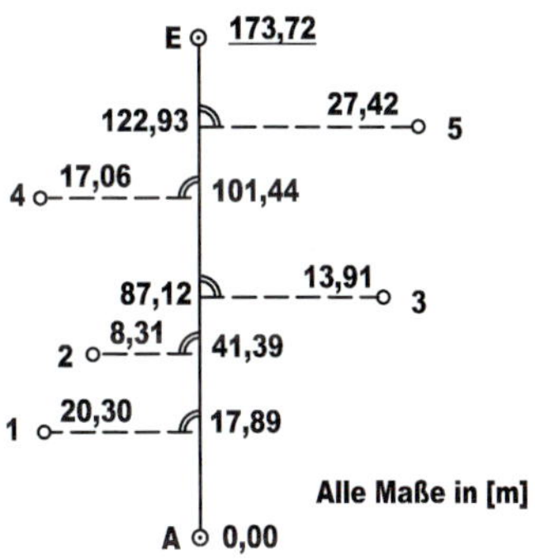

Bild 5.20 Prüfungsaufgabe: Feldriss einer Orthogonalaufnahme

10. Gegeben sind zwei Geraden f und g in der horizontalen Ebene durch je zwei Punkte mit den x,y-Koordinaten:

   $f[A(x$ = 5 745 201,11; y = 3 460 228,25); $B(x$ = 5 745 423,55; y = 3 460 368,77)] und $g[C(x$ = 5 745 535,04; y = 3 460 175,30); $D(x$ = 5 745 357,21; y = 3 460 333,65)]

   a) Gesucht ist der Schnittpunkt S beider Geraden. Lösen Sie die Aufgabe nur grafisch!

   b) Wählen Sie einen geeigneten Maßstab für Ihr Koordinatensystem! Geben Sie den Maßstab an! Geben Sie die grafisch ermittelten Koordinaten an und schätzen Sie deren Genauigkeit ab!

11. Berechnen Sie aus den Koordinaten der vier Punkte A, B, C und D der Aufgabe 10 alle möglichen Geradenschnitte!

12. Die Seite a des Dreiecks ABC und die Höhe h_a auf der Seite a wurden mit vergleichbaren Abweichungen gemessen: a = 34,26 m ± 3,5 cm und h_a = 17,19 m ± 2,0 cm. Bestimmen Sie die Dreiecksfläche und ihre Genauigkeit!

13. Wie groß ist die Strecke zwischen den Punkten 1001 und 1003 in Bild 5.21? Bestimmen Sie den Brechungswinkel im Punkt 1002!

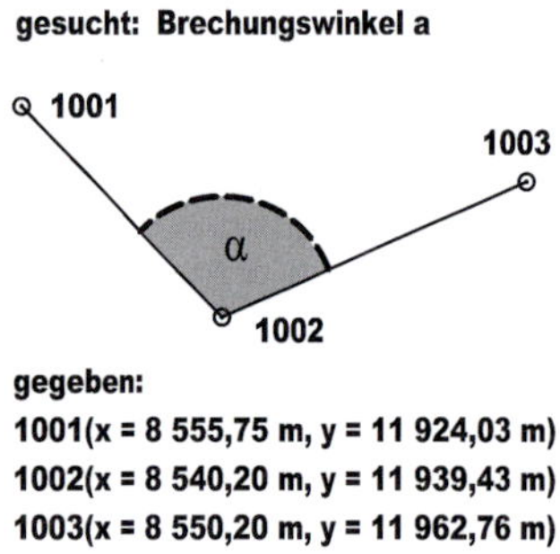

Bild 5.21 Prüfungsaufgabe: Dreiecksberechnung

14. Berechnen Sie aus der orthogonalen Position des Messungsstandpunktes *S*100 zu den Anschlusspunkten *A* (200,00 m; 100,00 m) und *B* (100,00 m; 200,00 m) die Koordinaten des Neupunktes *N* (Bild 5.22)!

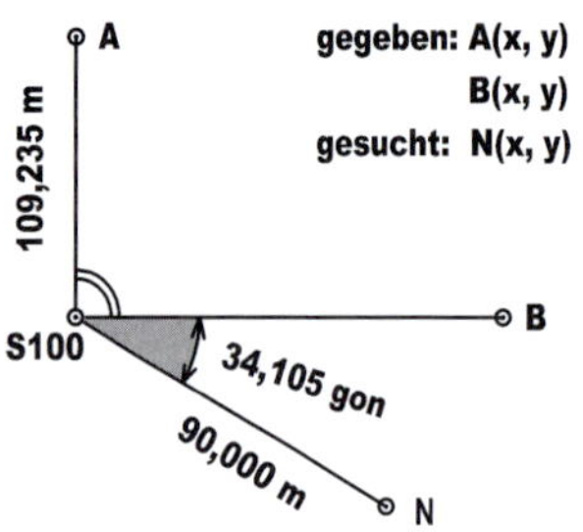

Bild 5.22 Prüfungsaufgabe: Koordinaten aus polarer Messung

15. Berechnen Sie die Koordinaten des Instrumentenstandpunktes 77 (Bild 5.23)!

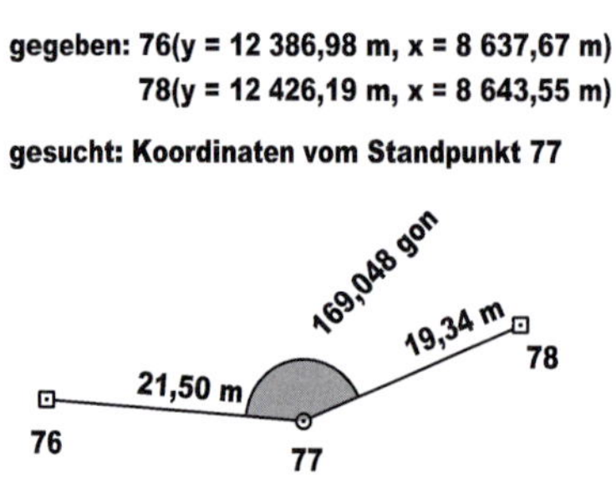

Bild 5.23 Prüfungsaufgabe: Standpunktkoordinaten

16. Wie groß ist der Abstand zwischen den beiden parallelen Hausfronten? Berechnen Sie die diagonalen Kontrollmaße (Bild 5.24)!

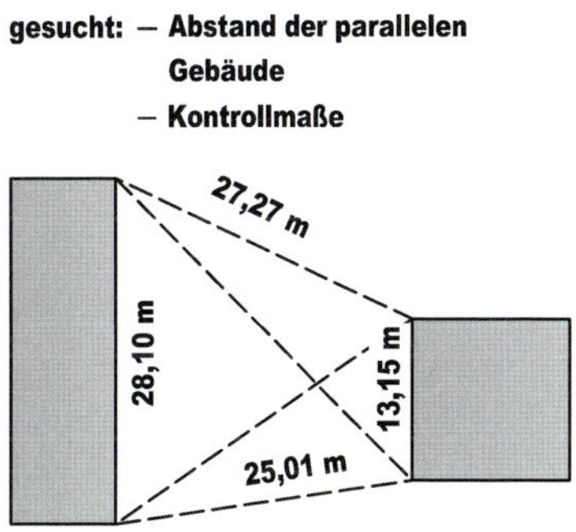

Bild 5.24 Prüfungsaufgabe: Parallele Hausfronten

17. Berechnen Sie die fehlenden Winkel und fehlende Strecke des Vierecks (Bild 5.25)!

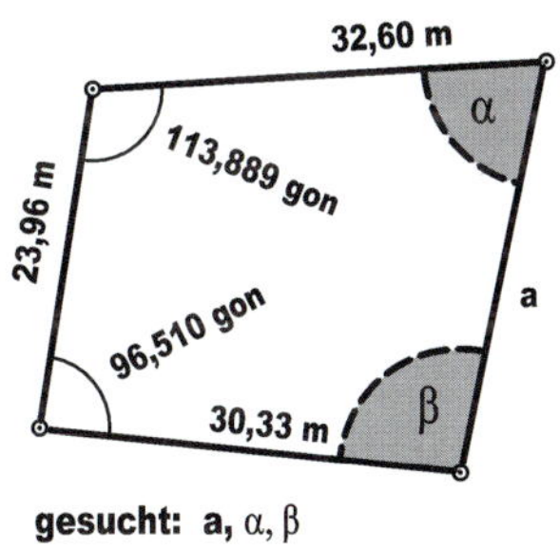

Bild 5.25 Prüfungsaufgabe: Viereck

6 Nivellement

Höhen in geodätischen Höhensystemen werden nicht direkt gemessen. Gemessen werden Höhenunterschiede. Das Messen von Höhenunterschieden kann geometrisch, trigonometrisch, hydrostatisch, barometrisch, fotogrammetrisch oder GNSS-gestützt geschehen. Das Schätzen von Höhenunterschieden im Gelände ist im Gegensatz zur Entfernungsschätzung praktisch nicht möglich (Bild 6.1).

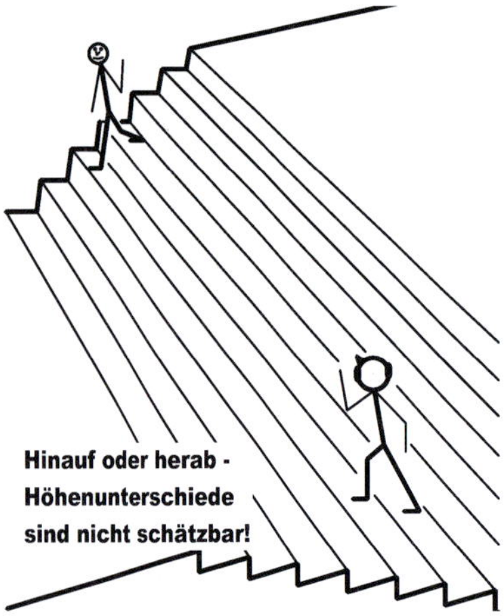

Bild 6.1 Höhenunterschiede

Die *barometrische Höhenmessung* basiert auf der Auswertung vertikaler Luftdruckunterschiede und ist nur im Meterbereich genau.

Das *hydrostatische Nivellement* – bekannt als Schlauchwaagemessung (Bild 6.2) – ist mit hochpräziser 1/10-Millimetergenauigkeit ausführbar, allerdings nur über kurze Distanzen.

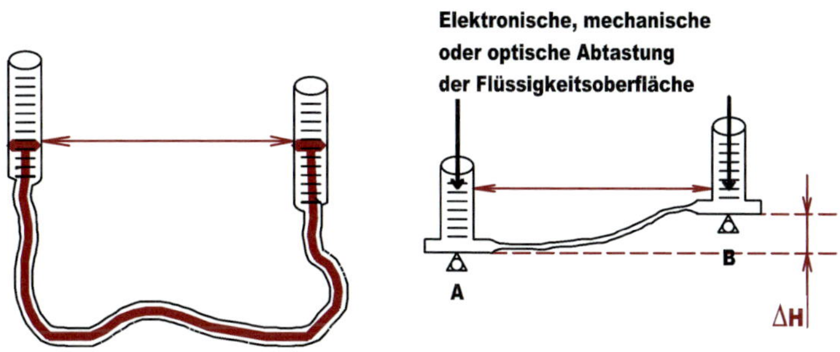

Bild 6.2 Prinzip der kommunizierenden Röhren, Schlauchwaage

■ 6.1 Geometrisches Nivellement

Die im Bauwesen häufigsten Messmethoden sind das *geometrische Nivellement* und die trigonometrische Höhenbestimmung. Das modernste Verfahren des geometrischen Nivellements ist das *motorisierte Nivellement*.

Nivellieren heißt Messen von Höhenunterschieden zwischen je zwei Punkten mithilfe einer horizontalen Anzielung senkrechter Maßstäbe (Bild 6.3).

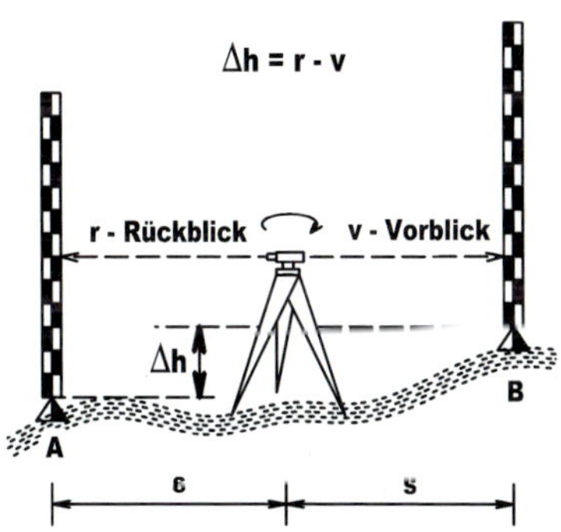

Bild 6.3 Grundprinzip des geometrischen Nivellements

Hilfspunkte beim Überbrücken langer Nivellementswege können durch Lattenuntersätze vorübergehend festgelegt werden (Bild 6.4).

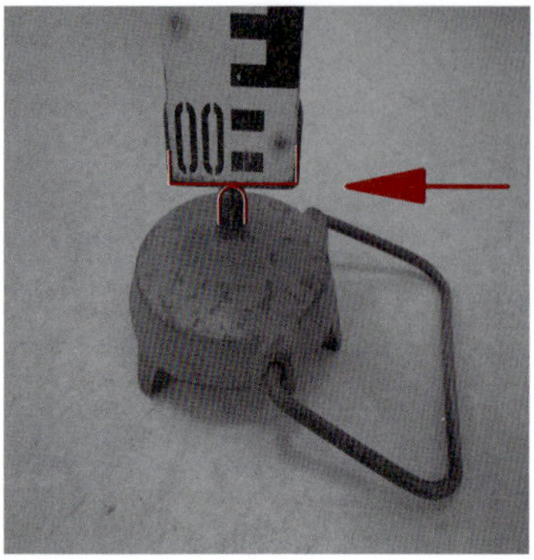

Bild 6.4 Nullpunkt der Nivellierlatte auf dem Lattenuntersatz „Frosch“

Für das geometrische *Nivellement* wird ein Nivellier benutzt. Das *Nivellier* ist ein horizontierbares Zielfernrohr. Es gibt optische *Libellennivelliere* und *Kompensatornivelliere* (Bild 6.5), elektrooptische Digitalnivelliere (Bild 6.6 rechts) und Lasernivelliere bzw. Rotationslaser.

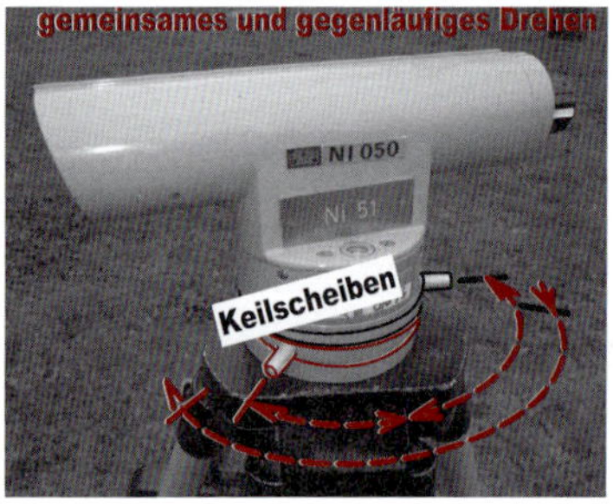

Bild 6.5 Optisches Kompensatornivellier mit Keilscheiben

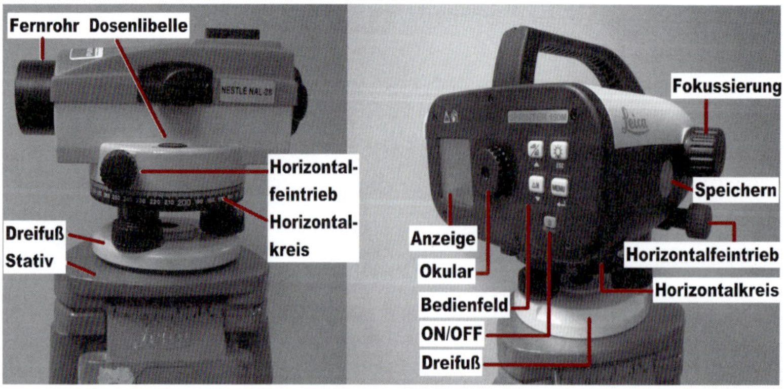

Bild 6.6 Optisches Nivellier (links), elektronisches Digitalnivellier (rechts)

Die Hauptanforderung an ein Nivellier lautet: Bei horizontiertem Instrument muss die Zielachse *Z* horizontal (senkrecht zur Umdrehungsachse *U*) verlaufen (Bild 6.7).

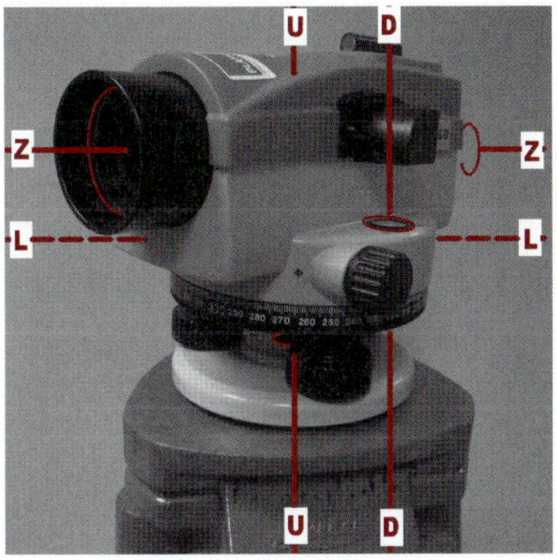

Bild 6.7 Hauptachsen des Nivelliers: *U* - Umdrehungsachse, *D* - Dosenlibellenachse, *L* - Röhrenlibellenachse, *Z* - Zielachse

Im Sehfeld des Nivelliers dient der mittlere Horizontalstrich zur Ablesung an der Nivellierlatte zur Bestimmung der Höhenunterschiede (Bild 6.8).

Bei einem „Nivellierblick" dicht am Okular (Bild 6.9) sind die beiden anderen Horizontalstriche sichtbar, und es kann das 100-Fache der Differenz der beiden Ablesungen sofort als Distanz zwischen dem Instrumentenstandpunkt und der Nivellierlatte berechnet werden (Bild 6.8 rechts). Das Ergebnis nützt der Zielweitenkontrolle oder den dezimetergenauen tachymetrischen Messungen.

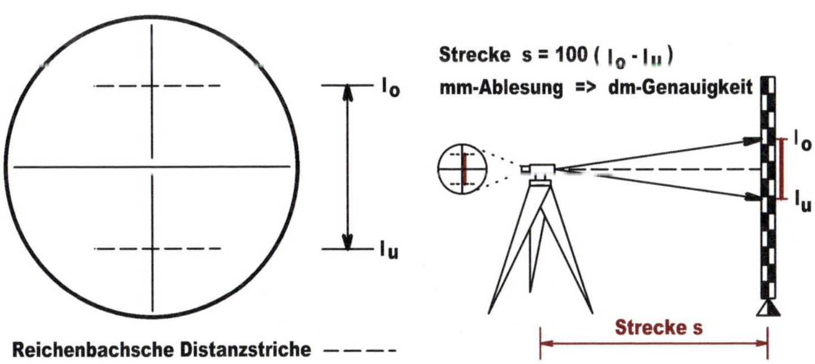

Bild 6.8 Sehfeld des Nivelliers mit Strichkreuz (links), optische Streckenmessung mittels der Distanzstriche (rechts)

Bild 6.9 Nivellierblick

■ 6.2 Nivellierprüfung

Die Nivellierprüfung kann durch verschiedene Verfahren geschehen (Bild 6.10 und Bild 6.11).

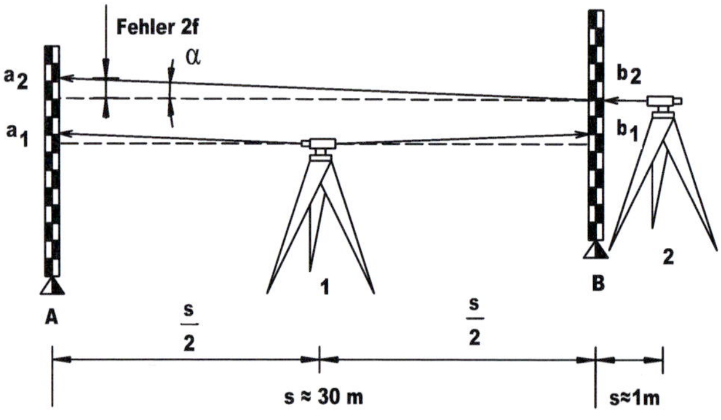

Bild 6.10 Nivellierprüfung „Aus der Mitte“

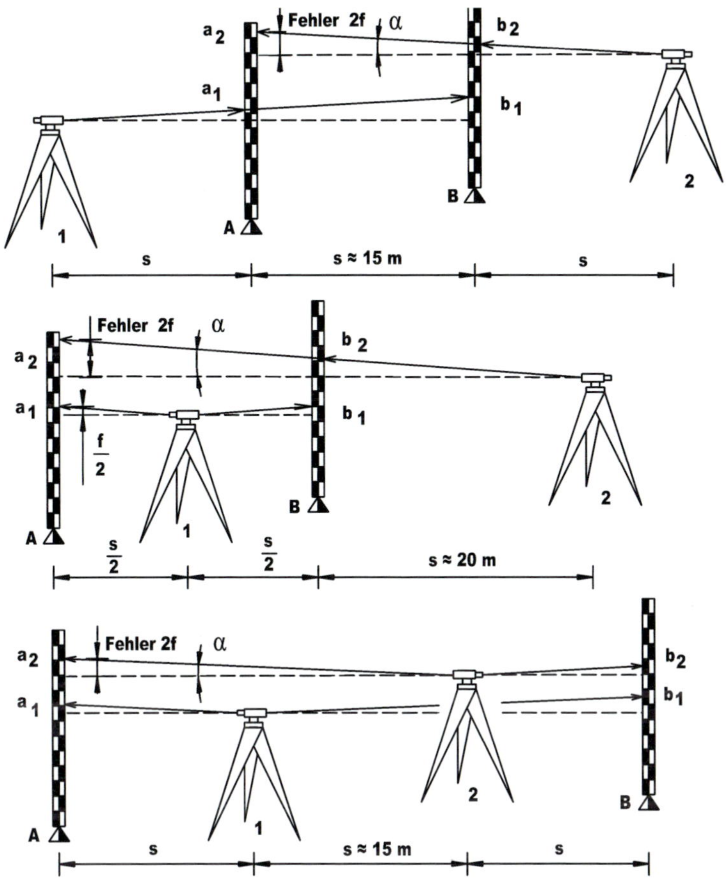

Bild 6.11 Nivellierprüfung nach Näbauer (oben), nach Kukkamäki (Mitte), nach Förstner (unten)

Generell sollte ein Nivellier geprüft werden:

- vor dem ersten Gebrauch
- nach längerem Gebrauch, z. B. einmal monatlich oder jährlich
- nach Beschädigungen
- nach einer Ausleihe
- nach der Justierung
- nach Transport

Baunivelliere werden meist nach der Methode „Aus der Mitte“ geprüft (Bild 6.10). Zuerst wird das Nivellier in der Mitte zwischen zwei ca. 30 m voneinander entfernten, beliebig festgelegten Punkten *A* und *B* aufgestellt. Die *Nivellierlatte* wird erst in *A* und dann in *B* mittels Dosenlibellen *(Lattenrichter)* senkrecht aufgehalten, a_1 und b_1 werden abgelesen. Danach wird das Nivellier 1 - 2 m dicht bei Punkt *B* aufgebaut, und es werden nacheinander a_2 und b_2 abgelesen.

$$\Delta h_{\text{Soll}} = a_1 - b_1 \tag{6.1}$$

Formel (6.1) liefert den fehlerfreien Soll-Höhenunterschied zwischen *A* und *B*, da sich bei gleichen Zielweiten und Differenzbildung die Fehleranteile aufheben.

$$\Delta h_{\text{Ist}} = a_2 - b_2 \tag{6.2}$$

Formel (6.2) bringt den mit dem Fehler *f* behafteten Ist-Höhenunterschied. Dicht bei Punkt *B* ist der Fehlereinfluss aufgrund der kurzen Zielweite praktisch null.

$$f = \Delta h_{\text{Ist}} - \Delta h_{\text{Soll}} \tag{6.3}$$

Formel (6.3) kommt zum Einfluss des *Zielachsenfehlers f* als Differenz der beiden Höhenunterschiede. Der Fehler ist die Neigung der Zielachse zur Horizontalen und kann somit strecken- bzw. zielweitenunabhängig als Winkel α angegeben werden.

Ab einem Fehler von $f = \pm 3$ mm sollte das Instrument vom Fachmann justiert und wiederholt geprüft werden. Unter Einhaltung gleicher Zielweiten könnte weiter nivelliert werden. Im Fehlerbereich $f > 1$ cm sollte generell justiert werden. Baunivelliere niederer Genauigkeit und Ingenieurnivelliere mittlerer Genauigkeit erreichen ± 2 bis ± 10 mm je 1 km *Doppelnivellement.*

Das Doppelnivellement ist die unabhängige zweifache Messung aller Punkte. Praktisch wird mit einer Hin- und Rückmessung gearbeitet. Mit Präzisionsnivellieren erreicht der Geodät ± 0,2 bis ± 1 mm je 1 km Doppelnivellement. Die Fernrohrvergrößerung des Instruments beeinflusst entscheidend die Genauigkeit des Nivellements. Die Fernrohrvergrößerung erreicht bei Präzisionsnivellieren das 40-Fache.

6.3 Geometrisches Liniennivellement

Das *Liniennivellement* – meist ausgeführt als Doppelnivellement – ist die klassische Methode des geometrischen Nivellements, bei der das Grundprinzip, einen Höhenunterschied Δh als Differenz eines Rückblicks *r* und eines Vorblicks *v* zu messen, beliebig oft aneinandergereiht wird. Bei Messungen im mm-Bereich sollte die Zielweite 40 m nicht überschreiten. Um Fehler gering zu halten, ist auf dem jeweiligen Instrumentenstandpunkt mit gleichen Zielweiten im Rück- und Vorblick zur Nivellierlatte zu arbeiten. Als *Höhenanschluss* sind höhenmäßig bekannte Anfangs- und Endpunkte des Linienzugs – *Höhenfestpunkte* (meist *Höhenbolzen*/Mauerbolzen MB) – zu wählen (Bild 6.12).

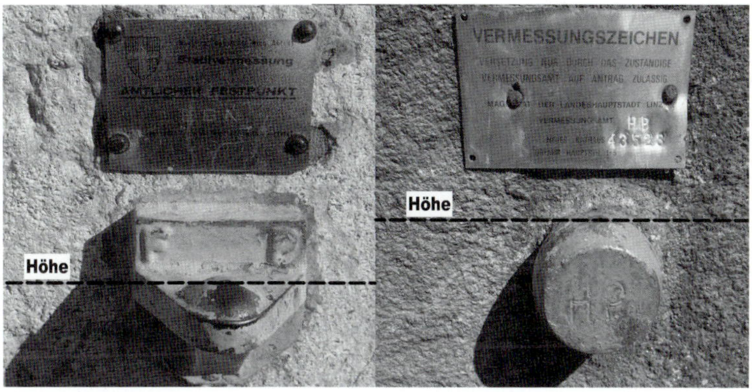

Bild 6.12 Amtliche Höhenmarke (links), klassischer Mauerbolzen (rechts)

Zwischen den Ablesungen des Rück- und Vorblicks eines Instrumentenstandpunktes können weitere neu zu bestimmende Punkte, sogenannte Zwischenblicke, gemessen werden (Bild 6.13).

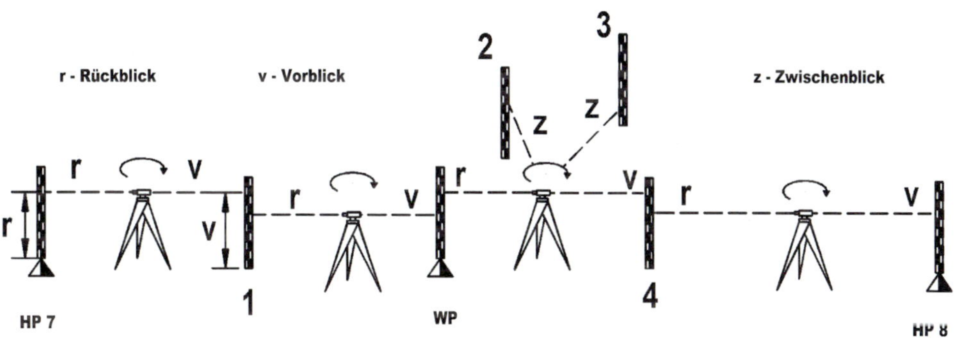

Bild 6.13 Liniennivellement mit zwei Anschlusspunkten *HP*, vier Neupunkten (davon zwei Zwischenblicke) und einem Hilfspunkt *WP*

Das Schleifennivellement (Bild 6.14) ist nützlich, wenn nur ein Höhenanschlusspunkt - hier der Mauerbolzen MB - erreichbar ist. Die beiden Höhen *N1* und *N2* in Baustellennähe sind neu zu schaffen. Der Nachteil der Schleife mit nur einem Anschlusspunkt ist, dass der Mauerbolzen sich in der Höhe verändert haben kann oder seine Höhenangabe fehlerhaft übernommen wurde. Es gibt dafür keine Kontrollen. Die Nivellementsmessung dagegen ist leicht zu überprüfen. Die Summe aller Höhenunterschiede der Schleife muss null ergeben. Alles andere sind Messfehler.

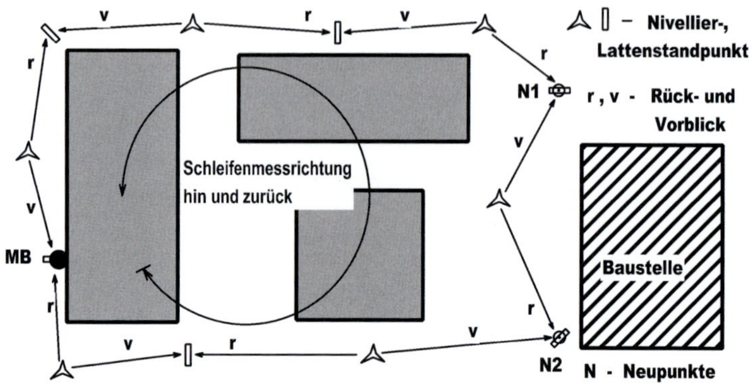

Bild 6.14 Schleifennivellement

Es folgt ein Zahlen- und Berechnungsbeispiel eines geometrischen Liniennivellements mit vier Instrumentenstandpunkten, vier neu zu bestimmenden Höhen, wobei auf Standpunkt Nr. 3 zwei Zwischenblicke gemessen wurden (Tabelle 6.1, analog Bild 6.13). Um Zwischenblicke zu kontrollieren, ist eine zweite Messung zu ihnen erforderlich. Punkte in der Nivellementslinie sind bereits nach der Hinmessung kontrollierbar, Zwischenblicke erst nach der Rückmessung. Der Wechselpunkt *WP* ist nur ein Hilfspunkt, um die große Strecke zu überwinden. Seine Höhe ist nur eine Rechengröße.

Tabelle 6.1 Geometrisches Nivellement

Messobjekt:	Instr.:	Instr.-Nr.:		Firma: Datum: Bearbeiter:		
Ablesungen in m			Δh	Höhe H über NHN	Pkt.-Nr.	Bemerkungen
r	z	v				
$1{,}253^{-1}$				75,322	*HP* 7	Anschlusspunkt
$1{,}352^{-2}$		1,675	-0,423	74,899	1	Neupunkt
$2{,}014^{-2}$		1,890	-0,540	74,359	*WP*	Wechselpunkt
	1,771		(+0,241)	74,600	2	Neupunkt
	2,670		(-0,658)	73,701	3	Neupunkt
$0{,}924^{-1}$		1,873	+0,139	74,498	4	Neupunkt
		1,893	-0,970	73,528	*HP* 8	Anschlusspunkt
$\Sigma r =$ 5,543		$\Sigma v =$ 7,331	$\Delta h_{soll} =$ *HP* 8 - *HP* 7	- 1,794	Linienlänge des Niv. ca. 250 m	
			$\Delta h_{ist} =$ $\Sigma r - \Sigma v$	- 1,788		
			$v = \Delta h_{soll} - \Delta h_{ist} = -6$ mm			$v_{zul} = \pm 7{,}5$ mm

Berechnungsschritte:

1. Die Summe Σr der vier Rückblicke und Σv der vier Vorblicke bilden. Die Differenz aus beiden ist $\Delta h_{\text{ist}} = -1{,}788$ m.
2. Die gegebenen Endpunkt- und Anfangspunkthöhe subtrahieren $\Delta h_{\text{Soll}} = -1{,}794$ m.
3. Die Verbesserung $v = \Delta h_{\text{Soll}} - \Delta h_{\text{Ist}} = -6$ mm mit der zulässigen Fehlergrenze v_{zul} in Abhängigkeit von der gesamten Linienlänge $s = 250$ m vergleichen. Die Brauchbarkeit einer Messung ist unmittelbar nach der Messung vor Ort festzustellen. Die Fehlergrenze zur Beurteilung der Brauchbarkeit kann leicht anhand der Schätzung der Weglänge des Nivellements bestimmt werden, z. B. mit

   $$v_{\text{zul}} = \pm 15\ \text{mm} \times \sqrt{s} \tag{6.4}$$

   s ist einheitslos in km einzusetzen. ± 15 mm bedeuten eine mittlere Genauigkeit bezogen auf einen Kilometer Doppelnivellement. Es ist eine Vorgabe z. B. aus DIN-Normen. $|v| < v_{\text{zu}}$ muss erfüllt sein. Das bedeutet: Die Messung ist brauchbar!
4. Die Verbesserungen (−6 mm) sichtbar und gleichmäßig in ganzen Millimetern auf die Rückblicke verteilen.
5. Die Höhenunterschiede $\Delta h = r - v$ bzw. $\Delta h = r - z$ berechnen.
6. Die Höhen fortlaufend berechnen. Beachte: Die Höhenunterschiede +0,241 m; −0,658 m und +0,139 m sind auf einem Standpunkt gemessen, beziehen sich damit alle auf den einen Rückblick 2,014 m bzw. auf die Höhe 74,359 m.
7. Rechenkontrolle: Der letzte gemessene Höhenunterschied −0,970 m muss genau zur Sollhöhe 73,528 m führen.

6.4 Sonstige geometrische Nivellements

Neben dem Liniennivellement gibt es das bereits beschriebene Schleifennivellement, *Nivellementsnetze,* Rasternivellements, um *Höhenlinien* zu entwickeln, und andere geometrische Konstellationen.

Spezielle baubegleitende Technologien des geometrischen Nivellements sind Messungen in die folgenden Etagen über das Treppenhaus, über Schachtöffnungen oder hinauf an einer Fensterfront (Bild 6.15).

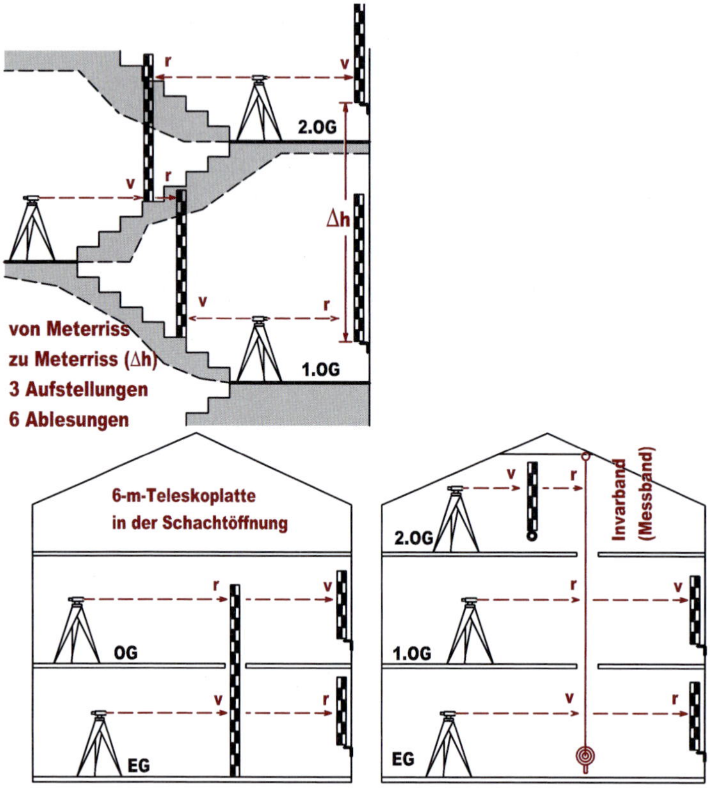

Bild 6.15 Nivellement über Treppen (oben), über eine Etage (unten links), in Hochbauten im Schacht (oder hinauf an der Fensterfront)

Das geometrische Nivellement zur Höhenabsteckung ist im Abschnitt 12.1 beschrieben.

■ 6.5 Prüfungsaufgaben

1. Welche Verfahren bietet die Geodäsie zur Bestimmung von Höhen und Höhenunterschieden an?
2. Wie lautet die Hauptforderung an ein zu prüfendes Nivellier? Erläutern Sie das Prüfen eines Nivelliers auf seine Hauptanforderung anhand einer Skizze! Wie ist mit den möglichen Ergebnissen der Prüfung umzugehen?
3. Ein Nivellier wurde geprüft. Beim Messen aus der Mitte zwischen zwei Punkten betrug die Ablesung der Latte auf Punkt 1 0,838 m und auf Punkt 2 1,949 m. Die Ablesungen vom zweiten Nivellierstandpunkt, dicht am Punkt 2 ausgeführt, betrugen auf Punkt 1 1,454 m und auf Punkt 2 2,558 m. Berechnen, skizzieren und bewerten Sie das Resultat!

4. Wie wird die Brauchbarkeit eines Liniennivellements geprüft? Was geschieht mit den Soll-Ist-Widersprüchen der Messung?
5. Wie ist zu messen, um Fehler beim Liniennivellement gering zu halten? Wie werden Zwischenblicke kontrolliert?
6. Werten Sie das folgende Messprotokoll eines geometrischen Nivellements aus! Bestimmen Sie die vier Höhen der Neupunkte *A*; *B*; *C*; *D*!

Mess-objekt:	Instr.:	Instr.-Nr.:		Datum: Bearbeiter:		
Ablesungen in m			Δh	Höhe *H* über NHN	Pkt.-Nr.	Bemerkungen
r	*z*	*v*				
1,253				55,322	*HP* 107	Anschlusspunkt
1,352		1,675			*A*	Neupunkt
2,014		1,890			*WP*	Wechselpunkt
	1,771				*B*	Neupunkt
	2,670				*C*	Neupunkt
0,924		1,873			*D*	Neupunkt
		1,893		53,528	*HP* 108	Anschlusspunkt
					Linienlänge des Niv. ca. 250 m	
						$v_{zul} = \pm 7{,}5$ mm

7. Was sind die Nachteile eines Schleifennivellements mit nur einem Anschlusspunkt?
8. Werten Sie folgende Nivellierprüfung (Bild 6.16) bezüglich der Hauptanforderung nach dem Verfahren „Aus der Mitte“ aus!

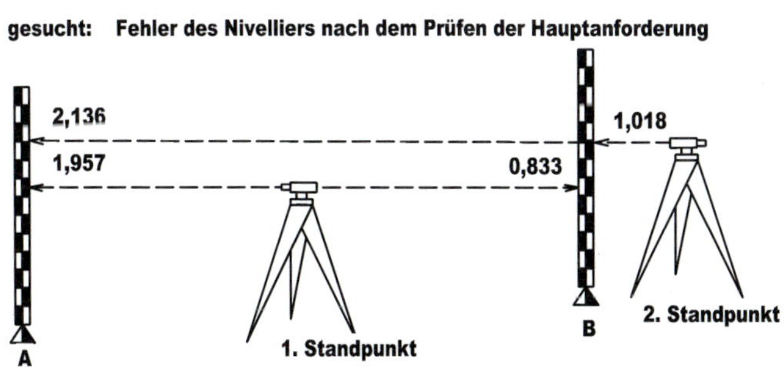

Bild 6.16 Prüfungsaufgabe: Nivellierprüfung

7 Richtungs- und Winkelmessung

Der *Winkel* ist die Differenz zweier Richtungen. In der Vermessungstechnik sind Richtungen und Winkel des Raumes in zwei Ebenen eingeteilt: In die Horizontalebene werden *Horizontalwinkel* auf einen skalierten *Horizontalkreis* projiziert. In die Vertikalebene werden *Vertikalwinkel* auf einen skalierten *Vertikalkreis* projiziert. Dementsprechend wird zwischen *Horizontalwinkelmessungen* und *Vertikalwinkelmessungen* unterschieden. Praktisch werden im Horizont nur Richtungen r gemessen. Der meist benötigte Winkel α zwischen den Punkten 1 und 2 wird aus $\alpha = r_2 - r_1$ berechnet. Der Winkel bezüglich der Nordrichtung (x-Achse) ist der Richtungswinkel t (Bild 7.1).

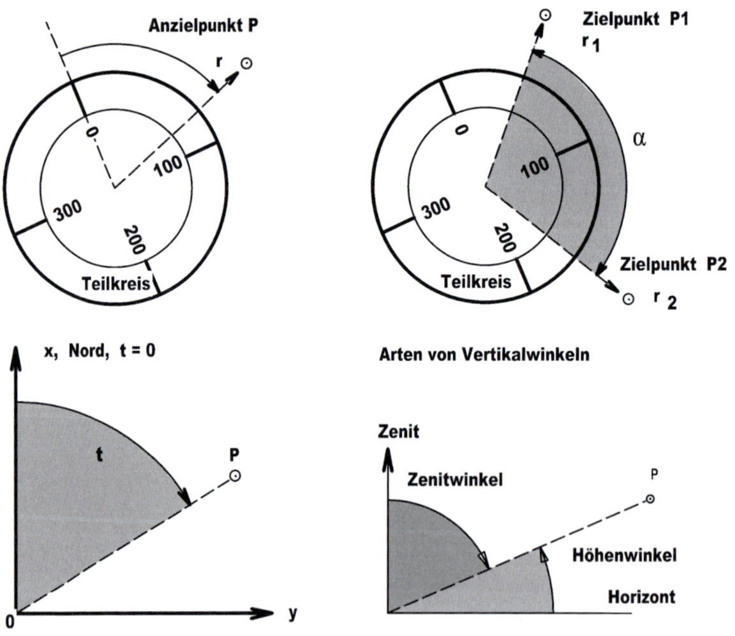

Bild 7.1 Richtung r, Winkel α, Richtungswinkel t, Zenit- und Höhenwinkel

In der Vertikalebene werden statt zweier Richtungen direkt Vertikalwinkel abgelesen, weil die Bezugsrichtung Zenit, Nadir oder Horizont als Nullrichtung feststehen. Die Vertikalrichtung ist somit entweder der *Zenitwinkel* oder der Höhenwinkel (Bild 7.1 unten rechts).

7.1 Theodolite und Zubehör

Theodolite, elektronische Theodolite und Tachymeter sind die typischen Messinstrumente, mit denen jede Raumrichtung mit 0,01...0,0001 gon genau aufgelöst werden kann. Horizontalkreise an Nivellieren, Gefällemessinstrumenten und Bussolen (Winkelmesskompasse) für einfache Anwendungen im Landschaftsbau oder in der Forstwirtschaft erreichen 0,1 gon Messgenauigkeit. Nadirwinkel werden selten bestimmt.

Der *Theodolit* ist ein Winkelmessinstrument, mit dem Horizontalrichtungen und Vertikalwinkel (Zenitwinkel) gemessen werden (Bild 7.2).

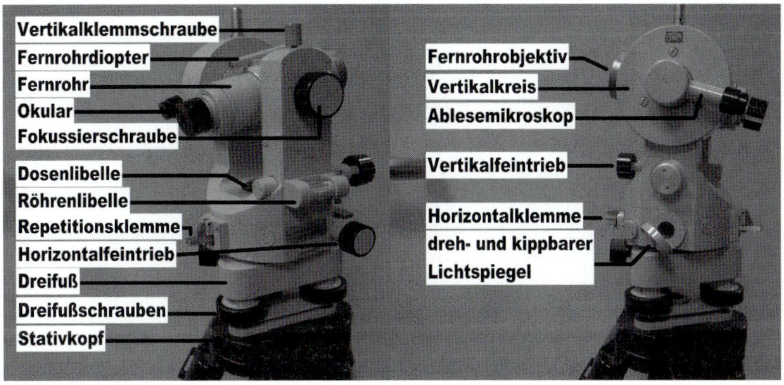

Bild 7.2 Optischer Theodolit

Zwischen der Umdrehungsachse U (bzw. *Stehachse* V – auch V wie Vertikalachse genannt) und der *Röhrenlibellenachse* L, zwischen der *Zielachse* Z und der *Kippachse* K des Fernrohrs, zwischen der Kippachse und der Umdrehungsachse und zwischen der Umdrehungsachse und Dosenlibellenachse D müssen geometrische Bedingungen der Parallelität bzw. der Orthogonalität erfüllt sein (Bild 7.3).

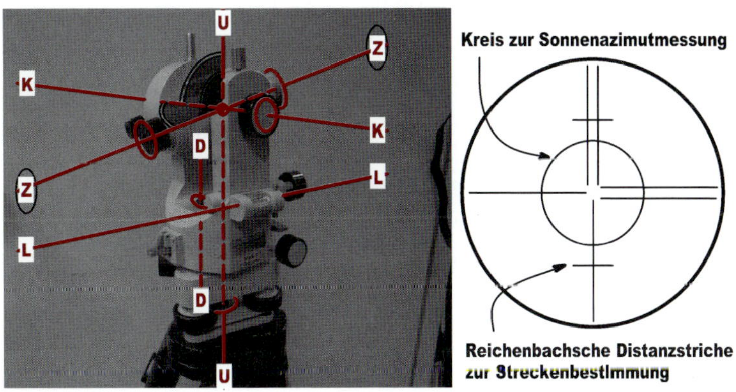

Bild 7.3 Achsen (links) und Sehfeld des Theodolits (rechts)

Die Hauptanforderungen an das Instrument sind:

1. V rechtwinklig zu L: Die Röhrenlibellenblase spielt in allen Richtungen ein, der Horizontalkreis ist horizontal, die Stehachse senkrecht. Gibt es Abweichungen, liegt ein Stehachsfehler vor.
2. Z rechtwinklig zu K: Die Zielachse des Fernrohrs läuft bei der Umdrehung um die Kippachse in einer Ebene, der sog. Vertikalebene. Liegt ein *Zielachsfehler* vor, beschreibt das Fernrohr beim Drehen um die Kippachse einen Kegelmantel. Je nach Größe des Vertikalwinkels einer Anzielung entsteht ein unterschiedlicher Einfluss des Zielachsfehlers auf eine Richtungsmessung.
3. K rechtwinklig zu V: Bei horizontiertem Instrument ohne Zielachsfehler bleibt die Zielachse beim Kippen des Fernrohrs in der Vertikalebene, ansonsten liegt ein *Kippachsfehler* (auch: Kippachsabweichung) vor. Je nach Größe des Vertikalwinkels übt der Kippachsfehler bei der Messung einen unterschiedlichen Einfluss aus.

Der *Stehachsfehler* (auch: Stehachsabweichung oder Umdrehungsachs- bzw. Vertikalachsfehler) ist beim Horizontieren vor jeder Messung zu überprüfen. Kleine Dejustierungen der Libelle können durch Einstellung auf einen gleichen Libellenausschlag in den zwei Positionen einer Richtung eliminiert werden. Ein zu großer Stehachsfehler (z. B. Libellenausschlag größer als zwei Teilstriche) kann nur durch Justierung vom Fachmann beseitigt werden.

Die Einflüsse von Ziel- und Kippachsfehler dagegen werden bei der Messung in zwei Fernrohrlagen (FL) aufgedeckt und durch die Mittelbildung eliminiert. Die Größe der Fehler selbst kann durch spezielle Messanordnungen bestimmt werden.

Das Sehfeld des Theodolits erlaubt verschiedene Anzielmethoden (Bild 7.3 rechts):

- Anzielen mit dem einfachen Vertikalstrich nahe der Strichkreuzmitte zur Horizontalrichtungsmessung
- Anzielen mit dem vertikalen Doppelstrich nahe der Strichkreuzmitte zur Horizontalrichtungsmessung
- Anzielen mit dem einfachen Horizontalstrich nahe der Strichkreuzmitte zur Vertikalwinkelmessung
- Anzielen mit dem horizontalen Doppelstrich nahe der Strichkreuzmitte zur Vertikalwinkelmessung
- Anzielen einer Zielmarke mit der Strichkreuzmitte zur quasigleichzeitigen Horizontal- und Vertikalmessung (Bild 7.4). Die Messwerte des Horizontal- und Vertikalkreises sind gleichzeitig sichtbar und ablesbar (Bild 7.5).

Zielfläche mit Zielpunktbeleuchtung

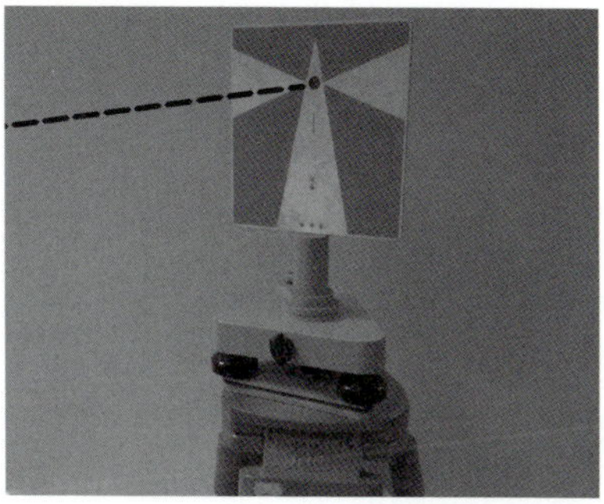

Bild 7.4 Zielzeichen und Zwangszentrierung

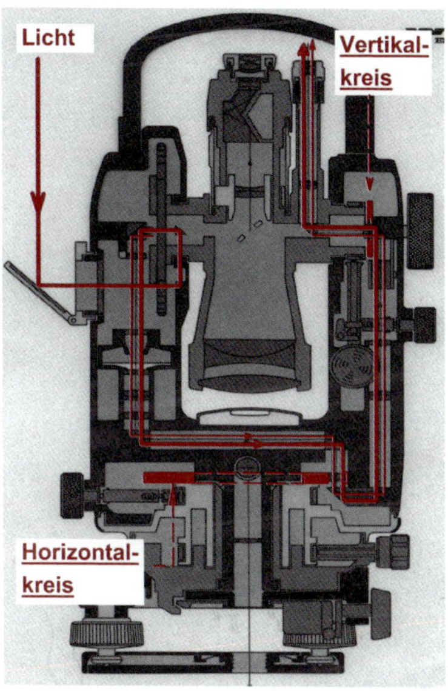

Bild 7.5 Strahlengang im Theodolit (Horizontal- und Vertikalkreismesswerte sind gleichzeitig ablesbar)

Die Instrumente werden auf Stativen im Normalmaß bis zu 5 Metern Höhe aufgebaut. Die niedrigste Aufstellung ist auf einem Maueraufsatz möglich (Bild 7.6).

Bild 7.6 Stative und Maueraufsatz

7.2 Winkelmessung

Die Einzelmessung ist zunächst immer die Bestimmung einer Richtung. Benötigt werden meist Winkel. Zwei Richtungen liefern das Ergebnis. Für die Horizontalwinkelbestimmung ist das Endergebnis die Differenz zweier gemessener Einzelrichtungen. Für die Vertikalwinkelbestimmung mit dem Zenit als feste erste Richtung genügt eine Einzelmessung einer Richtung zur endgültigen Winkelbestimmung.

Die Richtungsmessungen beginnen mit dem Aufstellen der Instrumente, dem Zentrieren und Horizontieren. Alternativ zum oben beschriebenen Zentrieren und Horizontieren mit dem Theodolit oder Tachymeter können die Stative mit den Dreifüßen vor der Winkel- und/oder Streckenmessung mithilfe eines separaten optischen Lotes über den Messpunkten millimetergenau zentriert und horizontiert werden (Bild 7.7).

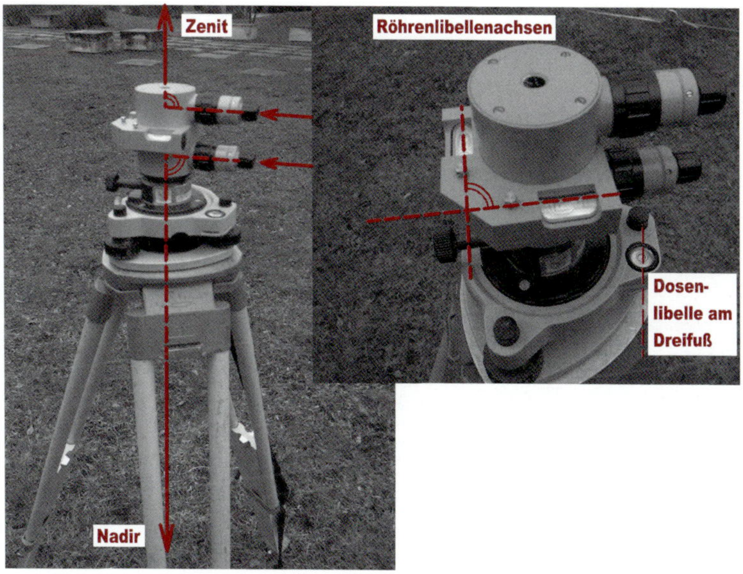

Bild 7.7 Optisches Lot (Zenit- und Nadirlot)

Mit vier „Handgriffen“ wird ein Stativ zum anschließenden Zentrieren und Horizontieren aufgestellt (Bild 7.8):

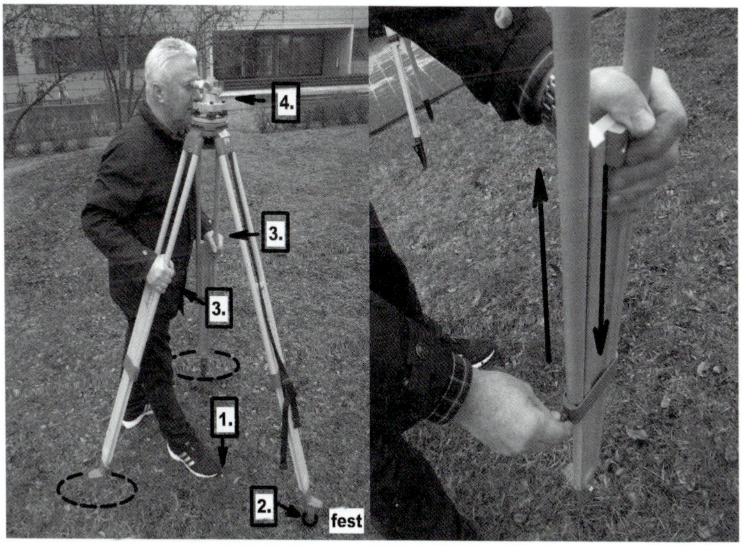

Bild 7.8 Aufstellen des Stativs und Grobhorizontierung

1. Die Fußspitze zeigt grob den Messpunktnagel an. Das Auffinden des Punktes im kleinen Sehfeld des optischen Lotes wird erleichtert.
2. Ein Stativbein steht fest.
3. Beide Hände bewegen zwei Stativbeine bis
4. der Messpunkt grob im Sehfeld erscheint.

Die Stativbeine werden fest eingetreten. Das Stativ ist aufgestellt! Es folgen das Zentrieren und Horizontieren (Bilder 7.8 rechts und 7.9).

Bild 7.9 Feinhorizontierung des optischen Lotes

Die Arbeitsschritte Zentrieren und Horizontieren sind vor der Richtungs- bzw. Winkelmessung mit dem Theodolit oder Tachymeter sorgfältig auszuführen:

1. Das Instrument wird im *Dreifuß* befestigt, auf das Stativ geschraubt und nahe dem gegebenen Messpunkt - wie eben geschehen, im Scheitelpunkt des zu messenden Winkels - aufgestellt.
2. *Zentrieren* des Instruments über dem Messpunkt mittels *Schnurlot*, Lotstab, optischem Lot oder *Laserlot*
3. *Horizontieren* durch Einspielen der Röhrenlibelle in zwei orthogonalen Richtungen (Bild 7.10)

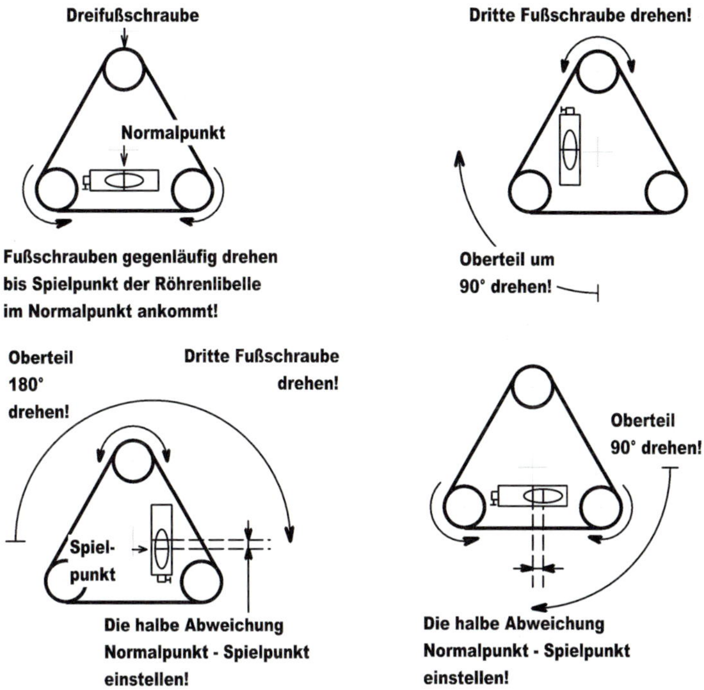

Bild 7.10 Dreifuß-Horizontierung mittels Röhrenlibelle in vier Schritten

Das unter 2. und 3. genannte Zentrieren und Horizontieren muss bei der Anwendung eines optischen Lotes in vier Arbeitsschritten geschehen (Bild 7.11):

1. Grob zentrieren: Die optische Achse des Lotes (der Zentrumskreis im Sehfeld) wird mit den drei Fußschrauben (praktisch mit zwei Fußschrauben) auf den Messpunkt gedreht.
2. Grob horizontieren: Das Instrument wird so gedreht, dass die Röhrenlibellenachse über der Richtung eines Stativbeins liegt. Durch das Verstellen der Höhe des Stativbeins wird die Röhrenlibelle eingespielt. Der Vorgang ist in Richtung der anderen beiden Stativbeine zu wiederholen.
3. Fein horizontieren: Einspielen der Libelle. Bei Benutzung der Röhrenlibelle wird erst in der Richtung zwischen zwei Fußschrauben gearbeitet und anschließend die Röhrenlibelle um augenscheinlich 90° gedreht und nur noch mit der dritten Fußschraube eingespielt.
4. Fein zentrieren: Die Feinhorizontierung kippt die Lotachse ein paar Millimeter weg vom Messpunktzentrum. Durch Verschieben des gesamten Instruments auf dem Stativkopf wird diese Abweichung korrigiert.

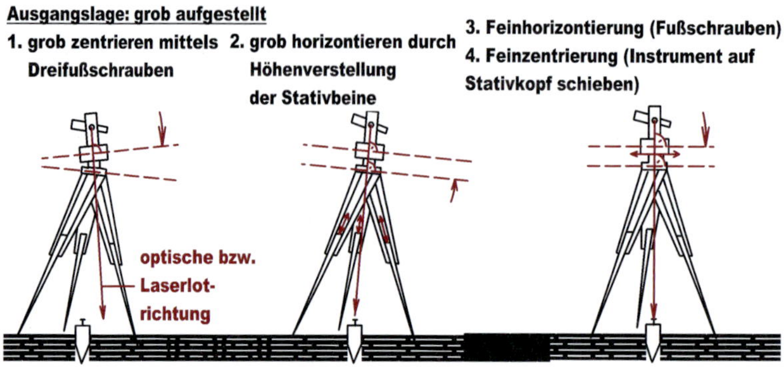

Bild 7.11 Die vier Arbeitsschritte bei der Anwendung eines optischen Lotes: grob zentrieren, grob horizontieren, fein horizontieren, fein zentrieren

Eventuell sind 3. und 4. zu wiederholen, da sich beide Arbeitsschritte geringfügig beeinflussen.

Werden millimetergenaue Messungen über mehrere Stativstandpunkte hinweg ausgeführt, wechselt nur das Instrument von Punkt zu Punkt. Die Stative mit den zentrierten Dreifüßen bleiben stehen. Aus einer einzelnen *Zentrierung* ist die *Zwangszentrierung* aller Punkte geworden (Bild 7.12).

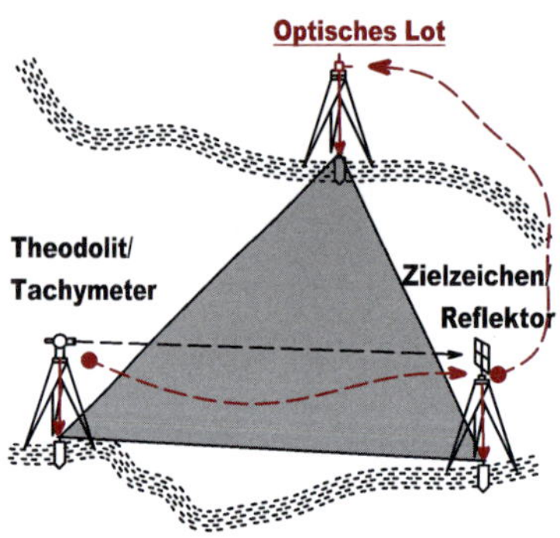

Bild 7.12 Zwangszentrierung

Die Richtungs- oder Winkelmessungen beginnen nach dem Aufstellen, Zentrieren und Horizontieren mit der Grobanzielung des Messpunktes mittels Diopter des Fernrohrs. Das Strichkreuz ist individuell für das Auge des Beobachters scharf einzustellen. Der Zielpunkt ist je nach Zielweite scharf einzustellen. Dieser Arbeitsschritt heißt *Fokussieren*.

Die Fernrohrrichtung ist so einzustellen, dass das Strichkreuz mit dem Zielpunkt zur Deckung kommt. Diese Feinanzielung geschieht mittels der Seiten- und Höhenfeintriebschrauben (bzw. Horizontal- und Vertikalfeintriebschrauben).

Die eigentliche *Richtungsmessung* kann beginnen. Messwerte zum Ziel sind in der Fernrohrlage 1 (FL 1) abzulesen, abzuspeichern oder zu notieren. Weitere Zielpunkte werden in FL 1 eingestellt und gemessen. Anschließend wird in der FL 2 gemessen. Die zweite

Fernrohrlage FL 2 ist die Anzielung desselben Punktes nach dem Durchschlagen des Fernrohrs um die Kippachse und der Drehung des Instrumentenoberteils um 200 gon um die Stehachse. Messungen in zwei Fernrohrlagen führen zu einem sogenannten Vollsatz (Tabelle 7.1, zwei Vollsätze). Bei Messungen von Richtungen in nur einer Fernrohrlage mit geringer Genauigkeitsanforderung handelt es sich im Ergebnis um einen Halbsatz. Um die Genauigkeit der Messungen weiter zu erhöhen, können mehrere Vollsätze zu denselben Zielen gemessen werden. Bei n gleichen Sätzen ist ein Genauigkeitsgewinn mit dem Faktor $1/\sqrt{n}$ zu erwarten.

Zum Ablesen der Richtungswerte am Teilkreis dienen *Ablesemikroskop*, Skalenmikroskop, Mikrometer oder eine elektronische Abtastung des entsprechend codierten Teilkreises. Nonien zur Verbesserung der Ablesegenauigkeit um eine Stelle nach dem Komma sind nicht mehr im Gebrauch.

Tabelle 7.1 Protokoll einer Horizontalwinkelmessung zu vier Zielpunkten

Messobjekt: Instrument:	 Instr.-Nr.:		Firma: Datum:	 Bearbeiter:	
Standpunkt Zielpunkt	FL 1 in gon	FL 2 in gon	Mittelwert in gon	Reduktion Ziel 1 = 0 gon	Mittel aus allen Sätzen
Standpkt. *A*					
1	12,34	212,32	12,33	0,00	
2	90,98	290,94	90,96	78,63	
3	155,40	355,41	155,405	143,075	
4	309,66	109,60	309,63	297,30	
Summenprobe	568,38	968,27	568,325 −4 × 12,33 = 519,005	519,005	
A					
1	113,54	213,51	113,525	0,00	0,000
2	192,18	392,19	192,185	78,66	78,645
3	256,62	56,60	256,61	143,085	143,080
4	10,86	210,85	(4)10,855	297,33	297,315
Summenprobe	573,20	873,15	(9)73,175 −4 × 113,525 = 519,075	519,075	519,040

Beim ersten Mitteln der FL 1 und FL 2 wird die Gon-Zahl der FL 1 vor dem Komma beibehalten. Nach dem Komma wird gemittelt. Bei Mittelwertbildungen ist meist eine Nachkommastelle mehr mitzuführen. Der zweite Vollsatz wird an einer ca. 100 gon veränderten Teilkreisposition begonnen. (Bei einer Messung von drei gleichen Vollsätzen sollte der Horizontalkreis zwischen den Sätzen jeweils um etwa 200/3 gon verstellt werden. Somit werden die Messungen optimal auf verschiedene Teilkreispositionen mit anderen Anfangsablesewerten verteilt.)

Es gibt keine negativen Richtungen bei der Berechnung der Reduktion. Negative Richtungen werden durch die Addition von 400 gon vermieden (in Tabelle 7.1 in Klammern gesetzt). Als Rechenkontrolle dient der Vergleich der Summen.

Vertikalwinkel können praktisch gemeinsam mit Horizontalrichtungen gemessen werden. In der Tachymetrie ist das der Normalfall. Werden Vertikalwinkel getrennt von Horizontalrichtungen bestimmt, kann es sinnvoll sein, die Ziele nicht mit der Strichkreuzmitte, sondern mit dem Horizontalstrich nahe der Strichkreuzmitte anzuzielen. Genauso wird bei der Messung horizontaler Richtungen zum Anvisieren des Zielpunktes oft der Vertikalstrich oder der doppelte Vertikalstrich statt der Strichkreuzmitte benutzt. Beispiele sind die Anzielungen von Fluchtstangen, Hauskanten oder Mastspitzen.

Vertikalwinkelmessungen mit geodätischen Instrumenten sind meist Zenitwinkelmessungen. Das Messen von Höhenwinkeln und Nadirwinkeln ist für Ingenieurvermessungen ein unüblicher Anwendungsfall. Vertikal-/Zenitwinkelmessungen unterscheiden sich von den Horizontalwinkelmessungen in der Auswertung der Rohdaten. Statt des Mittelwertes ist die Summe der Messungen beider Fernrohrlagen zu bilden. Die Summe aus FL 1 und FL 2 muss den Vollkreis ergeben. Die Abweichung von 400 gon ist auf den Höhenindexfehler und Anziel-/Ableseungenauigkeiten zurückzuführen. Der Höhenindexfehler ist instrumentell bedingt und bedeutet, dass die Ablesestelle, d. h. der Index für den Zenitwinkelnullpunkt, nicht exakt im Zenit liegt. In Auswertung der Messungen in zwei Fernrohrlagen wird der Einfluss des Höhenindexfehlers erkannt und eliminiert. Die Abweichung von 400 gon ist je zur Hälfte auf die Messwerte beider Fernrohrlagen zu verteilen. Praktisch wird nur die FL 1 verbessert. Nur der Winkel der FL 1 wird für Folgeberechnungen benötigt (Tabelle 7.2). Zur Erhaltung der Messgenauigkeit für nachfolgende Berechnungen ist wie bei den Auswertungen horizontaler Richtungsmessungen beim Verbessern - falls erforderlich - eine Nachkommastelle mehr mitzunehmen.

Tabelle 7.2 Protokoll einer Zenitwinkelmessung zu zwei Zielpunkten

Messobjekt: Instrument:		Instr.-Nr.:	Firma: Datum:	Bearbeiter:		
Standpunkt Zielpunkt	FL 1 in gon	FL 2 in gon	Summe in gon	Verbesserung $v = 400 - \text{Ist}$	FL 1 $+ v/2$	Bemerkungen
Punkt 1000						$i = 1{,}63$ m
1	56,82	343,14	399,96	+0,04	56,84	$z = 1{,}85$ m
Probe 200+	28,41	−171,57			(56,84)	
2	92,10	307,92	400,02	−0,02	92,09	$z = 1{,}38$ m
Probe 200+	46,05	−153,96			(92,09)	

Die Messungen der *Instrumentenhöhe i* vom Bodenpunkt bis zur Kippachse und der Zielhöhe *z* der Zielmarke über dem Geländepunkt am Boden können erforderlich sein, wenn anschließend trigonometrisch die Geländehöhenunterschiede bestimmt werden sollen. Als Rechenkontrolle ist je Zielpunkt die Summe von 200 gon und der Differenz der halben Messwerte aus beiden Fernrohrlagen zu bilden. Das Ergebnis muss dem Endergebnis, der verbesserten ersten Fernrohrlage, entsprechen.

7.3 Prüfungsaufgaben

1. Was sind die Unterschiede zwischen Richtung, Winkel und Richtungswinkel? Was wird mit optischen Theodoliten gemessen? Wozu dient das Messen in zwei Fernrohrlagen?
2. Ein Punkt wurde in der Fernrohrlage 1 mit dem Zenitwinkel 102,425 gon angezielt, in der Fernrohrlage 2 mit dem Zenitwinkel 297,589 gon. Bestimmen Sie den Messfehler und das verbesserte Endergebnis des Vertikalwinkels!
3. Werten Sie folgende Horizontalwinkelmessung aus – ohne Summenproben und ohne Genauigkeitsbetrachtungen (Tabelle 7.3)!

Tabelle 7.3 Horizontalwinkelmessung

Standpunkt Zielpunkt	FL 1 in gon	FL 2 in gon	Mittelwert in gon	Reduktion Ziel A = 0 gon	Mittel aus allen Sätzen
1000					
A	0,132	200,142			
B	177,642	377,646			
C	312,183	112,181			
1000					
A	65,230	265,236			
B	242,742	42,742			
C	377,283	177,277			
1000					
A	130,444	330,446			
B	307,956	107,949			
C	42,496	242,490			

4. Werten Sie folgende Vertikalwinkelmessung aus – ohne Summenproben und ohne Genauigkeitsbetrachtungen (Tabelle 7.4)!

Tabelle 7.4 Vertikalwinkelmessung

Standpunkt Zielpunkt	FL 1 in gon	FL 2 in gon	Summe	Verbesserung v = 400 – Ist	FL 1 + $v/2$
100					
11	99,123	300,886			
12	85,764	314,246			
13	107,345	292,649			

5. Welche Tätigkeiten beinhalten das Zentrieren, Horizontieren, Fokussieren?

8 Streckenbestimmung

Die 17. Internationale Generalkonferenz für Maß und Gewicht definierte 1983 die Einheit Meter als die Länge der Strecke, die das Licht im Vakuum während des Zeitintervalls von 1/299 792 458 Sekunden durchläuft. Die Lichtgeschwindigkeit als Bezugsgröße wurde dazu festgelegt auf 299 792 458 m/s. Seit der 13. Internationalen Generalkonferenz für Maß und Gewicht 1967 ist die Sekunde das 9 192 631 770-Fache der Periodendauer der dem Übergang zwischen den beiden Hyperfeinstrukturniveaus des Grundzustandes von Atomen des Nuklids Cs 133 entsprechenden Strahlung.

Streckenermittlung, Distanzmessung, Entfernungsmessung, Abstandsmessung, Längenbestimmung sind viele Begriffe für einen Sachverhalt! Wo ist der Unterschied? Aus geodätischer Sicht ist der Messwert mit den angebrachten Korrektionen zunächst die *Distanz. Korrektionen* sind Berichtigungen systematischer Abweichungen (z. B. aufgrund der Temperatureinflüsse oder *Maßstabskorrektionen*). Mit Reduktionsgrößen versehen, werden aus den Distanzen die Strecken. Typische *Reduktionen* sind die Höhenreduktion auf das Meeresniveau oder die Reduktion vom Ellipsoid in die Zylinderebene der UTM-Projektion. Die Auswertung einer Distanzmessung führt zur Streckenermittlung. Distanzmessung ist der Vergleich des Abstandes zweier Punkte im Raum mit einem Längenmaßstab, beispielsweise dem Meter mithilfe von Distanzmessinstrumenten.

Zur Distanzmessung gibt es direkte und indirekte Verfahren. Es werden unterschieden:

- mechanische Distanzmessungen
- optische Distanzmessungen
- elektronische Distanzmessungen
- satellitengestützte Bestimmung von Raumstrecken

8.1 Mechanische Distanzmessung

Das *Messband* dient der mechanischen Distanzmessung. Es gibt Messbänder aus Stahl und Kunststoff in den Längen 20 m, 30 m, 50 m. Auf Bestellung werden „Superlong“-Bandmaße bis 300 m angeboten. In der Genauigkeitsklasse 1 sind ± 1,1 cm je 100 m zu erwarten und in der Genauigkeitsklasse 2 ± 2,3 cm je 100 m. Zubehör für Messbandmessungen über längere Strecken sind Fluchtstäbe, Zählnadeln und Lattenrichter (Bild 8.1 und Bild 8.2).

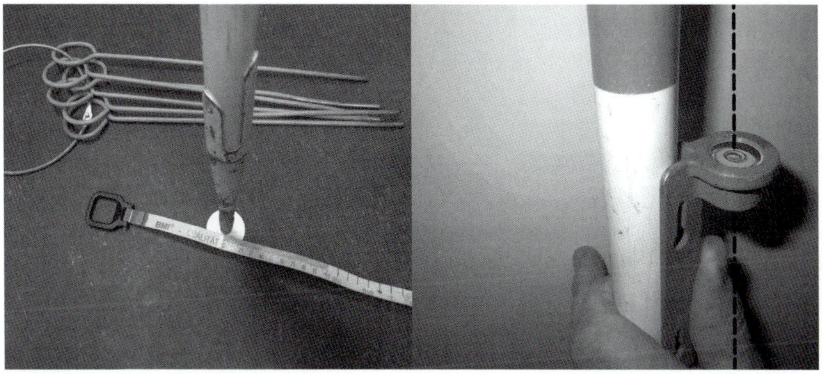

Bild 8.1 Messband, Fluchtstab, Zählnadeln (links), Lattenrichter (rechts)

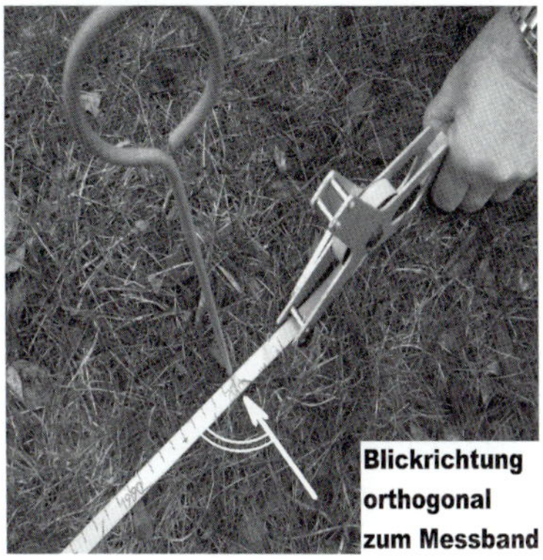

Bild 8.2 Messbandmessung

Zu beachten ist die Temperaturkorrektur aufgrund des Ausdehnungskoeffizienten des Stahls mit $\alpha = 11{,}5 \cdot 10^{-6}$/Kelvin. Das Nennmaß des Messbandes wird auf die Normaltemperatur von 20 °C bezogen. Genauer kann mit Invar-Messbändern gearbeitet werden. Invar ist eine FeNi36-Legierung mit 64 % Eisen- und 36 % Nickelanteil. Es wirkt der Wärmeausdehnung aufgrund der negativen Volumenmagnetostriktion des Kristallgitters entgegen und ist damit praktisch invariant in der Dehnung bezüglich einer Temperaturänderung. Das *Invarband* ermöglicht Messungen von 100 m ± 1,0 mm.

Für mechanische Distanzmessungen zur Bestimmung der Länge, Breite und Höhe von Innenräumen, ohne eine zweite Person in Anspruch zu nehmen, sind Teleskopstäbe geeignet (Bild 8.3).

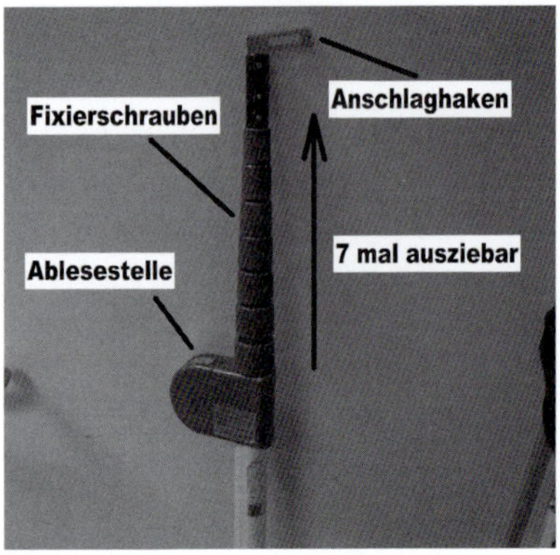

Bild 8.3 8-m-Teleskopstab für Innenraummessungen

Messmethoden mit dem Messband sind:

1. aufliegende Messung
2. freihängende Messung
3. *Staffelmessung* (Bild 8.4)
4. Schrägmessung

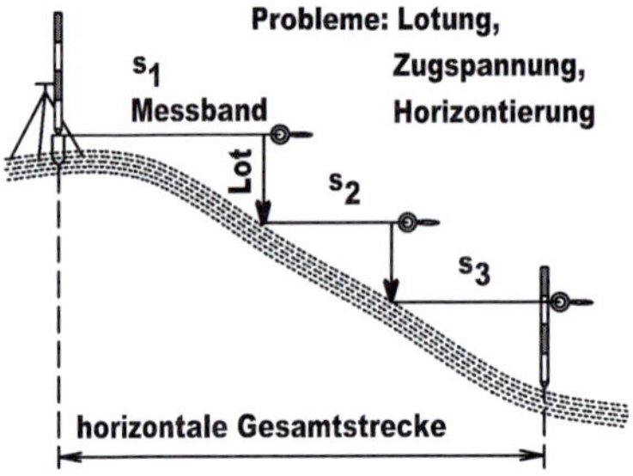

Bild 8.4 Staffelmessung

Optimal wird mit kompariertem Messband bei 50 N Zugspannung in der Flucht und horizontal zwischen Anfangs- und Endpunkt und zur Kontrolle mit einer Hin- und einer Rückmessung gearbeitet. Zu wenig Zugspannung, Abweichungen aus der Flucht und aus der Horizontalen, Geländeunebenheiten und Durchhang, Windeinfluss, Normtemperatur unter 20 °C bewirken allesamt ein systematisch zu großes Messergebnis. Weitere zufällige Fehleranteile können hinzukommen: Anlegefehler, Ablesefehler, Teilungsfehler des Bandes, Lotungsfehler bei Staffelmessungen, Ungenauigkeiten bei der Festlegung der End- und Zwischenpunkte.

Freihängende Messungen, Staffelmessungen und Schrägmessungen sind aus dem Vermessungsalltag verschwunden und durch Laserentfernungsmessungen ersetzt worden. Indirekte Entfernungsbestimmungen können für einfache Lösungen hin und wieder interessant sein, ohne sie hier näher zu erläutern. Dazu zählen folgende geometrische Grundkonfigurationen (Bild 8.5 und Bild 8.6):

- paralleles Absetzen mit rechten Winkeln bei freier Sicht (Theodolit oder Pentagonprisma)
- paralleles Absetzen bei Sichthindernissen
- Streckenbestimmung mit rechtwinkligem Dreieck
- Streckenbestimmung mittels Strahlensatz (über einen Fluss hinweg)
- Streckenbestimmung mittels Strahlensatz (Haus)
- Zwischenpunkte im bewachsenen Gelände
- kongruente Dreiecke
- Streckenbestimmung aus dem Polygon

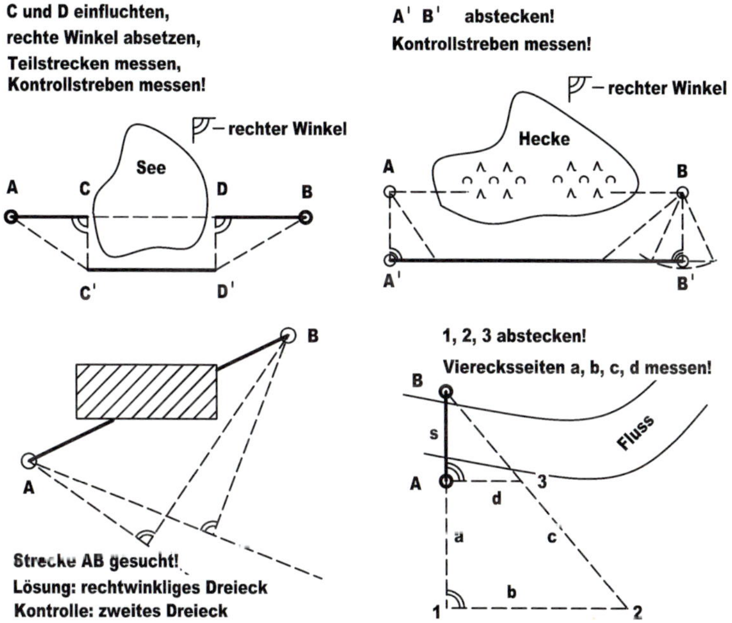

Bild 8.5 Indirekte Entfernungsbestimmung

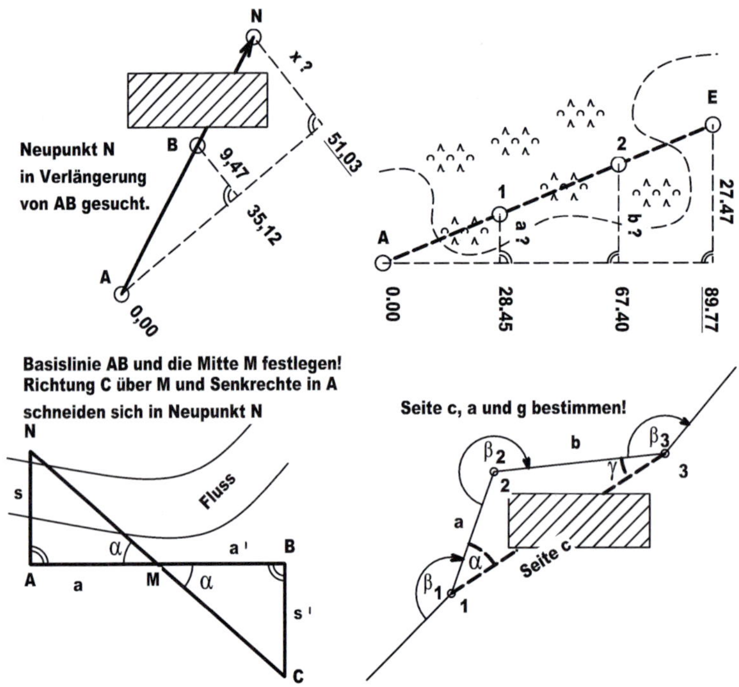

Bild 8.6 Indirekte Entfernungsbestimmung (weitere Beispiele)

■ 8.2 Optische Distanzmessung

Die optische Distanzmessung ist ein indirektes Verfahren, bei dem aus der Messung eines kleinen, parallaktischen Winkels bezüglich einer horizontalen oder vertikalen Basisstrecke die Entfernung *s* zwischen dieser Basis und dem Scheitelpunkt des Winkels abgeleitet wird. Statt des kleinen Winkels kann auch die Basisstrecke gemessen werden. Der unschlagbare Vorteil gegenüber der Messbandmessung besteht in der Unabhängigkeit von der Ebenheit des Geländes, der Geländeneigung sowie störender Bebauung und Vegetation auf dem Weg zwischen Standpunkt und Zielpunkt. Nur die Sichtverbindung entlang der Anzielung bleibt zwingend erforderlich. Kaum noch im Gebrauch, aber im Nahbereich bis 10 m genauer als 1 mm, sind Strecken mithilfe einer horizontal aufgestellten 2-m-Basislatte bestimmbar. Die Basislatte ist im Prinzip ein Metallrohr mit zwei Zielmarken im Abstand $b = 2$ m. Der Winkel α zwischen den Zielmarken wird durch mehrere Satzmessungen mittels Präzisionstheodolit ermittelt.

Mit der Formel

$$s = \frac{b}{2} \cdot \cot\frac{\alpha}{2} \tag{8.1}$$

und der Basis $b = 2$ m wird die Strecke *s* zu:

$$s = \cot\frac{\alpha}{2} \tag{8.2}$$

Basislattenmessungen sind aus dem ingenieurgeodätischen Vermessungsalltag nahezu vollständig verschwunden und durch die elektrooptische Distanzmessung abgelöst worden.

Für einfache Anwendungen niederer Genauigkeit ist die optische Distanzmessung mittels der *Reichenbach'schen Distanzstriche* gebräuchlich. Die beiden Distanzstriche sind auf der Strichkreuzplatte der Messfernrohre aller Theodolite und Nivelliere aufgetragen und definieren ein parallaktisches Dreieck. Die Fernrohre sind so gefertigt, dass die Strecke s sich als 100-fache Differenz der beiden Ablesungen l_o (oben) und l_u (unten) an der Nivellierlatte oder an einem anderen vertikal aufgestellten metrischen Maßstab ergibt (siehe Kapitel 6).

$$s = 100 \cdot \left(l_o - l_u\right) \tag{8.3}$$

Aus den Millimeterablesungen an der Nivellierlatte folgt die Dezimetergenauigkeit der Streckenbestimmung.

8.3 Elektrooptische Distanzmessung

Die elektronische Distanzmessung hat in den vergangenen 40 Jahren die optische Distanzmessung nahezu vollständig verdrängt. Grundprinzip der elektronischen Distanzmessung ist die Auswertung eines empfangenen Signals, das vom Standpunkt des Instruments ausgestrahlt und direkt vom Zielpunkt oder einem passiven Reflektor zurückgesandt wird. Als Signalträger aus dem breiten elektromagnetischen Spektrum dienen verschiedene Lichtwellen. Physikalisch sind Phasenvergleichsverfahren und Impulsverfahren zu unterscheiden (Bild 8.7).

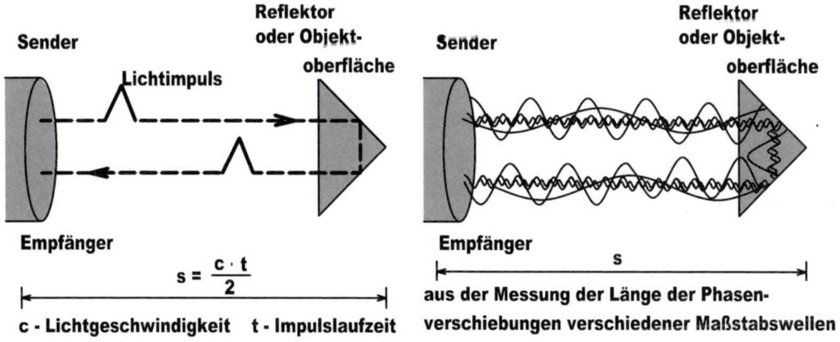

Bild 8.7 Impulslaufzeitverfahren und Phasenvergleichsverfahren

Zur Phasenvergleichsmessung müssen einer Trägerwelle Messwellen verschiedener Maßstäbe (Wellenlängen von 10 m bis 10 000 m) aufmoduliert werden. Nur so sind Eindeutigkeit und Genauigkeit der Streckenbestimmung über mehrere Kilometer erreichbar. Die ausgesandte Phasenlage wird mit der empfangenen verglichen und aus der Differenz eine Distanz abgeleitet. Das geschieht für jede der Wellenlängen. Beim Impulsverfahren ist die Laufzeit Δt der Welle zwischen Signalstart und -empfang bei bekannter Signalgeschwindigkeit c das indirekte Maß für die Streckenlänge s.

$$s = \frac{1}{2} \cdot c \cdot \Delta t \tag{8.4}$$

Die Lichtgeschwindigkeit c in der Luft muss entsprechend der Einflüsse von Temperatur, Luftdruck und Feuchtigkeit auf die Dichte reduziert werden. Daraus wird der Brechungsindex n abgeleitet und die tatsächliche Lichtgeschwindigkeit aus der Vakuum-Lichtgeschwindigkeit c_0 = 299 792 458 m/s berechnet.

$$c = \frac{c_0}{n} \tag{8.5}$$

Weitere Additions- und Frequenzkorrektionen werden berücksichtigt und angebracht.

Elektronische Tachymeter sind die in der Ingenieurgeodäsie am häufigsten genutzten Instrumente der elektronischen Distanzmessung. Sie sind universell einsetzbar und dienen der quasi gleichzeitigen Messung von Richtungen und Schrägstrecken. Als Ergebnis sind im Instrument bereits Koordinaten des Raumbezugs bestimmbar. Tachymeter arbeiten vorrangig nach dem Phasenvergleichsverfahren und erlauben Messungen zu einem Prismenreflektor bis 4 km. Das Genauigkeitsmaß elektronischer Tachymeter hat einen von der Streckenlänge unabhängigen Millimeteranteil und einen abhängigen *ppm-Wert* – parts per million. Wenn die Genauigkeitsangabe des Herstellers für die Standardabweichung σ = ± (3 mm + 2 ppm) lautet, kann eine 500 m lange Strecke auf ± 4 mm genau gemessen werden (Bild 8.8).

Bild 8.8 Tachymeter

Laserentfernungsmessinstrumente zur alleinigen Distanzmessung sind preiswert und einfach zu handhaben. Sie fanden über die professionelle Vermessungspraxis hinaus in allen Bereichen des Bauwesens und Handwerks rasche Verbreitung. Physikalisch werden die Laser nach ihrem verwendeten aktiven Medium unterschieden:

- Halbleiterlaser (Galliumarsenid-Laser)
- Flüssigkeitslaser (Farbstofflaser)
- Festkörperlaser (Rubinlaser)
- Gaslaser (Helium-Neon-Laser)

Helium-Neon-Laser sind am häufigsten im vermessungstechnischen Gebrauch aufgrund ihrer Frequenzstabilität und geringen Strahlaufweitung, ihrer einfachen Konstruktion und langen Lebensdauer, ihrer guten Sichtbarkeit, ihrer geringen Gefährdungsstufe (Laserklasse 3) und ihres geringen Energiebedarfs.

Helium-Neon-Laser dienen außer der reflektorlosen Distanzmessung zur Fluchtung (Zielstrahl und Rotationslaser), Lotung, Zentrierung (Laserlot der Tachymeter) und Laserinterferometrie - einer Präzisionsdistanzmessung z. B. bis 20 m Reichweite mit Mikrometergenauigkeit zum Komparieren von Nivellierlatten.

Die Hand-Lasermeter, kurz: „Distometer" genannt (nicht zu verwechseln mit den mechanischen Distometern, siehe Kapitel 13), ersetzen Messband, Zollstock, Teleskoplatten, Ultraschall-Entfernungsmessinstrumente und zum Teil den Taschenrechner zur Flächen- und Volumenberechnung. Aus dem Alltag der Bau- und Handwerksarbeiten im Messbereich von 0,3 m bis 100 m mit ± 3 mm Genauigkeit in und außerhalb von Gebäuden sind Handlaser nicht mehr wegzudenken (Bild 8.9).

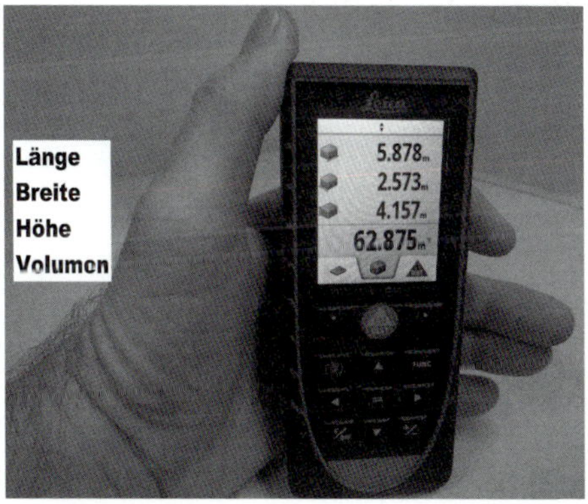

Bild 8.9 Elektronisches Hand-Distanzmessinstrument

Lasermeter arbeiten reflektorlos und damit bis an unzugängliche Stellen heran. Außer Strecken sind Flächen und Volumen bestimmbar. Einziger vermessungstechnischer Nachteil der Laser-Distometer ist, dass Neigungen gegenüber der Horizontalen und der Lotrichtung nicht bestimmbar sind. Neue Instrumente verfügen teilweise über Neigungs- und Richtungssensoren mit Gon-Genauigkeit. Für die Fixierung im Raum, um Achsdrehungen einen stabilen Bezug zu geben, sind Aufstelleinrichtungen und leichte Stative zu bekommen. Mit der Möglichkeit zu einfachen Winkelmessungen ergeben sich zusätzlich zahlreiche Anwendungen der Handlaser.

Mit der Schräg- oder Horizontalstreckenmessung und der Winkelmessung im Standpunkt sind vermessungstechnische Dreiecksaufgaben praktisch, einfach und schnell, aber nur mit geringer oder mittlerer Genauigkeit lösbar (Bild 8.10 und Bild 8.11).

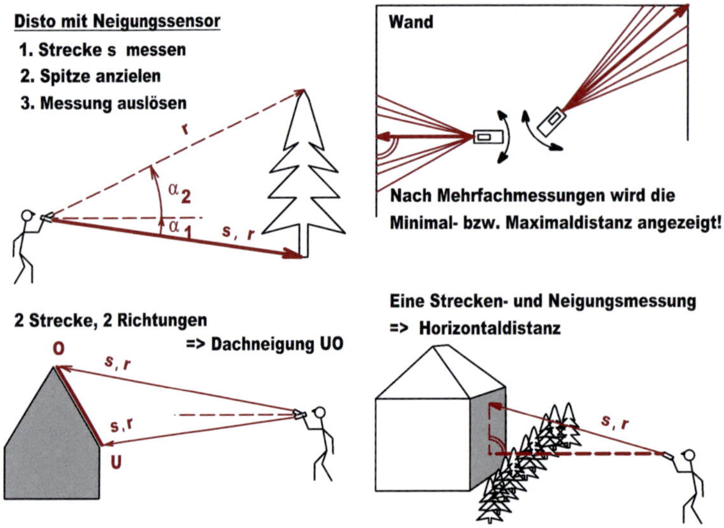

Bild 8.10 Bestimmung von Baumhöhen (links oben), Minimum-/Maximumstrecken (rechts oben), Dachschrägen (links unten) und indirekte Streckenbestimmung (rechts unten)

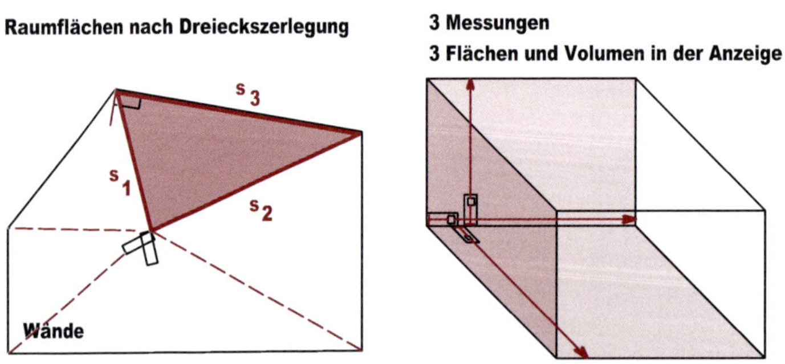

Bild 8.11 Flächenbestimmung aus Dreieckszerlegungen (links) und Volumenbestimmung (rechts)

In der geodätischen Forschung und Grundlagenvermessung werden stationäre Laserentfernungsmesser zur Bestimmung von Satellitenbahnen bis hin zur Distanzmessung zu den Reflektoren auf dem Mond eingesetzt.

Reflektorlose Distanzmessung, wie bei den Distometern, dominiert die Technik elektronischer Tachymeter. Dabei sind Messungen bis 500 m Streckenlänge realistisch. Reichweite und Genauigkeit werden beeinträchtigt durch:

- die Divergenz des Laserstrahls (beim Distometer 6 cm auf 100 m)
- die Reflexionseigenschaften am Zielpunkt (Oberflächenstruktur rau bis spiegelnd)
- den Reflexionswinkel am Ziel
- die Identifikation des Ziels bzw. Doppelreflexion im Zielpunktbereich
- meteorologische Bedingungen

Distanzmessungen mittels Global Navigation Satellite System (GNSS) oder speziell dem Global Positioning System (GPS) sind indirekte Streckenermittlungen. Sie kommen ohne Sichtverbindung zwischen Anfangs- und Endpunkt der zu bestimmenden Strecke aus und sind relativ uneingeschränkt für jede Entfernung auf der Erde statisch oder kinematisch mit Zentimetergenauigkeit im Echtzeit-Modus (Real Time) oder genauer mittels Post Processing realisierbar.

8.4 Prüfungsaufgaben

1. Welche systematisch wirkenden Einflüsse verfälschen Messbandmessungen?
2. Über einen Fluss hinweg ist indirekt die Strecke s zwischen den Punkten A und B zu ermitteln (Bild 8.5 rechts unten)! Gemessen wurden die Strecken a = 67,23 m; b = 117,45 m; d = 50,98 m. (Zur Kontrolle sollte die Strecke c mit gemessen werden!)
3. Erläutern Sie die optische Distanzmessung mittels der Distanzstriche im Fernrohrsehfeld von Nivellieren und Theodoliten an einem selbst gewählten Zahlenbeispiel! Welche Genauigkeit ist erreichbar?
4. Einem Tachymeter wird die Distanzmessgenauigkeit ± (2 mm + 2 ppm) zugeschrieben. Wie genau sind 750 Meter messbar?
5. Die Strecke AB (Bild 8.12 links) ist zu bestimmen. Erläutern Sie drei indirekte Messmethoden anhand der Skizze!
6. Bestimmen Sie die Strecke AB (Bild 8.12 rechts)!

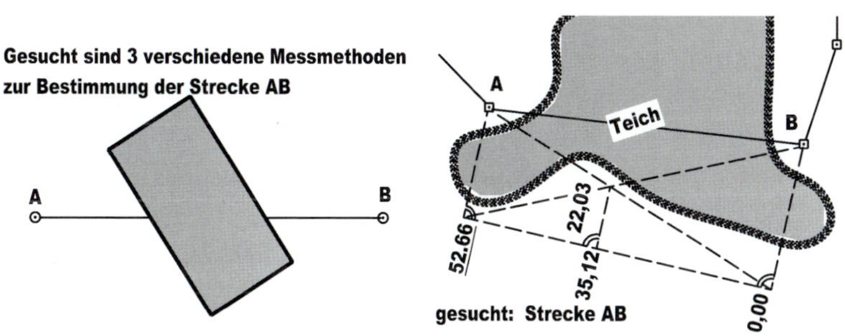

Bild 8.12 Prüfungsaufgaben 5. und 6.

7. Bestimmen Sie die Strecke *SN* (Bild 8.13 links)!
8. Bestimmen Sie die Länge der Hausfront (Bild 8.13 rechts)!

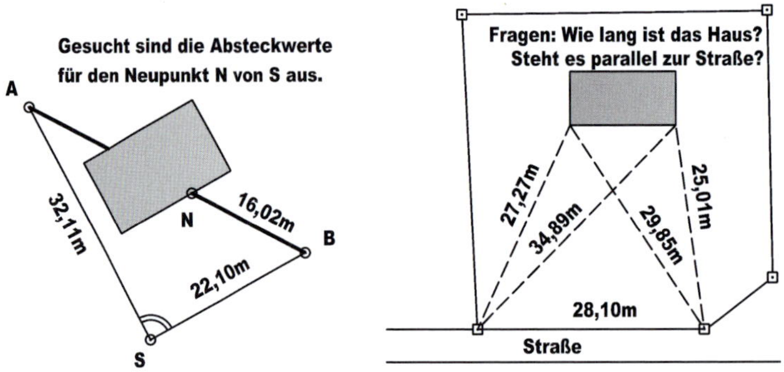

Bild 8.13 Prüfungsaufgaben 7. und 8.

9 Trigonometrische Höhenbestimmung

Trigonometrische Höhenbestimmungen basieren auf der Messung eines Vertikalwinkels vom Standpunkt zum Zielpunkt und der dazugehörigen schrägen oder horizontalen Strecke.

9.1 Vertikalwinkel und Gefällmesser

Die bekannten drei Vertikalwinkel Zenitwinkel z ($\equiv \zeta$), Nadirwinkel und Höhenwinkel h sollten der Vollständigkeit halber um den wenig gebräuchlichen Tiefenwinkel t ergänzt werden (Bild 9.1).

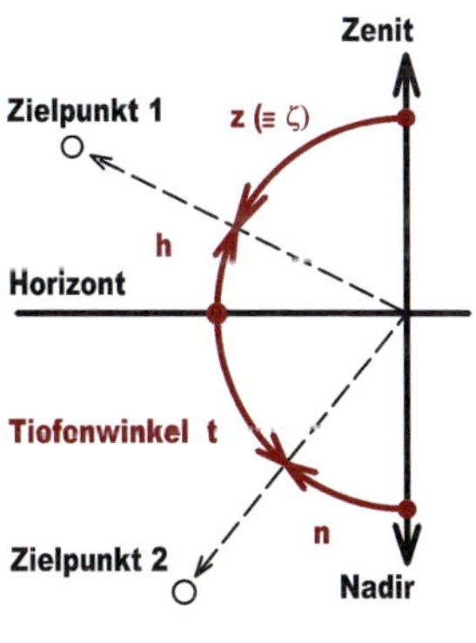

Bild 9.1 Vertikalwinkel

> Der Buchstabe z bezeichnet in der Vermessung nicht nur den Zenitwinkel (oder die Zenitdistanz), sondern auch die Höhe eines Zielzeichens über dem Anzielpunkt (Zielpunkthöhe z), den Zwischenblick z beim geometrischen Nivellement, die Zielweite z, die Koordinatenachse z der Höhen im kartesischen Koordinatensystem, den Zenit Z (groß), die Ziellinie Z oder Zielpunkt Z. Deshalb sollte für den Zenitwinkel meist das ζ (zeta) Verwendung finden.

Instrumente können mit Gon-, Grad-, Prozent-, Strichskalen ausgestattet sein oder dafür eine elektronische Umschaltung bzw. Umrechnung enthalten (Bild 9.2).

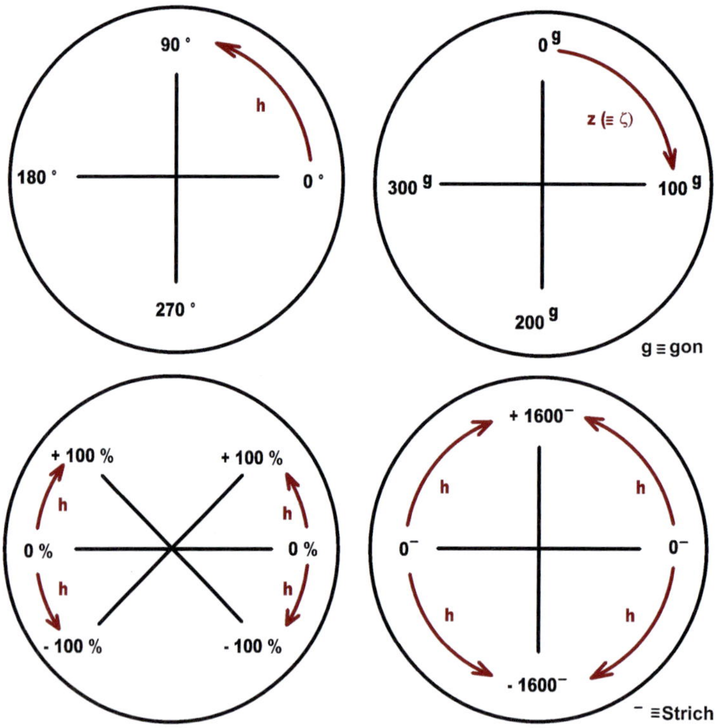

Bild 9.2 Höhenwinkel in Grad (links oben), Zenitwinkel in Gon (rechts oben), Höhenwinkel in Prozent (links unten), Höhenwinkel in „artelleristischen" Strich (rechts unten; meist militärische Anwendung)

Die *Gefällmesser* bzw. *Neigungsmesser* sind die einfachsten Instrumente zur trigonometrischen Höhenbestimmung. Der Gefällmesser (Bild 9.3) ist ein *Pendelneigungsmesser*. An einer in Lotrichtung einpendelnden Skalenscheibe wird in der jeweiligen Zielrichtung ein Winkelwert in Grad, Gon oder Prozent abgelesen. Gefällmesser werden z. B. in der Forstwirtschaft oder dem Landschaftsbau zur Baumhöhenbestimmung genutzt. Architekten messen Gebäudehöhen, Böschungshöhen, Geländeneigungen. 2 dm Genauigkeit sind erreichbar.

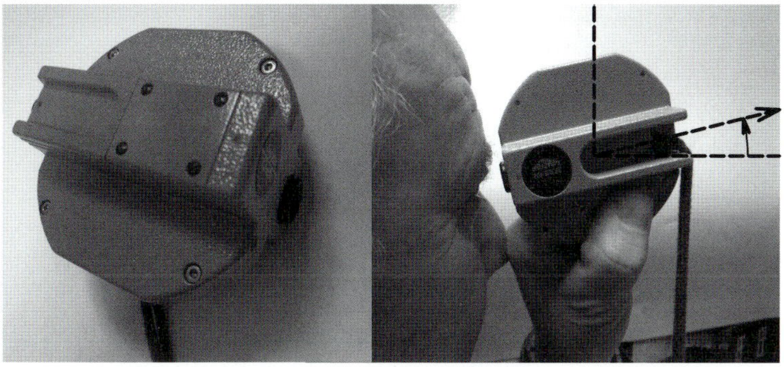

Bild 9.3 Gefällmesser zur Höhenwinkelmessung

Der Gefällmesser kann, abweichend vom Thema des Kapitels, dem geometrischen Nivellement niedrigster Genauigkeit dienen. Voraussetzung ist eine ruhige Hand in gleichbleibender Höhe. Bei den jeweils zwei Zielungen im Horizont sind Höhenunterschiede mit einer Genauigkeit vom Dezimeter bis zu einigen Zentimetern machbar (Bild 9.4 oben links).

Der Gefällmesser dient in seiner typischen Anwendung der trigonometrischen Bestimmung von Höhenunterschieden (Bild 9.4 oben rechts). Mit dem gemessenen Höhenwinkel und der horizontalen Distanz zwischen Standpunkt und Zielpunkt kann über die Tangensfunktion der Höhenunterschied berechnet werden.

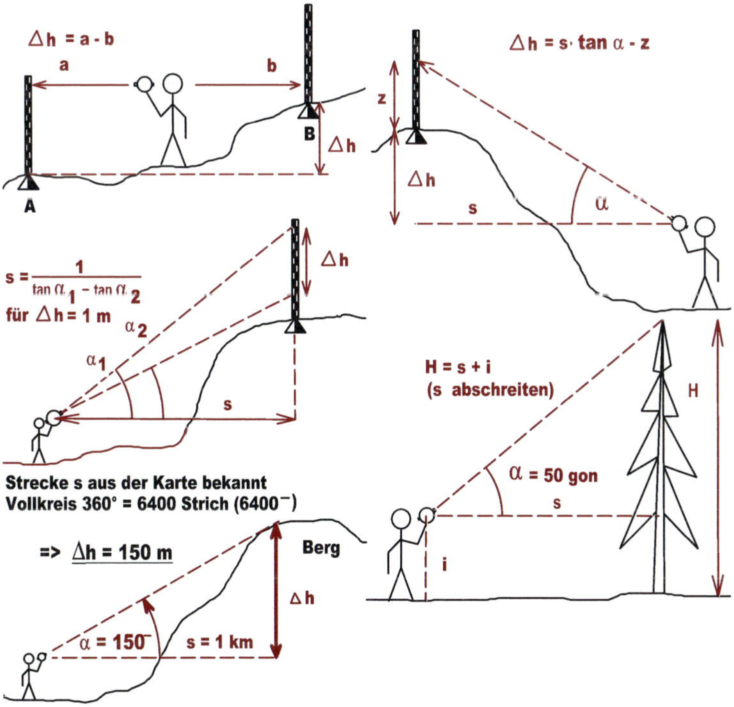

Bild 9.4 Nivellieren, trigonometrische Messung des Höhenunterschiedes, Bestimmung der horizontalen Strecke, Baumhöhenbestimmung

Aus der Höhendifferenz zweier trigonometrischer Messungen zu einem Punkt lässt sich die horizontale Strecke zwischen dem Standpunkt und Zielpunkt ableiten (Bild 9.4 links Mitte). Wenn zweckmäßigerweise runde Werte angezielt werden, z. B. ein Meter und zwei Meter, geht Δh mit 1 m in die Berechnung ein. Umgekehrt erhält man bei bekannter Strecke den Höhenunterschied zweier Punkte - z. B. die Geschosshöhe bei Messungen an einer Fassade (siehe Grundaufgabe der trigonometrischen Höhenbestimmung mit dem Gefällmesser).

Der Gefällmesser bietet über eine gesonderte Ableseskale eine einfache Möglichkeit zur Reduktion der Schrägstrecke in die horizontale Strecke an.

Die Baumhöhenbestimmung mit Dezimeterangaben beschreibt am einfachsten die Möglichkeiten des Gefällmessers in Hinblick auf die Genauigkeit. Ohne Berechnungsaufwand kann bei einer Anzielung der Baumspitze unter einem Winkel von 45° sofort die Höhe des Baumes mit der Strecke zum Baum plus der Standpunkthöhe gleichgesetzt werden (Bild 9.4 rechts unten). Für viele Anwendungen genügt die Streckenbestimmung durch das Abschreiten der Entfernung zum Baumstamm.

Die Strichteilung des Kreisbogens mit 6400 Strich für den Vollkreis ist der *artilleristische Strich* (im Unterschied zu den 32 *nautischen Strich* am Kompass). 6400 Strich sind nur noch wenig im militärischen Gebrauch. Dabei geht es um die Abschätzung der Entfernung aus der Beobachtung von Objekten bekannter Länge, Breite oder Höhe (Bild 9.4 links unten). Umgekehrt funktioniert eine Ableitung von Höhenunterschieden aus bekannten Distanzen.

Zur Fixierung und Absteckung einer Neigung kann ein noch einfacheres Instrument erworben und benutzt werden, wie es bereits in der Antike auf Baustellen allgegenwärtig war. Der *Gradbogen* oder *Gonbogen* (je nach vorhandener Skalenteilung) ist ein halber Metallkreisbogen, der an zwei Punkten des Durchmessers aufgehangen wird. Im Mittelpunkt des Durchmessers hängt ein Lot (Schnurlot). Visiert wird entlang des Durchmessers (wie über Kimme und Korn). Die Schnur des Lotes ist die Ablesestelle an der Teilung des Halbkreisbogens und kann einen Ablesewert von 0,1 gon bzw. 0,1° liefern. (Das Messprinzip ist Basis des Sextanten.)

9.2 Trigonometrisches Nivellement

Nach der Erläuterung einiger geometrischer Grundprinzipien trigonometrischer Messungen unter Benutzung einfachster Technik folgt der ingenieurgeodätische Teil zu den Messungen trigonometrischer Höhenunterschiede.

Für das trigonometrische Nivellement gilt auf dem ersten Instrumentenstandpunkt für einen Höhenunterschied folgende allgemeine Auswertung (Bild 9.5):

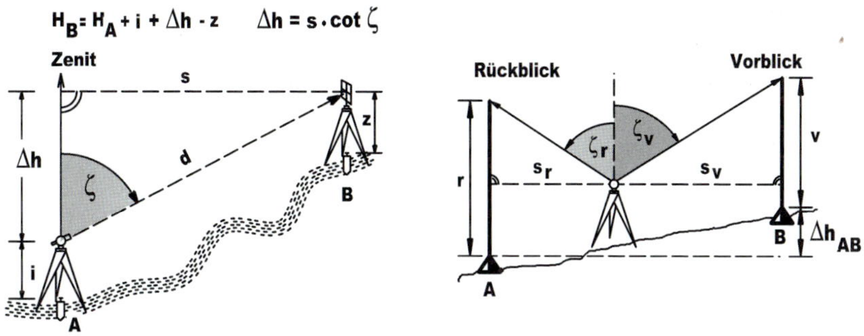

Bild 9.5 Trigonometrischer Höhenunterschied (links), trigonometrisches Nivellement (rechts)

Gegeben: Anschlusshöhe H_A am Mauerbolzen oder Lagefestpunkt mit bekannter Höhe

Gemessen: ζ_r, ζ_v,

r, v (Reflektor- oder Zielpunkthöhe über dem vermarkten Bodenpunkt oder Mauerbolzen)

s_r, s_v (horizontale Strecken)

Gesucht: Δh und H_B

Berechnung:

$$\Delta h = s_v \cdot \cot\zeta_v - s_r \cdot \cot\zeta_r + r - v \tag{9.1}$$

$$H_B = H_A + \Delta h \tag{9.2}$$

Über große Höhenunterschiede, große Entfernungen oder bei der tachymetrischen Geländeaufnahme werden Höhenunterschiede trigonometrisch bestimmt. Dazu werden *Vertikalwinkel* (*Zenitwinkel* ζ oder *Höhenwinkel* β) und horizontale Strecken s oder die Schrägstrecken gemessen. Tachymeter, Theodolit und Messband oder bereits genannte Gefällmesser kommen zum Einsatz. Für den Höhenunterschied Δh zwischen dem Standpunkt A und dem Neupunkt N bzw. für die Höhe H_N des Neupunktes gelten:

$$\Delta \mathrm{h} = \mathrm{s} \cdot \cot\zeta \text{ oder } \Delta h = s \cdot \tan\beta \text{ und damit } H_N = H_A + i + \Delta h - z \tag{9.3}$$

Die *Instrumentenhöhe i* und die *Zielpunkthöhe z* werden mit dem Maßstab („Zollstock") gemessen. Bei gegebener Zielpunkthöhe kann ebenso die Höhe des eigenen Standpunktes berechnet werden:

$$H_A = H_N + z - \Delta h - i \tag{9.4}$$

Die Genauigkeit der *trigonometrischen Höhenbestimmung* ist im Allgemeinen geringer als die des geometrischen Nivellements. Sie liegt nicht im Millimeter-, sondern im Zentimeterbereich. Dieses Messprinzip zur Bestimmung eines Höhenunterschiedes lässt sich ähnlich dem geometrischen Nivellement zum trigonometrischen Nivellement aneinanderreihen (Bild 9.6).

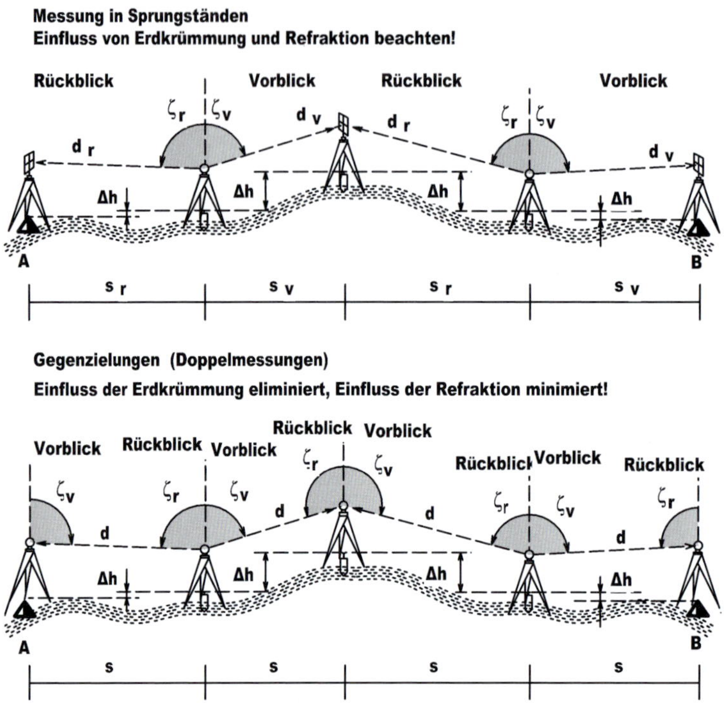

Bild 9.6 Trigonometrisches Nivellement (unten: Doppelmessung)

Statt der 30 m bis 40 m Zielweite des geometrischen Nivellements sind trigonometrisch mehrere hundert Meter mit einer Anzielung zu überbrücken. Das trigonometrische Nivellement beginnt mit der Rückmessung zum Anschlusspunkt. Die anschließende Vormessung erreicht den ersten Neupunkt oder einen Hilfspunkt als Zwischenpunkt (Bild 9.6 oben). Das Instrument wird zum nächsten Instrumentenstandpunkt umgesetzt und die Rückmessung zum ersten Neupunkt (oder Zwischenpunkt) ausgeführt. Jetzt kann das Zielzeichen (oder der Reflektor) vom ersten Neupunkt zum zweiten getragen werden. Nach der Messung zum Neupunkt wechselt wieder das Instrument seinen Platz. Der Ablauf wiederholt sich bis - wie beim geometrischen Liniennivellement - ein abschließender, höhenmäßig bekannter Kontrollpunkt erreicht ist. Eine zusätzliche Kontrolle und Genauigkeitssteigerung kann durch eine Rückmessung des trigonometrischen Nivellements auf gleichem Weg erreicht werden.

Das trigonometrische Nivellement wird genauer, wenn auf den Stand- und Zielpunkten entsprechend der vorangegangenen Technologie gemessen wird. Nach einem Reflektorwechsel und entsprechender Messung tauschen das Instrument und der Reflektor gleichzeitig die Plätze (Bild 9.6 unten). Das Ergebnis entspricht am Ende einer Doppelmessung. Die im Folgenden genannten Einflussgrößen Refraktion und Erdkrümmung werden durch die Doppelmessungen minimiert.

Über Entfernungen von mehreren hundert Metern für eine einzelne trigonometrische Anzielung sind die *Erdkrümmung* und die Einflüsse der *Refraktion* zu berücksichtigen. Die Korrektur für die Erdkrümmung k_E hängt von der Entfernung s und dem Erdradius $R = 6370$ km ab:

$$k_E = \frac{s^2}{2R} \tag{9.5}$$

Das sind 0,8 mm Erdkrümmungskorrektur auf 100 m Entfernung oder 8 m Höhenkorrektur auf 10 km. Die Refraktion ist komplizierter zu berücksichtigen und deren praktischer Einfluss am besten näherungsweise durch gleichzeitige gegenseitige Messungen zu erfassen und dabei durch die Berechnung und Mittelbildung zu eliminieren (Bild 9.7 und Bild 9.8).

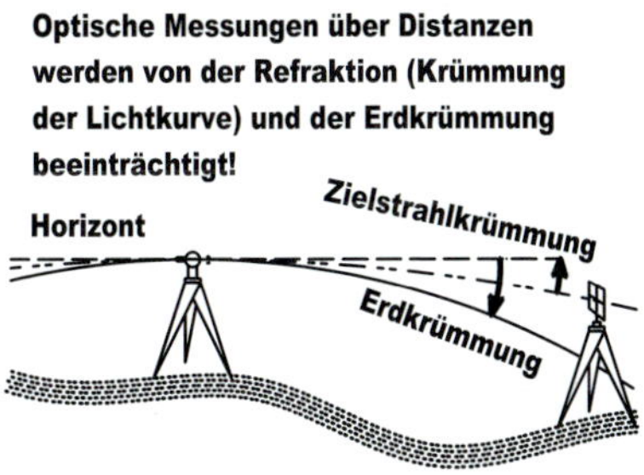

Bild 9.7 Refraktion und Erdkrümmung

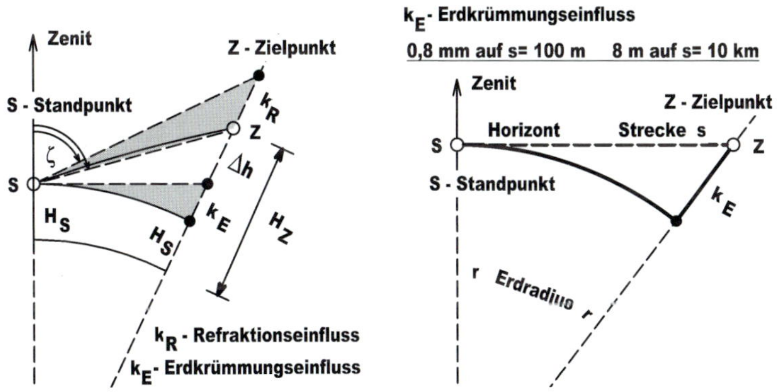

Bild 9.8 Einfluss von Refraktion und Erdkrümmung

Alltägliche Anwendungen der trigonometrischen Höhenbestimmung sind tachymetrische Geländeaufnahmen für Lage- und Höhenpläne. Die Kombination aus Winkelmessung und quasi gleichzeitiger Schrägdistanzmessung ermöglicht es, sofort gewünschte Höhenunterschiede anzugeben, Höhen zu berechnen und gemeinsam mit den Lagekoordinaten abzuspeichern.

9.3 Turmhöhenbestimmung

Bei trigonometrischen Höhenbestimmungen, die nur die Höhe zum Endergebnis haben, dienen Distanzmessungen allein der Berechnung. Strecken zu Zielpunkten werden rechnerisch aus den bekannten Koordinaten der Standpunkte oder aus Winkelmessungen über einer bekannten Basisstrecke abgeleitet. Ein Beispiel sind die sogenannten Turmhöhenbestimmungen. *Turmhöhenbestimmungen* sind je nach Geländesituation mit horizontalem (Bild 9.9 und Bild 9.10) oder vertikalem Hilfsdreieck möglich.

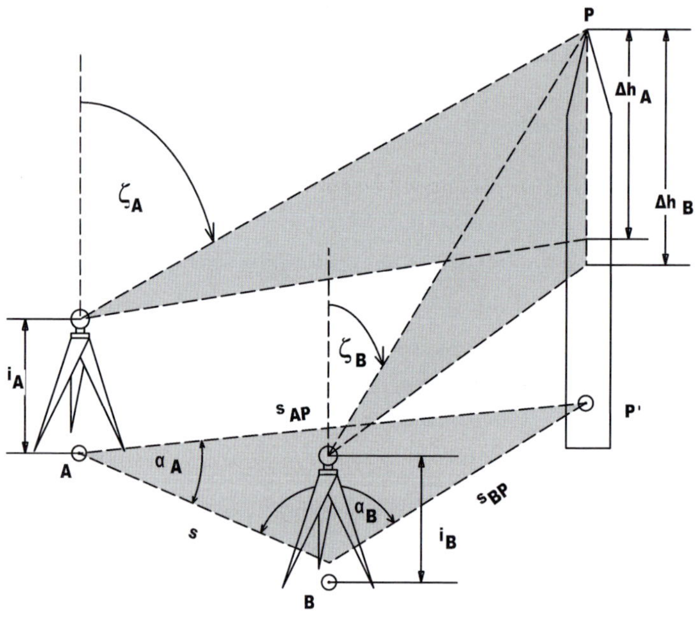

Bild 9.9 Turmhöhenbestimmung: *P* und *P'* sind unzugänglich!

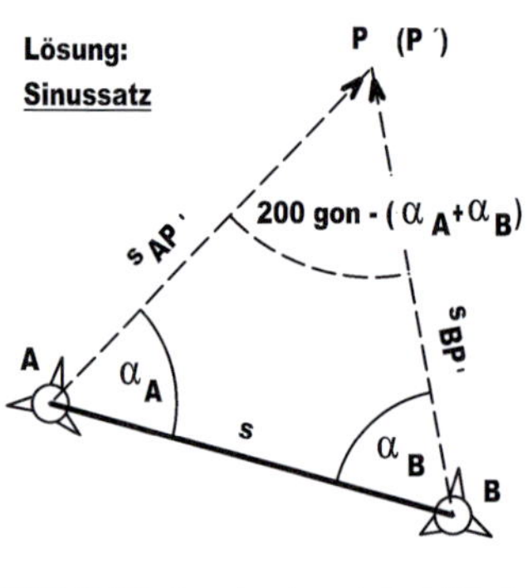

Bild 9.10 Das horizontale Hilfsdreieck

Beispiel einer trigonometrischen Höhenbestimmung eines unzugänglichen Punktes *P*

Bestimmen Sie die Firsthöhe eines Walmdaches! Die zwei Eckpunkte *A* und *B* des Hilfsdreiecks wurden nivelliert: H_A = 76,123 m über NHN und H_B = 76,654 m über NHN. Mit einem Nivellierzollstock sind die Instrumentenhöhen i_A = 1,565 m und i_B = 1,620 m von der Oberkante des Bodenpunktes bis zur Kippachsenhöhe des Instruments auf dem Stativ bestimmt worden. Die horizontalen Richtungen und die Zenitwinkel sind jeweils in einem Vollsatz gemessen und ausgewertet worden. Horizontalwinkel α_A = 64,612 gon, α_B = 59,406 gon, Zenitwinkel ζ_A = 68,258 gon, ζ_B = 70,415 gon. Die Strecke von *A* nach *B* beträgt s = 48,91 m.

Allgemein gilt zu dieser Aufgabe:

Gegeben: Höhen H_A und H_B (Sie könnten vorher bereits durch eine geometrisches Nivellement oder trigonometrisch bestimmt worden sein.)

Gemessen: Horizontalwinkel α_A, α_B (aus Richtungsmessungen)
Zenitwinkel ζ_A, ζ_B (quasi gleichzeitig mit den Horizontalrichtungen bestimmt)
Instrumentenhöhen i_A, i_B
Distanz s zwischen *A* und *B* (evtl. mit einem Messband gemessen)

Gesucht: Höhe H_P des unzugänglichen Punktes

Berechnung:

1. die horizontale Strecke von *A* nach *P* und von *B* nach *P*
2. der relative Höhenunterschied vom Instrument zum First
3. Höhe des Firstes im System NHN

$$s_{AP} = s \cdot \frac{\sin \alpha_B}{\sin(\alpha_A + \alpha_B)} \tag{9.6}$$

$$s_{BP} = \mathrm{s} \cdot \frac{\sin \alpha_A}{\sin(\alpha_A + \alpha_B)} \tag{9.7}$$

$$\Delta h_{AP} = s_{AP} \cdot \cot \zeta_A \qquad \Delta h_{BP} = s_{BP} \cdot \cot \zeta_B \tag{9.8}$$

$$H_P = H_A + i_A + \Delta h_{AP} \qquad H_P = H_B + i_B + \Delta h_{BP} \tag{9.9}$$

Ergebnis: s_{AP} = 42,272 m s_{BP} = 44,689 m
Δh_{AP} = 23,017 m Δh_{BP} = 22,404 m
von *A* aus: H_P = 100,705 m ü. NHN
von *B* aus: H_P = 100,678 m ü. NHN
Mittelwert H_{P} = 100,69 m ü. NHN

Im Endergebnis ist die millimetergenaue Angabe nicht realistisch ohne die Bestimmung einer empirischen Standardabweichung als Genauigkeitsmaß. Ein Genauigkeitsüberschlag geht von einer nur zentimetergenauen trigonometrischen Messung aus, und die gemessene Strecke s ist auch nur zentimetergenau mit einem Messband bestimmt worden.

9.4 Prüfungsaufgaben

1. Die Höhe einer Giebelwand ist zu bestimmen! Gemessen wurden die horizontale Entfernung vom Theodolitstandpunkt zur Wand mit 17,25 m; der Zenitwinkel zum First mit 71,123 gon und der Zenitwinkel zum unteren Wandabschluss mit genau 107,035 gon.
2. Erläutern Sie mithilfe einer Skizze das Prinzip der Turmhöhenbestimmung mit horizontalem Hilfsdreieck! Was ist gegeben, gemessen, gesucht? Wie wird gerechnet?
3. Die Höhe über NHN des Walmdachfirstes eines fünfgeschossigen Hauses ist zu ermitteln! Die Messung erfolgte trigonometrisch mit einem horizontalen Hilfsdreieck von den zwei Standpunkten A und B aus. Die Punkte wurden vorher nivelliert und bekamen die Höhen $H_A = 74{,}13$ m und $H_B = 76{,}50$ m ü. NHN. Die horizontale Strecke s von A nach B beträgt $s = 82{,}39$ m. Die Zenitwinkel, gemessen mittels Theodolit, sind mit $\varsigma = 65{,}115$ gon in A in der Instrumentenhöhe $i = 1{,}73$ m und im Punkt B mit $\varsigma = 64{,}921$ gon in der Instrumentenhöhe $i = 1{,}44$ m gemessen worden. Das Hilfsdreieck hat die horizontalen Innenwinkel im Punkt A $\alpha = 62{,}315$ gon und in B $\alpha = 57{,}780$ gon.
4. Welche Vor- und Nachteile bietet ein Gefällmesser gegenüber der Benutzung eines Theodolits, und welche Vor- und Nachteile bietet der Theodolit gegenüber einem Tachymeter im Anwendungsfall einer trigonometrischen Höhenbestimmung?

10 Tachymetrie und Laserscanning

Die *Tachymetrie* ist die „Schnellmessung“ in der Geodäsie. Die Lage und Höhe eines Punktes werden gleichzeitig bestimmt. Das Tachymeter misst horizontale Richtungen, Vertikalwinkel und die schräge Distanz zwischen Instrument und anvisiertem Zielpunkt. Diese drei Rohdaten der Messung eines räumlichen Vektors genügen, um horizontale Strecken, Höhenunterschiede und/oder x,y,z-Koordinaten abzuleiten und sonstige Berechnungen in Verbindung mit anderen Messungen und gespeicherten Punkten vorzunehmen.

Die optischen Tachymeter dominierten jahrzehntelang alle Lageplanmessungen und topografischen Aufnahmen bis in die 70er-Jahre des letzten Jahrhunderts hinein. Elektronische Tachymeter mit elektrooptischer Distanzmessung waren mit ihrer Reichweite, Genauigkeit und Geschwindigkeit, Datenspeicherung und Berechnungssoftware ein revolutionärer technischer Fortschritt. Binnen eines Jahrzehnts dominierten elektronische Tachymeter den Arbeitsalltag des Geodäten. Optische Tachymeter verschwanden vollständig. Inzwischen kann der Zusatz „elektronischer“ für Tachymeter entfallen, es sei denn, man möchte historische Vergleiche ziehen. In den folgenden Abschnitten sind mit Tachymeter immer „elektronische“ Tachymeter gemeint.

10.1 Tachymeter und Tachymetrie

Das Bild 10.1 zeigt im Grundriss und im Vertikalschnitt das Grundprinzip der tachymetrischen Geländeaufnahme. Die Differenz aus Zielpunkt- und Anschlussrichtung liefert den Anschlusswinkel α. Mit dem Anschlussrichtungswinkel t, der gemessenen Distanz s und dem Vertikalwinkel z sind anschließend die Lage und Höhe des Geländepunktes bestimmbar.

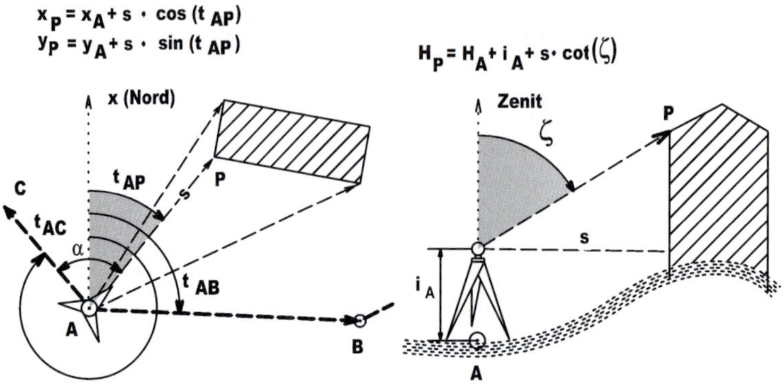

Bild 10.1 Tachymetrische Geländeaufnahme (Grundriss und Vertikalschnitt)

Für Tachymeter (Bild 10.2) sind Tachymeterstäbe (Bild 10.4) und Prismen (Bild 10.3 und Bild 10.4) wichtiges Zubehör, solange nicht vollständig reflektorlos gemessen wird.

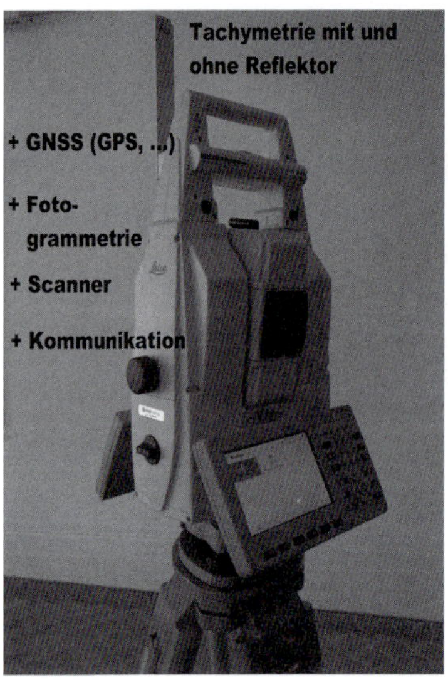

Bild 10.2 Tachymeter (Multistation)

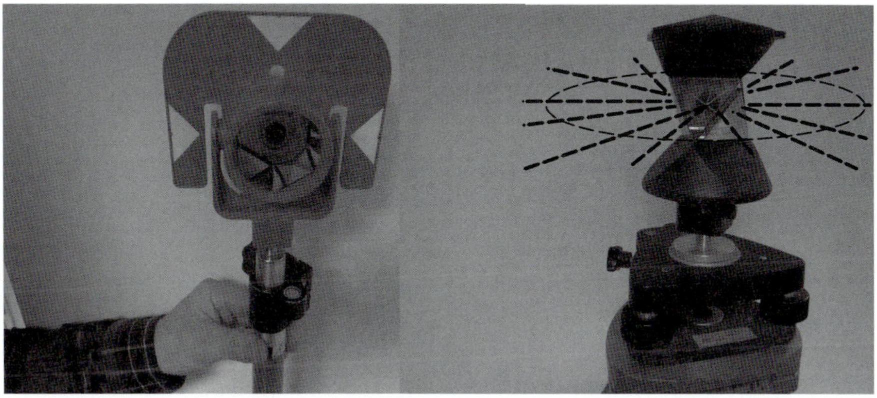

Bild 10.3 Prismenreflektor mit Zieltafel und Tachymeterstab (links), großer Rundumreflektor zwangszentriert, allseitig anzielbar (rechts)

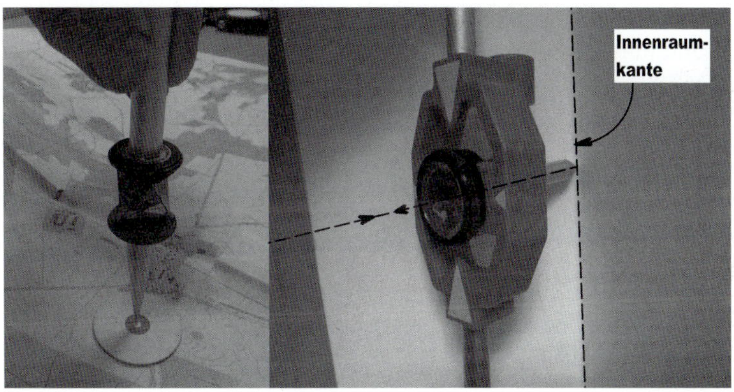

Bild 10.4 Minireflektor und Aufnahme- und Absteckprisma mit 10-cm-Distanzstück

Die Tachymeter begannen ihren technischen Siegeszug auf der Basis feinmechanisch-optischer Präzisionstechnik der Theodolite mit fünf entscheidenden Neuerungen:

- Elektronik, Rechentechnik
- elektrooptische Distanzmessung
- elektronische Abtastung codierter Horizontal- und Vertikalkreise
- zur Richtungsmessung
- Datenspeicherung aller Messungen mit Schnittstellen zum Datenaustausch
- Software zur Berechnung geodätischer Aufgaben im Instrument vor Ort

Damit hatten herkömmliche optische Tachymeter trotz geringerer Preise, trotz einfacherer Bedienung und Unabhängigkeit von einer Stromversorgung ausgedient.

Die elektrooptischen Distanzmessinstrumente arbeiten nach dem Phasenvergleichsverfahren oder dem Impulsverfahren (siehe Abschnitt 8.3). Bei beiden Verfahren wird elektromagnetische Strahlung vom Instrumentenstandpunkt ausgesandt, am Zielobjekt selbst oder an einem passiven Reflektor zurückgeworfen und im Empfänger desselben Instruments verarbeitet. Beim *Phasenvergleichsverfahren* werden Phasenlagen ausgesandter und empfangener Signale verschiedener Maßstabswellen mit definierter Wellenlänge verglichen und daraus Distanzen berechnet. Beim *Impulsverfahren* wird die Distanz aus der doppelten Laufzeit des elektromagnetischen Signals zwischen Standpunkt und Zielpunkt ermittelt. Derartige *Laufzeitmessungen* von Signalen sind bis zu den Prismenreflektoren auf dem Mond und zurück realisiert.

Bis in die Gegenwart ziehen Erfindungen und Entwicklungen der Feinmechanik, der Optik, der Fototechnik, der Sensorik, der Mikroelektronik, der Informatik, der Satellitenmesstechnik und der Kommunikationstechnik nahezu ohne Zeitversatz in neue Tachymeter ein. Daher gehören Tachymeter zur teuersten Technik pro Kilogramm Materialeinsatz. Der Tachymeterpreis entspricht seit Jahrzehnten einem Pkw-Preis. Der Ausstattungsgrad führt auch bei Tachymetern zu ähnlichen Preisunterschieden.

Ohne die genaue Chronologie zu beachten und ohne alle Neuerungen aufzuzählen, vereinen Tachymeter seit 40 Jahren immer mehr Spitzentechnologien in sich. Diese sind im Folgenden stichpunktartig aufgelistet:

- Laserlot (bequemes, genaueres Zentrieren)
- elektronische Libellen und Kompensatoren (schnelles Horizontieren)
- Messbereich auf 3 km, 4 km, 5 km erweitert
- motorisierte Tachymeter (Robotik-Funktion, Drehung durch Steh- und Kippachse)
- Achsbewegungen geräuschfrei und reibungsfrei mit Servotechnologie auf der Basis magnetischer Induktion
- integrierte Luftdruck- und Temperaturmessungen für automatische Verbesserungen der Distanzmessungen
- Funkverbindung und Fernbedienung vom Zielpunkt zum Tachymeter
- automatische Zielsuche, Zielerkennung (Rasterfächer über den ganzen Horizont)
- automatische *Zielverfolgung* („Ein-Mann-Station“, Funkfernbedienung, Baumaschinensteuerung)
- automatische *Zielerfassung*, Zielpunktkorrektur (Prismensuche schnell, genau, manuelles Fokussieren und Feinanzielen entfallen)
- *Automatic Target Recognition (ATR)*
- Messen im Trackingmodus (Mehrfachmessungen zur Nachführung des Zielpunktprismas)
- SearchLight (für schlecht sichtbare Prismenreflektoren oder andere Zielpunkte auf großen Entfernungen)
- PositionLight (Messpunktanzeige bei reflektorlosem Messen)
- reflektorloses Messen (Zielpunkte müssen nicht mehr zugänglich sein – Nachbarbebauung, Giebelspitzen leicht messbar)
- USB-Schnittstelle, Lithium-Ionen-Akkus, neueste Prozessoren, Windows-Software
- eigene Programmierung ist möglich, Funkdatenaustausch, Bluetooth (auch mit dem Smartphone)
- Smartphone-gleiches grafisches Display und Bedienfeld (Touchscreen, Visualisierung der Messfolge oder Arbeit in digitalen Karten)

- integrierte Digitalkameras (zur Dokumentation der Zielpunktumgebung und für einfache fotogrammetrische Messaufgaben)
- integriertes GNSS (einfache Satellitenmessung mit Navigationslösung oder mit GNSS-Antennenaufsatz für geodätische Satellitenanschlussmessungen)
- Sprachsteuerung und Sprachbegleitung aller Arbeitsschritte
- Scanfunktion (einstellbare Punktrasterdichte über begrenzte Flächen)

Interessante Instrumentenentwicklungen verzichten ganz auf das Okular und kommen ohne Bedienteil aus (Scanner mit Tachymeterfunktionen, siehe Abschnitt 10.2). Das Auge des Menschen wird nicht mehr zur Einstellung, Anzielung und Ablesung gebraucht. Bis zu fünf Kameras kommen zum Einsatz. Am Instrument wird nur noch ein- oder ausgeschaltet (Bild 10.5).

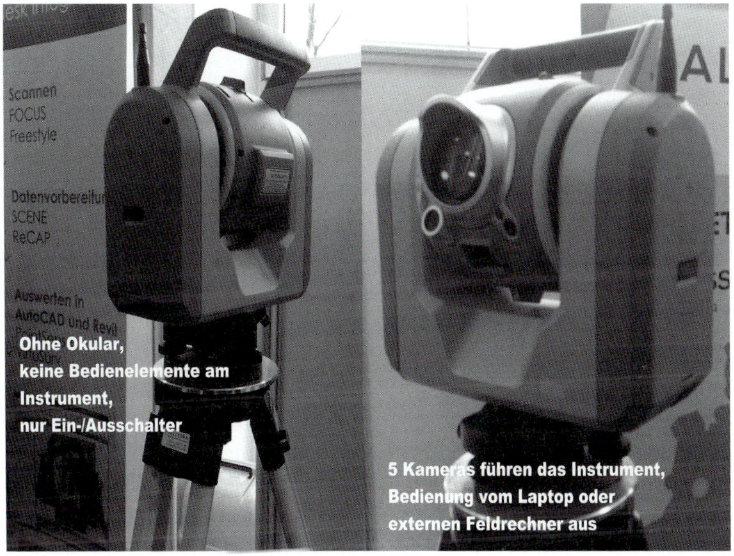

Bild 10.5 Scanner mit Tachymeterfunktionen

Die Bedienung, Datenspeicherung und -verarbeitung geschieht sofort über den Laptop, Feldrechner (Bild 10.6) oder über das Smartphone.

Tachymetrie bedeutet, dass die instrumententechnische Trennung von Lage- und Höhenmessungen praktisch entfällt. Tachymetrie gehört somit zu den 3D-Messverfahren wie GNSS-Messungen, Fotogrammetrie oder Laserscannen. Objekte der Erdoberfläche werden räumlich erfasst. Tachymeter liefern horizontale Richtungen, Vertikalwinkel und Schrägstrecken als Rohdaten. Mit einer Mess- und Berechnungsfunktion werden daraus Lagekoordinaten und Höhen.

Tachymetrie gestattet automatisierte Arbeitsabläufe im Zusammenspiel mit CAD-Systemen oder GIS-Anwendungen. Dabei kann es sowohl um Geländeaufnahmen als auch um Absteckungen gehen. Datensätze, Koordinaten und Absteckpläne können aus CAD für die Vorbereitung der Feldmessungen in das Instrument übernommen oder Karten des GIS im Hintergrund mitgeführt und am grafischen Display angezeigt werden.

Bild 10.6 Außendienstcomputer, Handheld-Feldrechner

Die tachymetrische Messung beginnt mit der Orientierung im Gelände, meist im amtlichen Koordinatensystem. Der erste Datensatz wird vom bekannten Standpunkt aus zum ebenfalls koordinatenmäßig bekannten Zielpunkt gemessen. Ist die Höhe des Bodenpunktes unter dem zentrierten Tachymeter nivelliert worden oder bekannt, ist die Höhe der Kippachse des Instruments über dem Standpunkt, die Instrumentenhöhe i, zu messen. Es fehlt noch die Höhe der Prismenmitte des *Reflektors* über der Spitze des Reflektorstabes. Ist diese Zielpunkthöhe z bekannt, sind alle folgenden Messpunkte sofort in x,y-Koordinaten mit Höhenangaben zu ermitteln. Zu beachten bleiben bei der Nutzung verschiedener *Prismenreflektoren* die verschiedenen *Additionskonstanten* je nach Hersteller und Anwendungsfall bei der Distanzmessung.

Grundsätzlich liefern folgende drei Formeln die Lage x, y und Höhe H der neuen Punkte. Aus den Messdaten zweier horizontaler Richtungen geht der Horizontalwinkel α zwischen Anschlusspunkt A und dem Neupunkt N in die Berechnung ein. Der Vertikalwinkel ζ, die Horizontalstrecke s, die aus der Schrägdistanz bereits in den Horizont reduziert wurde, der aus den gegebenen Koordinaten der Punkte S und A berechnete Richtungswinkel t sowie Stand- und Zielpunkthöhen i und z vervollständigen einen Datensatz.

$$x = x_S + s \cdot \cos(t + \alpha) \tag{10.1}$$

$$y = y_S + s \cdot \sin(t + \alpha) \tag{10.2}$$

$$H = H_S + s \cdot \cot(\zeta) + i - z \tag{10.3}$$

Der Anwendungsfall der tachymetrischen Geländeaufnahme ist im Abschnitt 11.4 dargestellt.

Außer den im Kapitel 5 beschriebenen grundlegenden Messkonfigurationen und Berechnungsverfahren sind im Standardsoftwarepaket eines Tachymeters viele weitere Berechnungen in Verbindung mit Messverfahren implementiert.

Zu den implementierten Programmen eines Tachymeters zählen: die Bezugsebene, die Spannmaßbestimmung, das Messen unzugänglicher Punkte, die freie Stationierung, Bogenabsteckung, Schnurgerüstabsteckung, Polygonzugmessung, Querprofilmessung usw. Jährlich sind neue Applikationen verfügbar.

Die *Fassadenaufnahme* ist eine typische Anwendung des Mess- und Berechnungsprogramms der Bezugsebene. Zwei Punkte, links und rechts in der Ebene der Fassade, werden mit dem Reflektor des Tachymeterstabes signalisiert und Strecken und Richtungen gemessen. Die beiden Punkte definieren rechentechnisch ein lokales y,z-Koordinatensystem und spannen virtuell eine Vertikalebene auf. Alle Detailpunkte der Fassade werden einfach anvisiert. Horizontale und vertikale Richtungen genügen, um für die Durchstoßpunkte durch die Vertikalebene y,z-Koordinaten anzuzeigen und abzuspeichern. Der praktische Nachteil der Methode ist, dass aus der Vertikalebene vortretende oder zurückspringende Punkte extra zu bestimmen sind. Aufgrund der Dominanz reflektorloser Tachymetrie verliert die hier beschriebene Art der Fassadenaufnahme an Bedeutung. Für feingliedrig strukturierte Fassaden mit hunderten Punkten ist diese Fassadenaufnahme nicht geeignet. Das Laserscanning oder die Fotogrammetrie sind die Lösungen für Messaufgaben mit großer Punkteanzahl oder für kompliziert strukturierte Messobjekte (Bild 10.7 und Bild 10.8).

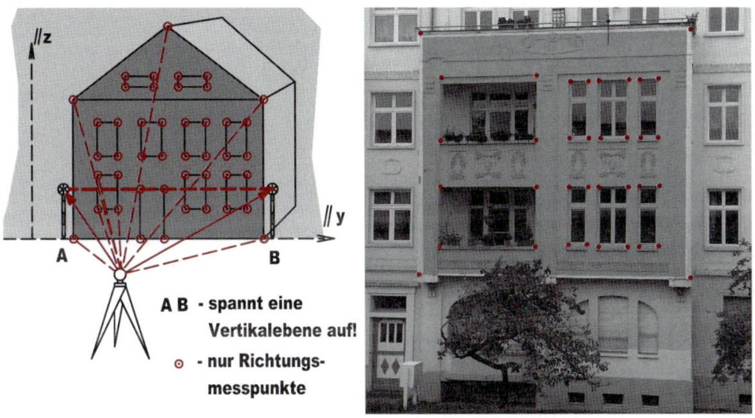

Bild 10.7 Fassadenaufnahme in einer Vertikalebene, reflektorlose Fassadenaufnahme mit diskreten Punkten

Bild 10.8 Fassadenaufnahme mittels Laserscanning (links), Fassadenaufnahme mittels Einzelbild-Fotogrammetrie (rechts)

Die *Spannmaßbestimmung* zur indirekten Bestimmung von Strecken und Höhenunterschieden wird genutzt, wenn zwischen den beiden Punkten, die das *Spannmaß* „aufspannen“, nicht direkt gemessen werden soll oder aufgrund der fehlenden direkte Sichtverbindung nicht gemessen werden kann (Bild 10.9).

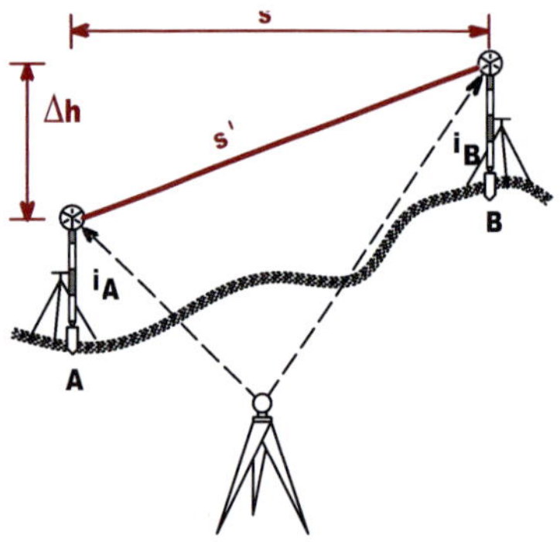

Bild 10.9 Spannmaßbestimmung

Praktische Anwendungen einer Spannmaßbestimmung können sein: die Messung von Böschungshöhen in Ufernähe, Hangmessungen, Messungen über Wasserflächen, Bestimmung von Strecken und Höhenunterschieden in hügligem oder dicht bewachsenem Gelände. Spannmaße können herangezogen werden, um polygonale Flächengrößen zu ermitteln oder Strecken von Punkt zu Punkt zu kontrollieren, z. B. nach einer Absteckung.

■ 10.2 Laserscanning

Die Messtechnik in der Geodäsie erlebt zurzeit mit dem Laserscanning nach der elektronischen Streckenmessung in den 1960er-Jahren, den elektrooptischen Tachymetern Ende der 1970er und der Satellitenmesstechnik in den 1980ern den vierten revolutionären technischen Innovationsschub innerhalb eines Berufslebens. *Laserscanning* mit oder ohne integrierter, hochauflösender Digitalkamera ist das modernste Aufnahmeverfahren zur berührungslosen Erfassung von zwei- und dreidimensionalen geometrischen Bildinformationen. Das Ergebnis ist nicht mehr ein Einzelpunkt, sondern eine dreidimensionale Punktwolke in x,y,z-Koordinaten. Der Rohdatensatz bleibt wie beim Tachymeter auf jeden Einzelpunkt bezogen die horizontale Richtung, also der Zenitwinkel und die Distanz zwischen Instrument und Messobjekt. Die Signalintensität der Reflexion kommt als nichtgeometrische Information hinzu. Das Messobjekt selbst wird bei hoher Punktdichte bereits sehr gut erkennbar. Ecken, Kanten, Mittelpunkte, die der Geodät sonst gezielt für die Messung gesucht hat, werden eher zufällig erfasst. Die Hauptarbeit beim Laserscanning (mit geschätzten über 80% je nach Auftrag) geschieht im Innendienst. Punktwolken sind im Raum zu orientieren, miteinander zu verknüpfen, zu vektorisieren (Modellierung von Linien, Flächen und Körpern), um Lagepläne, Schnitte, Ansichten und 3D-Modelle herzustellen. Scanner können handliche Formen annehmen (Bild 10.10).

Bild 10.10 Scanner: klein, leicht, mit nur einem Schalter

Bei den vermessungstechnischen Anwendungen werden das *terrestrische Laserscanning* und das von Flugzeugen getragene *Airborne Laserscanning* unterschieden. Beim terrestrischen Verfahren tastet der auf dem Stativ horizontierte Laser in einstellbaren horizontalen und vertikalen Winkelschritten vollautomatisch die Oberflächen der umgebenden Objekte in einem dichten Raster fächerförmig zwischen Zenit und bis 60° unter dem Horizont und je nach Aufgabe bis zum Vollpanorama über 360° horizontal ab und misst die Entfernung zu jedem einzelnen Punkt (Bild 10.11 links).

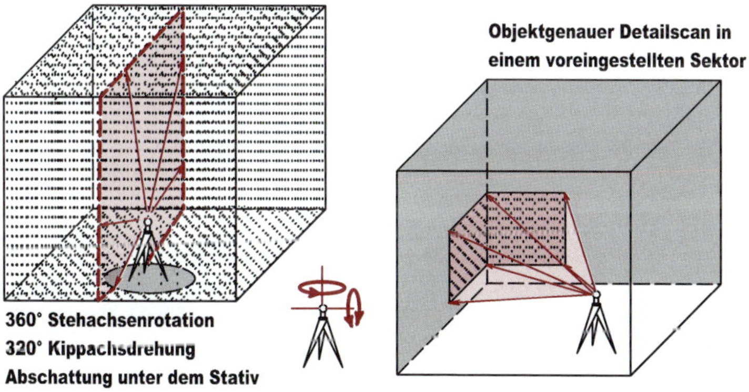

Bild 10.11 360°-Scannen eines Raumes und Sektorscanning

Neben dem vollständigen 360°-Rundumscannen eines Raumes ist sektorweises Scannen an Objekten möglich. Der Scanbereich wird optimal voreingestellt, die Datenmengen verringern sich (Bild 10.11 rechts).

Mobiles Laserscanning auf der Basis terrestrischer 2D- und 3D-Scanner kann während der Fahrt bis zu einer Geschwindigkeit von 100 km/h zur Vermessung von *Trassen*, Straßen-, Bahn-, Tunnel-, Wasserverkehrswegen und Pipelines eingesetzt werden (Bild 10.12).

Bild 10.12 Pkw-Messkomplex für mobiles Streetmapping mit drei oder vier Scannern

Drei Prinzipien der Distanzmessung sind bei Laserscannern technisch realisiert:

- Impulslaufzeitmessung
- Phasenvergleichsmessung
- Triangulation

Das 1. Prinzip ist die Laufzeitmessung von erzeugten Laserimpulsen zwischen Messinstrument und Reflexionspunkt am Messobjekt. Das 2. Prinzip ist die Auswertung der Phasendifferenzen zwischen ausgesandtem und empfangenem Signal verschiedener, einem Halbleiterlaser aufmodulierter Frequenzen wie bei Tachymetern. Das 3. Prinzip beruht darauf, dass ein ausgesandter Laserstrahl in einem bestimmten Winkel vom Messobjekt zu einer Fotozelle in genau bekannter Basisentfernung zwischen Sende- und Empfangsoptik zurückgeworfen wird. Die Änderung der Objektentfernung wird auf kurze Distanzen sehr genau bestimmbar. Das Verfahren der Triangulation mit Lasertrackern bleibt hauptsächlich der Industrievermessung vorbehalten und soll hier nicht näher erläutert werden.

Tabelle 10.1 Leistungsparameter von Laserscantechnologien (Abschätzung verschiedener Hersteller)

Messprinzip	Reichweite	Messrate/Punktausgaberate	Genauigkeit
Impulslaufzeit	bis 2000 m	200 000 Messpunkte/s	± 6 mm bei s < 100 m
Phasenvergleich	bis 350 m	2 000 000 Messpunkte/s	± 3 mm bei s < 25 m
Triangulation/ Lasertracker	1-m-Nahbereich oder bis 320 m	1000 Punktausgaben/s	± 1 µm bei s = 1 m ± 100 µm bei s = 320 m

Die Orientierung im Raum geschieht durch koordinatenmäßig bekannte Punkte wie bei den anderen Aufnahmeverfahren. Das erste Ergebnis des Scans in Kombination mit der Digitalkamera ist eine dreidimensionale Punktwolke mit Farbfotoinformationen. Den entscheidenden Aufwand nach der weitgehend automatisierten Arbeit am Messort stellen die

Datenaufbereitung, Vektorisierung, Modellierung und Präsentation der bis zu 1 Milliarden Bildpunkte mehrerer in einem Projekt zu verknüpfender Scans mit spezifischer Auswertesoftware und die Übernahme aller relevanten Daten in ein CAD-System dar. Nicht ohne Aufwand kann die Punktwolke in Vektorgeometrie umgewandelt werden. Dabei entstehen Linien, Flächen oder Volumenkörper. Die höchste Qualität kann im dritten Schritt durch die Verknüpfung der Messdaten mit 3D-Planungsmodellen oder grafisch-räumlichen Datenanalysen mit Soll-Ist-Vergleichen erreicht werden. Die große Anwendungsvielfalt des Laserscannens reicht von der topografischen Geländeaufnahme und Gebäudeaufmessung von außen und innen über die Messung unzugänglicher und komplexer Strukturen wie Tunnel, Höhlen, Rutschhänge, Industrieanlagen, Denkmäler, Messungen der Bäume des Waldes zur Holzvolumenbestimmung bis hin zu Aufmaßen von Bauteilen im Nahbereich, z. B. in der Autoindustrie, und sogar bis zum Bodyscanner in der Textil- und Schuhindustrie. Scanaufnahmen können die Basis für herkömmliche CAD-Pläne sein (Grundrisse, Ansichten, Schnitte) und der Flächen- und Volumenbestimmung dienen.

Entscheidende Vorteile des Laserscannens gegenüber den herkömmlichen Vermessungsverfahren mittels Tachymeter oder der GNSS-Technik sind:

- ein extrem hohes Arbeitstempo, viele tausend Messpunkte/Sekunde in lokalen x,y,z-Koordinaten,
- eine hohe Auflösung, 5 ... 25 mm Punktabstand je nach Voreinstellung und Messdistanz zwischen 50 ... 350 m,
- eine kurze Außendienstzeit am Messobjekt,
- die Messung feinstrukturierter, krummflächig begrenzter Objekte (z. B. Höhlen, Chemieanlagen) und
- eine Datenbasis für fotorealistische 3D-CAD-Modelle (Visualisierung und Animation).
- In Verbindung mit anderen Messsystemen sind kinematische Messungen (4D) möglich (Bahn- oder Straßentrassen).

Die Genauigkeit der Scanner und das berührungsfreie, reflektorlose Messen mit großer Reichweite sind mit Tachymetern vergleichbar.

Nachteile des Laserscannings sind:

- die hohen Anschaffungskosten der Instrumente und Software,
- der hohe Rechenaufwand im Umgang mit den großen Datenmengen und
- ein hoher Aufwand der Vektorisierung, um Linien, Flächen und Volumenbauteile zu modellieren.

Das hier beschriebene Verfahren des terrestrischen Laserscannens kann prinzipiell als eine Weiterentwicklung der elektronischen Tachymetrie angesehen werden. Das Flugzeug-gestützte Verfahren ALS wird seit 1996 angewandt für großflächige Pläne des Bodenreliefs, des Bodenbewuchses, für Geländemodelle von Hochwassergebieten, für Gletscher, für Volumenbestimmungen von Deponien, Tagebauen, für Trassenpläne von Pipelines, 3D-Stadtmodelle usw.

Die Distanzmessung beim ALS basiert auf Laufzeitmessungen zwischen ausgesandtem und nach der Reflexion am Boden empfangenem Lasersignal (Pulslaufzeit). Im Vergleich zum terrestrischen Verfahren setzen die hohen Anforderungen an die exakte Bestimmung der Position und Orientierung des schnell bewegten Messsensors im Flugzeug zusätzliche Messsysteme voraus. GNSS-Empfänger liefern die Flugzeugposition, und eine inertiale

Trägheitsplattform (Kreisel, Beschleunigungsmesser) liefert zusätzlich genaue Positionsänderungen zwischen den einzelnen GNSS-Messungen. GNSS-Daten allein würden bei einer Taktrate von einer Sekunde nur alle 70 m eine Flugzeugposition liefern. Aus der gleichzeitigen Benutzung dreier Messsysteme ergibt sich ein weiterer zusätzlicher Aufwand: die exakte Zeitsynchronisation aller Messdaten. Wenn z.B. ein Laserstrahl aus 1000 m Flughöhe bei einer Strahldivergenz von 0,2 mrad auf die Erde trifft, hat er einen Durchmesser von ca. 20 cm. Für eine Laserimpulsmessung bedeutet diese große Lichtfläche, dass durchaus mehrere Reflexionen eines Impulses registriert werden können (Blätterdach der Bäume, Äste, Erdboden).

Es sind keine Passpunkte nötig wie bei der herkömmlichen Luftbild-Fotogrammetrie, aber Orthofotos von Kontrollgebieten zur Interpretation und Kontrolle der Orientierung, da nur Einzelpunkte und keine Geländestrukturen erfasst werden. Das Ergebnis des ALS ist zunächst das Oberflächenmodell und nicht das Geländehöhenmodell. (Mit modernsten Verfahren werden Mehrwegimpulse auswertbar und damit sowohl Vegetations- und Geländeflächen modellierbar.) Eine hohe Punktdichte (1...5 m), eine Lagegenauigkeit besser als 1 m und die Höhengenauigkeit unter 1 dm bei 1 km Flughöhe sind möglich.

Die Fusion des Laserscannens mit der Fotogrammetrie („Lasergrammetrie“) kann die Vorteile der schnellen 3D-Geometrievermessung mit hoher Auflösung und Farbdatenvermessung z.B. für die Dokumentation von Kulturdenkmalen oder die Luftbildinterpretation nutzen.

Gegenwärtig nähern sich die ursprünglich völlig getrennten Messsysteme Tachymeter und Laserscanner an. Tachymeter bekommen Scanfunktionen. Auf begrenzter Fläche können in schneller Folge reflektorlos hunderte Punkte in einem vorgegebenen Raster automatisch angezielt und gemessen werden. Laserscanner lassen sich wie Tachymeter stationieren, arbeiten von vornherein mit Anschluss- und Passpunkten.

Bisher sind Laserscanner nur für verschiedene Aufnahmeverfahren vorgesehen. Theoretisch sollten sie genauso gut für Absteckungen geeignet sein. Statt Einzelpunkte werden auf Baustellen ganze Planungsräume aufgespannt.

Für Absteckungen sind bisher nur einfache Laserinstrumente auf den Baustellen im Einsatz. Sie haben nichts mit dem Laserscanning zu tun. Die Gemeinsamkeit ist nur der Laserstrahl. Es gibt die Laser„wasser“waage, um eine horizontale Linie über kurze Strecken mit niederer Genauigkeit sichtbar zu machen. Fluchtungslaser dienen dem *Laseralignement,* bei dem Bauteile in die horizontale und/oder vertikale Richtung geführt oder einfach nur Abweichungen aus der Laserstrahlrichtung ermittelt werden. Fluchtungslaser können als Neigungsmesser arbeiten (*Kanalbaulaser* mit Genauigkeiten besser als 5 mm auf 100 m Streckenlänge), um im Leitungsbau ein Gefälle vorzugeben. *Laserfluchtung* im Kreis geführt, erzeugt quasi eine Ebene. Diese *Rotationslaser* werden seit Jahrzehnten genutzt, um horizontale, vertikale oder beliebig geneigte Ebenen als Bezugsflächen für Baumaßnahmen aufzuspannen. Die Methoden kommen ohne Distanzmessung aus.

Werden Strecken und Koordinaten benötigt, leisten Tachymeter mit einer Zielverfolgung zur Steuerungen von Baumaschinen die Absteckungsarbeiten (siehe Abschnitt 12.7). Tachymeter dienen dabei immer einer Einzelpunktmessung.

Laserscanner könnten dagegen Kanten, Flächen oder ganze Räume koordinatengenau aufspannen und baubegleitend verschiedene Abläufe und Objekte führen und/oder kontrollieren.

10.3 Prüfungsaufgaben

1. Erklären Sie die tachymetrische Geländeaufnahme!
2. Vom Standpunkt des Tachymeters aus sind Richtungen zum Anschlusspunkt und zu den aufzumessenden Neupunkten und gleichzeitig die horizontalen Strecken zu den Neupunkten gemessen worden. Aus den Koordinaten des Anschluss- und Instrumentenstandpunktes und den Brechungswinkeln zu den Neupunkten sind bereits die Richtungswinkel zu den Neupunkten berechnet worden.
   a) Skizzieren/Kartieren Sie die Näherungslösung in einem selbst gewählten Maßstab! Welchen Maßstab nehmen Sie? Wie lauten die Näherungskoordinaten der Neupunkte? Schätzen Sie deren Genauigkeit ab!
   b) Berechnen Sie die Lagekoordinaten zu den drei Neupunkten 11, 12 und 13!

Gegeben: Standpunktkoordinaten $x = 5\,755\,003{,}77$ m; $y = 3\,449\,123{,}06$ m

$t_{11} = 117{,}123$ gon $t_{12} = 222{,}055$ gon $t_{13} = 309{,}432$ gon

$s_{11} = 75{,}14$ m $s_{12} = 54{,}22$ m $s_{13} = 40{,}38$ m

11 Lage- und Höhenaufnahmeverfahren

Zur Vorbereitung der Lage- und Höhenaufnahme gehören Überlegungen, die sich aus der geforderten Genauigkeit des Endergebnisses ableiten lassen. Dazu zählen die Auswahl und Kontrolle der einzusetzenden Instrumente, die Wahl der geeigneten Messtechnologie und der zugehörigen Berechnungs- und Darstellungsmethoden.

11.1 Vorüberlegungen

Für alle Lage- und Höhenmessungen, Aufnahmen und Absteckungen, Baukontroll-, Deformations- und Liegenschaftsvermessungen ist eine Kontrolle der Messergebnisse und Instrumente erforderlich oder sogar vorgeschrieben. Die Kontrolle einer Messung geschieht durch

- die Wiederholung derselben Messung: Das können zum einen Doppelmessungen wie Hin- und Rückmessung beim Nivellement oder die Hin- und Rückmessung einer Streckenbestimmung mit dem Messband sein, und zum anderen können Mehrfachmessungen notwendig oder vorgeschrieben sein, wie z. B. mehrere Vollsatzmessungen zur Winkelbestimmung.
- die Messung von ausgewählten Kontrollmaßen: Die Pythagoras-Kontrolle nach einer orthogonalen Messung ist die einfachste Möglichkeit. Die Messung von Umringsmaßen direkt am Messobjekt nach einer Polaraufnahme ist ein weiteres praktisches Beispiel.
- den Wechsel der Messanordnung: Nach einer Aufmessung oder Absteckung kann durch die Wahl eines neuen, zweiten Standpunktes eine unabhängige Messung vorgenommen werden.
- den Wechsel des Messverfahrens: Die Absteckung einer baulichen Anlage kann im Anschluss durch eine Einmessung aller abgesteckten Punkte kontrolliert und protokolliert werden.
- den Wechsel der Messinstrumente: Es kann hilfreich sein, einzelne Maße nach einer Tachymetermessung mit einem Messband zu kontrollieren.

Grundsätzlich unterliegt die Genauigkeit jedes einzelnen Messwertes folgenden Einflüssen:

- Messinstrument: Jedes Instrument arbeitet mit endlicher Genauigkeit. Die Basis der Genauigkeitsbetrachtung vor einer Messung sind die Hersteller-, Kalibrierungs- oder Justiergenauigkeit.
- Beobachter: Die Qualifikation und Erfahrung des Geodäten, Bauingenieurs oder Architekten spielen eine entscheidende Rolle bei der Auswahl und beim richtigen Einsatz der Instrumente. Das Aufstellen des Instruments, die Wahl der effektivsten Standpunkte im Gelände, die Wahl der optimalen Messmethode, die Genauigkeitsvoreinschätzung, die Bewertung der Reichweite, der Messumfang, die Witterungseinflüsse, die Kontrollverfahren, die Koordinatenanbindung, das Datenmanagement – die Datenübertragung und Datensicherung – erfordern Fachkräfte. Die Auslösung einer Messung am Instrument ist dagegen im Laufe der Jahre immer einfacher geworden. Die Gefahr, die vorher genannten Faktoren zu vernachlässigen, ist groß. Der Widerspruch aus einfacher Instrumentenhandhabung und nach wie vor komplexen Rahmenbedingungen hat bereits zu praktischen Beispielen mit fatalen Fehleinschätzungen und Auswertefehlern mit finanziell negativen Folgen geführt.
- Messvorgang: Es ist sofort einzusehen, dass die Wahl der Messtechnologie und die Anzahl der Einzelmessungen unmittelbar von Bedeutung sind. Soll nivelliert werden, um den Zentimeter einer Höhenübertragung sicher zu bekommen, oder ist die Entfernung sehr groß und man erreicht die gleiche Genauigkeit durch ein trigonometrisches Nivellement in der halben Zeit?
- Umgebung: Alle geodätischen Messungen unterliegen Umwelteinflüssen. Temperatur, Sonneneinstrahlung, Abschattung, Luftdruck, Feuchtigkeit, Schwingungen, Staub können als Störgrößen auftreten. Sie beeinflussen direkt die Instrumente oder wirken als Refraktion, Reflexion oder Sichtbehinderung zwischen Standpunkt und Zielpunkt und stören die Signalausbreitung.
- Referenzsystem: Die Genauigkeit der vorgegebenen Lage- und Höhenfestpunkte für den Anschluss der lokalen Messung ist zu berücksichtigen. Es kann sinnvoll sein, ein lokales Koordinatensystem festzulegen. Die Ergebnisse von Transformationen führen zu veränderten Genauigkeitsmaßen. Reduzierte amtliche Koordinaten sind von Maßen im Gelände zu unterscheiden.
- Messobjekt: Viele Messobjekte sind nicht millimeter- oder zentimetergenau. Es ist nicht sinnvoll, Maße an Landstraßen oder die Höhe einer Halde millimetergenau anzugeben oder die Lage einer alten Eiche in Zentimetern zu beschreiben. Die Anzielbarkeit, Rauigkeit, das Material, die Größe und Verformung können eine Rolle spielen.

Vor und nach den Messungen sind grundsätzlich Genauigkeitsüberlegungen anzustellen. Instrumente können geprüft, justiert, kalibriert oder geeicht werden.

Prüfen heißt: feststellen, ob das Instrument den Anforderungen genügt, die der Hersteller verspricht. Wird die angegebene *Messgenauigkeit* tatsächlich erreicht und ist das Instrument für die Lösung der anstehenden Messaufgabe geeignet?

Justieren heißt: mechanisches oder softwaremäßiges Eingreifen nach dem Prüfen, um Abweichungen von einem Sollwert zu minimieren. Justieren ist dem Fachmann vorbehalten.

Kalibrieren bedeutet: das Messen und Vergleichen in Bezug auf einen tatsächlichen Sollwert bzw. auf ein höherwertiges Maß. Messbänder zum Beispiel können nicht justiert werden. Sie bekommen nach dem Vergleich mit einer genaueren Sollstrecke unter bestimmten Umgebungsbedingungen – wie 50 N Zugspannung und einer Temperatur von 20 °C – Korrekturwerte, Maßstabsfaktoren, die unter den jeweils folgenden Messbedingungen an jede einzelne Messung anzubringen sind.

Eichen bedeutet: das Justieren oder Kalibrieren nach dem Eichgesetz im Rahmen des gesetzlichen Messwesens durch die Physikalisch-Technische Bundesanstalt in Braunschweig (PTB) oder die Eichämter.

Die *Aufnahme* ist vor der Absteckung und Überwachung das erste der drei grundlegenden Aufgabenfelder der angewandten Geodäsie im Umfeld der Errichtung baulicher Anlagen. Das Ergebnis der Aufnahme der örtlichen Situation durch Messungen sind Koordinatenverzeichnisse, Pläne und Karten.

Grundlegende *Aufnahmeverfahren* sind das Einbindeverfahren, Orthogonalverfahren und das Polarverfahren. Die Möglichkeiten der Aufnahme sind durch die Kombination der Verfahren und modernste Instrumententechnik wesentlich vielfältiger. Zu den Instrumenten und Verfahren zählen elektronische Tachymeter, GNSS-Instrumente, Laserscanner und die terrestrische und Luftbildfotogrammetrie. Spezielle Aufnahmeverfahren für Trassen sind Längs- und Querprofilaufnahmen bis hin zu mobilen Verfahren, wie z.B das *Mobile Mapping*.

Die Anfangsüberlegungen zur Wahl des Aufnahmeverfahrens sind noch zwingender als bei den bereits in Kapitel 5 aufgeführten Berechnungsverfahren. Die Aufnahmeverfahren sind an eine konkrete Aufgabe mit spezifischer Grundstücks-, Gebäude- oder Baustellensituation gebunden. Bebauung, Bewuchs, Geländeformen, Gefahrensituationen behindern den Zugang oder gegenseitige Sichtverbindungen für Vermessungsarbeiten. Zeitdruck mit kurzen Zeitfenstern bei der Messung an Industrieanlagen ist ein weiterer nicht zu unterschätzender Faktor der Vermessungsplanung. Es gibt viele mögliche verfahrens- und instrumententechnische Konfigurationen für ein und denselben Messauftrag. Die Entscheidung fällt vor Ort bei der vorangegangenen Ortsbesichtigung und unter Beachtung der Genauigkeitsanforderungen und des Zeit- und Kostenrahmens.

11.2 Einbindeverfahren

Das *Einbindeverfahren* dient der lagemäßigen Aufmessung von Punkten in einem aus Dreiecken aufgebauten Rahmen von *Messungslinien* (Bild 11.1 links). Grundstücksgrenzen, Hof, Häuserfronten, Straßen können dieser Rahmen sein. Das Einbindeverfahren wird heute nur noch selten angewandt, z.B. bei lokalen Ergänzungsmessungen auf kleinen Flächen mit geringer Punkteanzahl. Die Eckpunkte dieses Rahmens können in das Landeskoordinatensystem eingebunden sein oder ein eigenes lokales Koordinatensystem aufspannen. Die einzelnen Detailpunkte werden allein mittels Messbandmessung so in die Linien eingebunden, dass die anschließende Darstellung in großmaßstäbigen Karten oder Plänen eindeutig möglich ist. Messbandmaße (als kleines Rechteck dargestellt) des Umrings und Streben kontrollieren die Aufmessung des dargestellten Grundstücks mit Haus.

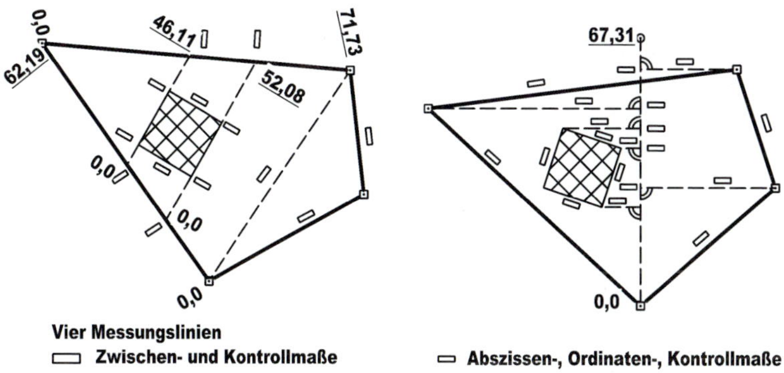

Bild 11.1 Einbindeverfahren (links) und Orthogonalverfahren (rechts)

■ 11.3 Orthogonalaufnahme

Das *Orthogonalverfahren* (Bild 11.1 rechts) dient der lagemäßigen Aufmessung von Punkten in Bezug zu einer Messungslinie - der *Abszisse.* Das Verfahren wird heute wie das Einbindeverfahren selten und nur bei kleinräumigen Ergänzungsmessungen geringer Punktanzahl angewandt. Die Bezugslinie (Abszissenachse) kann frei gewählt oder an einer Wege- oder Straßenkante durch Anfangs- und Endpunkt festgelegt werden. Alle aufzunehmenden Detailpunkte werden mittels Rechtwinkelinstrument (z. B. Doppelpentagon) durch Fällen von Loten auf die Abszisse unabhängig voneinander bestimmt. Die Längen der Lotlinien - die *Ordinaten* - und die Lotfußpunkte auf der Abszisse sind anschließend durch die Distanzmessung zu ermitteln. Nachteil des Verfahrens ist, dass nur bei geringer Geländeneigung optimal gemessen und nur bei kleiner Ordinatenlänge bis 30 m eine Lagegenauigkeit besser als 3 cm erreicht werden kann. Die Kontrollmessungen einzelner Hypotenusen können vor Ort durch den Satz des Pythagoras überprüft werden (Bild 11.2). Ein Vorteil des Verfahrens ist, dass die Abszissen- und Ordinatenmaße der Punkte bei der Berechnung, Planbearbeitung oder Flächenbestimmung sofort als lokales *x,y*-Koordinatensystem verstanden werden können.

Beide Verfahren, das Einbinde- und das Orthogonalverfahren, sind kombiniert anwendbar.

Neben dem gebräuchlichen Doppelpentagon sind der historische Winkelspiegel und das klassische Dreiseitprisma aufgrund ihrer Kleinheit und Einfachheit interessante Instrumente niederer Genauigkeit zum Fällen von Loten oder Errichten von Senkrechten (Bild 11.2).

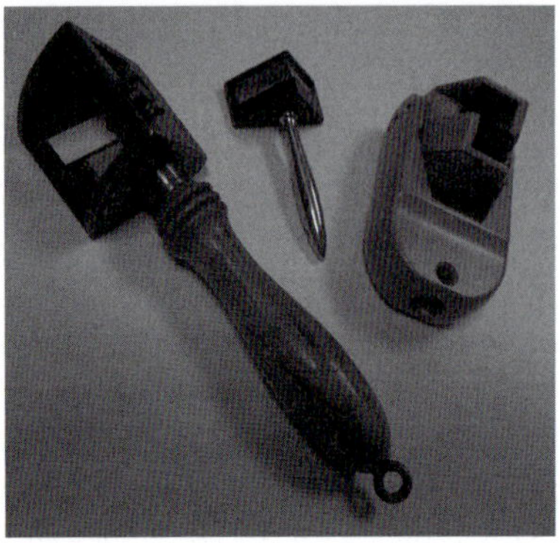

Bild 11.2 Klassische Rechtwinkelinstrumente, von links: Winkelspiegel, Dreiseitprisma, Doppelpentagon

Bei dem *Doppelpentagon* handelt es sich um zwei übereinandergeklebte Fünfseitprismen, die je einen rechten Winkel erzeugen. Die einfache Handhabung gestattet in Verbindung mit einem Schnurlot oder *Lotstab* das selbstständige Einfluchten in eine Messungslinie, das Fällen von Loten auf die Messungslinie oder das Errichten von Senkrechten von der Messungslinie aus (Bild 11.3).

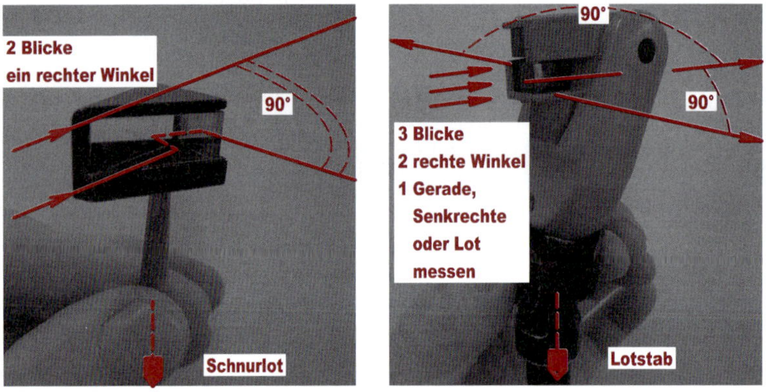

Bild 11.3 Anwendung des Winkelprismas (links) und des Doppelpentagons (rechts)

Das Einsatzgebiet für das Doppelpentagon mit einer Genauigkeit von 2…3 cm auf eine Lotlänge von 30 m bleibt begrenzt.

11.4 Polaraufnahme

Die *Polaraufnahme* ist die klassische Anwendung des *Polarverfahrens*. Polare Absteckung, polares Anhängen, tachymetrische Geländeaufnahme und Einschneideverfahren sind weitere Polarverfahren (Bild 11.4).

Die Polaraufnahme mittels Theodolit und Messband, mit Theodolit und elektronischem Entfernungsmesser oder gleich mit einem Tachymeter (Abschnitt 11.5) dient der Lageaufnahme von Punkten von einem koordinatenmäßig bekannten Standpunkt aus. Ein zweiter bekannter Punkt wird als *Anschlussrichtung* benötigt. Die gegebenen Koordinaten des Instrumentenstandpunktes und des Anschlusspunktes und der aus ihren Koordinaten berechnete Richtungswinkel sowie die gemessenen Strecken und Richtungen zu den Detailpunkten führen zur Bestimmung der Koordinaten der neuen Punkte. Über diese Koordinaten werden die Punkte in den Lageplan eingetragen und die zugehörigen Objekte wie Gebäude, Straßen, Bäume usw. konstruiert. Zur Kontrolle werden vom nächsten Instrumentenstandpunkt aus ein oder zwei identische Punkte erneut gemessen. Das Polarverfahren ist schneller, genauer, mit großer Reichweite flexibler als Einbinde- und Orthogonalverfahren und bindet im Allgemeinen die Messungen sofort in vorhandene Koordinatensysteme ein. Außer den Lagekoordinaten können zusätzlich trigonometrisch Höhen der Punkte bestimmt werden.

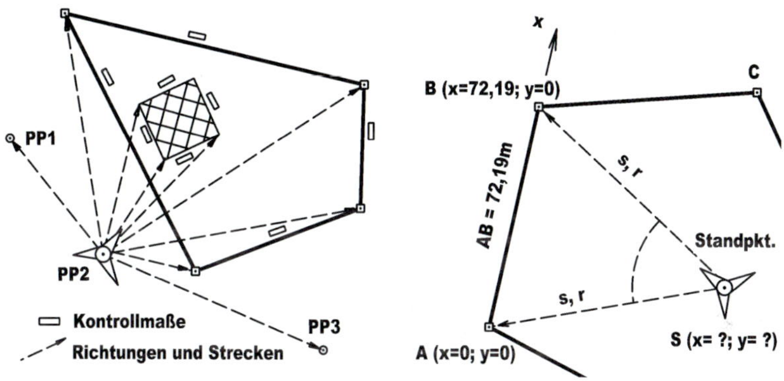

Bild 11.4 Polarverfahren (links) und „Freie Standpunktwahl" (rechts)

Der ingenieurgeodätische Alltag in der Vorbereitung der Planung baulicher Anlagen wird von der tachymetrischen Geländeaufnahme dominiert. Bevor der Ablauf einer tachymetrischen Geländeaufnahme erläutert wird, muss das Verfahren der „Freien Standpunktwahl" erklärt werden.

■ 11.5 Freie Standpunktwahl

Die „Freie Standpunktwahl" (Bild 11.4 rechts) ist entgegen der Kapitelüberschrift kein Aufnahmeverfahren, und es sollte dafür nicht der Begriff „Freie Stationierung" benutzt werden, da der Begriff der „Stationierung" vorrangig im Aufgabengebiet der Trassierungen gebraucht wird.

Die *Freie Standpunktwahl* ist eine Methode zur Bestimmung der Standpunktkoordinaten des Messinstruments (des Tachymeters) vor dem eigentlichen Verfahren der Aufnahme des Geländes oder vor der Lösung anderer Messaufgaben, z. B. der Absteckung, wie wir im Kapitel 12 sehen werden. Mindestens zwei koordinatenmäßig bekannte Punkte (Trigonometrische Punkte *TP*, Aufnahmepunkte *AP*, Polygonpunkte *PP*, Grenzpunkte *GP*, Hausecken) müssen als Raumbezug zum Anschluss der Messung gegeben sein. Mehr als zwei Punkte liefern eine Kontrolle der Anschlussmessung und eine Genauigkeitssteigerung bei der Bestimmung der Standpunktkoordinaten.

Der erste Arbeitsschritt beim Verfahren der Freien Standpunktwahl ist die freie Wahl des Standpunktes für das Instrument. Dabei ist die Sichtverbindung zu den Anschlusspunkten und zu den folgenden Messobjekten zu gewährleisten. Gegenüber allen bisher genannten Verfahren wird das höchste Maß an Flexibilität der Messanordnung erreicht. Sichtbehinderungen durch Bewuchs, Bebauung oder Baustelleneinrichtungen kann ausgewichen werden.

Distanzen *s* und Richtungen *r* zu zwei bekannten Punkten *A* und *B* sind zu messen. Praktisch genügen die Distanzen für die eindeutige Berechnung des Instrumentenstandpunktes. Die Richtungsmessung dient erstens zur Kontrolle des Anschlusses, und zweitens ist das Tachymeter mit der gerade gegebenen Bezugsrichtung im Koordinatensystem der beiden Anschlusspunkte orientiert und sofort arbeitsbereit für die Messaufgaben der tachymetrischen Geländeaufnahme oder Absteckung im System der beiden Anschlusspunkte. Sind für die Anschlusspunkte keine Landeskoordinaten gegeben, können zwei Punkte z.B. *A* und *B* mit einer bekannten Strecke *s* von z.B. $s = 72{,}19$ m sofort ein lokales Koordinatensystem mit *AB* als *x*-Achse aufspannen. Genauso können der Standpunkt *S* und die erste gemessene Richtung zum Punkt *A* die lokale *x*-Achse definieren (Bild 11.4). Der zweite Fall hat den Vorteil, dass der gemessene Winkel zwischen *A* und *B* sofort als Richtungswinkel in die Berechnung eingeführt werden kann. Insofern für *A* und *B* übergeordnete, z.B. amtliche Koordinaten vorliegen, können anschließend die Standpunktkoordinaten durch eine Transformation in das übergeordnete System überführt werden, um die folgenden Messungen sofort in dem Koordinatensystem auszuführen.

Gegeben: $s_{AB} = 72{,}19$ m bzw. $A(x; y)$ und $B(x; y)$ (und evtl. weitere Punkte)

Gesucht: $S(x; y)$

Gemessen: Strecken *s*, Richtungen *r* zu den Punkten *A* und *B*

Zu berechnen: Richtungswinkel und Strecke oder Bogenschnitt oder Transformation (bei mehreren Anschlusspunkten)

11.6 Tachymetrische Geländeaufnahme

Die tachymetrische Geländeaufnahme als wichtige Anwendung der Tachymetrie ist ein Polarverfahren. Mit der Integration der elektrooptischen Entfernungsmessung in Theodolite entstanden elektronische Tachymeter. Sie ersetzten Theodolit und Messband und verdrängten Orthogonal- und Einbindeverfahren.

Vom Instrumentenstandpunkt aus werden in Bezug zu einem oder mehreren koordinatenmäßig bekannten Festpunkten horizontale und vertikale Richtungen sowie die Distanzen gemessen (siehe Kapitel 10) oder der Instrumentenstandpunkt über eine Freie Standpunktwahl ermittelt. Anschließend beginnen die Messungen zu den einzelnen Objektpunkten des Geländes. Endprodukte einer tachymetrischen Geländeaufnahme sind Lage- und Höhenpläne in digitaler oder analoger Form bzw. digitale Geländemodelle als Geobasisdaten für Geoinformationssysteme (GIS).

Die Vorteile der Polaraufnahme mit dem Tachymeter gegenüber Einbinde- oder Orthogonalverfahren sind:

- eine hohe Reichweite bis 5 km, nur durch Sichthindernisse begrenzt,
- eine gleichzeitige Lage- und Höhenmessung,
- die freie Wahl des Instrumentenstandpunktes, optimal entsprechend der Geländesituation,
- eine relative Unabhängigkeit vom Gelände und von Höhenunterschieden,
- eine hohe Genauigkeit < 1 cm und
- die Wirtschaftlichkeit durch Automatisierung, Messung unzugänglicher Punkte, Datenspeicherung, elektronischer und funktechnischer Datenfluss, Arbeit im amtlichen Koordinatensystem, Berechnungs-, Justier- und Kontrollprogramme, fotografische Dokumentation bis hin zur sofortigen Visualisierung in Plänen am Monitor des Tachymeter-Bedienfeldes.

Nachteile der Tachymeter sind nur der hohe Instrumentenpreis, die nötige Einarbeitungszeit und die Abhängigkeit von der Akku-Stromversorgung.

Tachymeter sind zum Zentrieren und Horizontieren mit optischen Loten oder Laserloten mit oder ohne zusätzliche Kamera ausgestattet. Im Unterschied zum Arbeiten mit dem Schnurlot sind zum Aufbau des Instruments über dem Messpunkt vier Arbeitsschritte nötig (siehe Kapitel 7).

Der allgemeine Arbeitsablauf der tachymetrischen Geländeaufnahme kann in einen 10-Punkte-Plan sortiert werden:

1. Vorbereitung der Instrumente, Beschaffung der Anschlusspunkte und -höhen (Lageskizzen, Koordinaten), Mitführen der Übersicht über bereits gemessene Geländeabschnitte, Überlegungen zur nötigen Detailgenauigkeit der Aufnahme entsprechend dem zu liefernden Planmaßstab anstellen
2. Geländeerkundung, Aufsuchen der Anschlusspunkte, Festlegen der Instrumentenstandpunkte
3. Tachymeter aufbauen, zentrieren (nicht nötig bei Freier Standpunktwahl) und horizontieren
4. Anschlussmessung zu Anschlusspunkten (evtl. Freie Standpunktwahl)
5. Instrumentenhöhe messen, Reflektorhöhe dementsprechend einstellen
6. Feldriss (Skizze) über alle zu messenden Objekte beginnen (händisch per Bleistift oder im elektronischen *Feldbuch*). Das Feldbuch ist mehr als nur die Skizze. Im Feldbuch sind alle im Felde vorgenommenen Aufzeichnungen enthalten – Skizzen, Messungslinien, Maße, Messwertetabellen, Flächenbeschriftungen bis hin zu Namen, Datum, Haus-, Flurstücks-, Objektnummern, Straßennamen, Nordpfeil, Wetterbedingungen
7. Objektpunkte direkt anzielen (wenn reflektorlos gemessen werden kann oder muss) oder das Prisma auf dem Tachymeterstab über oder neben dem Objektpunkt anzielen, messen, registrieren, mit Nummer versehen und mit der Nummer im Feldriss abgleichen
8. Ergänzungsmessungen ausführen (mit Messband oder LaserDisto die vom Instrument aus nicht einsehbaren Punkte messen)
9. Kontrollmessungen vornehmen (Umringsmaße der Gebäude direkt messen, Spann- und Diagonalmaße zur Pythagoras-Kontrolle rechnen und messen)

10. Am Schluss der Messung die Nullrichtung prüfen bzw. Anschlusspunkte durch Aufmessung überprüfen; anschließend den neuen, nächstfolgenden Standpunkt messen, mit dem Instrument dorthin wechseln und dem beschriebenen Workflow ab Punkt 3. wiederholt folgen

Im Innendienst am Bildschirmarbeitsplatz geschieht die *Kartierung*. Aus Punkten der Liegenschaften und Landschaften werden Koordinaten mit Symbolen und anschließend maßstäbliche Pläne, Karten oder Geländemodelle erzeugt. Alle Flächen sind zu beschriften oder mit Symbolen, Schraffuren oder Farben zu kennzeichnen.

Welche Pläne und Karten können im Bau- und Vermessungswesen in welchen Maßstäben vorkommen? Beispiele für einen *Plan* sind in Tabelle 11.1 aufgeführt.

Tabelle 11.1 Beispiele für Pläne

Plan	Maßstab	Anwendung
Detailpläne	1:20	Bauteile, Verbundknoten
Pläne der Ausführungsplanung	1:50	Grundrisse, Schnitte, Schalpläne
Pläne der Genehmigungsplanung	1:100	Wasserver- und -entsorgung
Amtliche Lagepläne	1:200; 1:250; 1:500	Bauvorlagen
Bestandspläne	1:500	Leitungen aller Art, Flächenversiegelungen
B-Pläne; VE-Pläne, Flächennutzungspläne	1:500; 1:1000; 1:2000; 1:10 000	Bauvorplanungen
Übersichtspläne	1:2000 bis 1:10 000	Stadt- und Regionalentwicklung
Entwicklungspläne	bis 1:100 000	Landschaften, Landkreise

Eine *Karte* ist eine maßstäblich verkleinerte, verebnete und durch Kartenzeichen und Schrift erläuterte Abbildung eines Teils der Erdoberfläche. Grundsätzlich werden Inselkarten ohne Nachbarschaftsdarstellung und ohne amtlichen Lagebezug und Rahmenkarten mit Blattschnitt, Kartennetz und Rahmen im amtlichen Bezugssystem unterschieden (Tabelle 11.2).

Tabelle 11.2 Beispiele für Rahmenkarten im amtlichen Bezugssystem

Karte	Maßstab	Bezeichnung
Deutsche Grundkarte der Vermessungs- und Katasterämter	1:5000	DGK
Topograpfische Karte	1:10 000	TK 10
Luftbildkarte	1:10 000	TK 10L
Topografische Karte	1:25 000	TK 25
Topografische Karte	1:50 000	TK 50
Topografische Karte	1:100 000	TK 100
Topografische Übersichtskarte	1:200 000	TÜK 200
Übersichtskarte	1:500 000	ÜK 500
Internationale Weltkarte	1:1 000 000	IWK

Sonstige und abgeleitete Karten sind: Seekarten, geologische Karten, Bodenrichtwertkarten, Katasterkarten, Verkehrswegekarten, Stadtkarten, Wanderkarten, Leitungskarten, bathymetrische Karten, Immissionskarten, thematische Karten etc.

Aus Karten, die Isohypsen (Linien gleicher Geländehöhe) enthalten, können neben der Höhe weitere Informationen abgeleitet werden. Wo verläuft von *A* aus der Weg mit gleicher Steigung zum Gipfel *B*? Welcher Weg führt mit dem größten Gefälle von *B* aus ins Tal (Bild 11.5)?

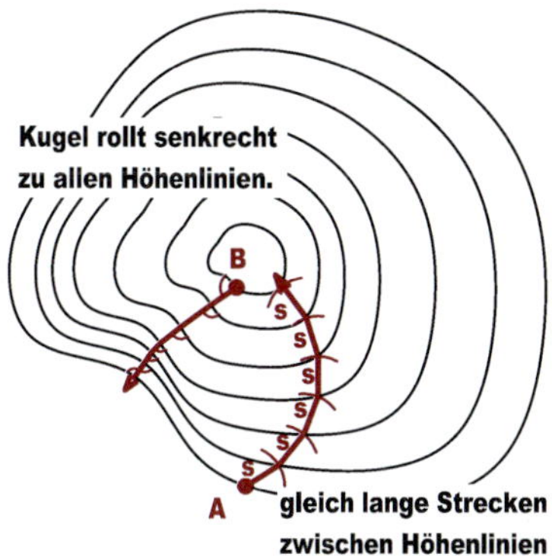

Bild 11.5 Isohypsen (Höhenlinien) in Karten

11.7 Terrestrisches Laserscanning

Das terrestrische Laserscanning zählt zu den Aufnahmeverfahren. Die Grundlagen des Laserscannings sind bereits im Kapitel 10 erläutert worden.

Praktisch bedeutet Laserscanning viel weniger Arbeit im Gelände an den Messobjekten. Mit den riesigen Punktwolken holt man sich das Gelände an den PC-Arbeitsplatz. Im Innendienst beginnt die eigentliche Vermessungsarbeit mit der ersten Bearbeitung der Punktwolken meist mit der Software der Scannerhersteller. Anschließend werden die Daten in CAD-Programmen verarbeitet. Gigabyte-große Dateien sind zu handhaben. Nicht benötigte Objektbereiche sind auszuschneiden. Durch die Vektorisierung sind Punktwolken in Linien, Flächen, Bauteile und Topografie umzuwandeln, bevor die bekannte Innendienstarbeit zur Darstellung der Objekte in Plänen, Schnitten, Ansichten, Koordinatenverzeichnissen mit Flächen- und Volumenberechnungen beginnen kann. Die vom Scanner aufgenommenen Fotos können für die Plangestaltung die Farben der Objekte liefern. Im Allgemeinen liefern Messungen mit Scannern in zwei aufeinanderfolgenden Arbeitsschritten nach der 3D-Punktwolke eine Panoramafotografie über den gesamten Scanbereich.

11.8 Sonstige 3D-Aufnahmeverfahren

Die Entstehung eines 3D-Geländmodells mit Isohypsen (Höhenlinien) ist am Beispiel einer historisch zu nennenden Messmethode mit der Nivellierausrüstung, dem Messband und Fluchtstangen sehr anschaulich darstellbar (Bild 11.6).

Ein offenes Gelände soll zum Spiel- und Sportplatz umgestaltet werden. Die vorhandene Geländesituation ist aufzumessen. Je nach Größe und Unebenheit der Fläche wird ein Netz mit z.B. 10 Meter × 10 Meter Maschenweite darübergelegt (Bild 11.6 rechts). Die Linienendpunkte werden mit Fluchtstangen markiert, alle Netzschnittpunkte nivelliert (Bild 11.6 links unten). Zwischen den Höhenpunkten werden runde Höhen für 1-Meter-Linien oder 1-Dezimeter-Linien interpoliert und verbunden. Fertig ist der Höhenschichtenplan.

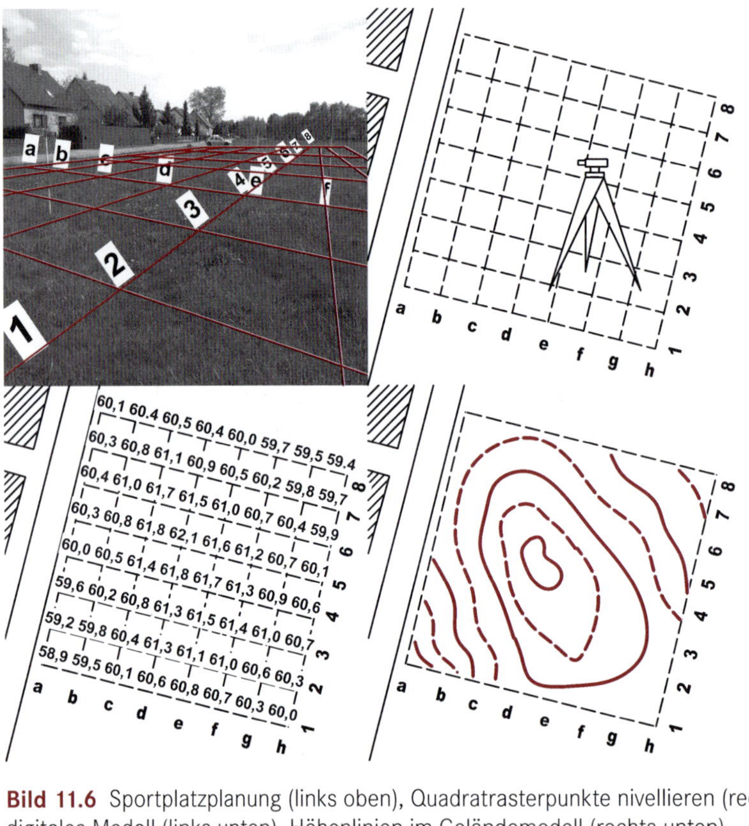

Bild 11.6 Sportplatzplanung (links oben), Quadratrasterpunkte nivellieren (rechts oben), digitales Modell (links unten), Höhenlinien im Geländemodell (rechts unten)

Dreidimensionale Aufnahmeverfahren gestatten die quasi gleichzeitige Bestimmung von Lagekoordinaten und Höhen der Gelände- oder Objektpunkte. Die beschriebene tachymetrische Geländeaufnahme und das Laserscanning sind die vorherrschenden Technologien.

Neben der oben erläuterten Quadratrastermethode sollen folgende Verfahren dennoch kurz beschrieben werden:

Nivelliertachymetrie

Ist ein Nivellier zusätzlich mit einem Horizontalkreis ausgestattet, ist mit ihm die Nivelliertachymetrie möglich. Aus der Sicht des Technikeinsatzes preiswert, ist es in der Genauigkeit nur bis zum Dezimeter geeignet. Das Verfahren bringt bei geringer Messpunktanzahl in relativ flachem Gelände ausreichend Messdaten zur Ergänzung großmaßstäbiger Karten. Je Punkt sind vier Messungen - vier Ablesungen - vorzunehmen. An den beiden Reichenbach'schen Distanzstrichen der Nivellierstrichplatte werden oben und unten die Anzielungen der Nivellierlatte millimetergenau abgelesen. Die Differenz multipliziert mit 100 ergibt die dezimetergenaue Strecke. Am mittleren Horizontalstrich wird der Vorblick für den Höhenunterschied und am Horizontalkreis des Nivelliers die 0,1-gon-genaue Richtung zur Nivellierlatte bzw. zum Geländepunkt abgelesen.

Längsprofilaufnahme und *Querprofilaufnahme*

Für Geländemodellierungen, Massenermittlungen, Massenausgleich und Planung von lang gestreckten Objekten wie Straßen, Gleisanlagen, Leitungstrassen, Grabensystemen genügt es meist, in ausgewählten Abständen mit Achspunktabständen von 10 m, 20 m, 50 m oder 100 m das Gelände in Querprofilen mit Ausdehnungen von rund 5 m, 10 m oder 20 m links und rechts der Trasse aufzumessen. Die fortlaufende Bemaßung der Trassenachse ist die *Stationierung*. Die Stationierung erfolgt bei langen Trassen als *Kilometrierung* (...1 + 200; 1 + 250; 1 + 300; ...), sonst meist als *Hektometrierung* (...3 + 10; 3 + 20; 3 + 30; ...) in Meterangaben (Bild 11.7).

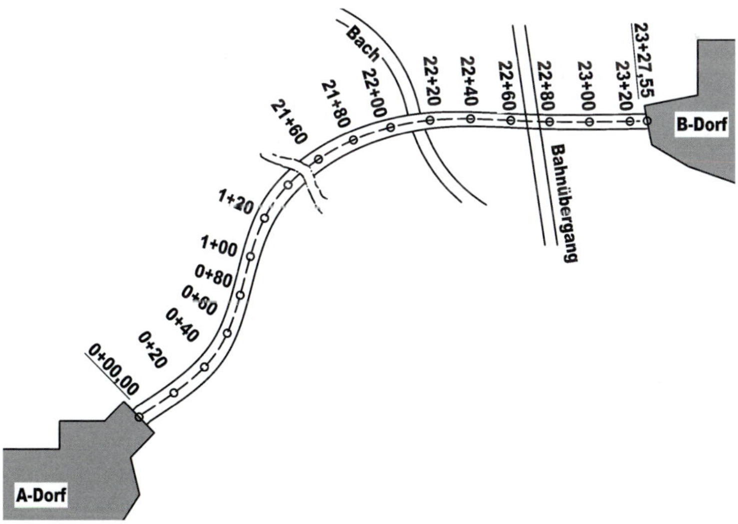

Bild 11.7 Lage der Längs- und Querprofile mit Stationierung (Hektometrierung)

In der Trassenachse wird der Geländeschnitt für das *Längsprofil* abgebildet (Bild 11.8).

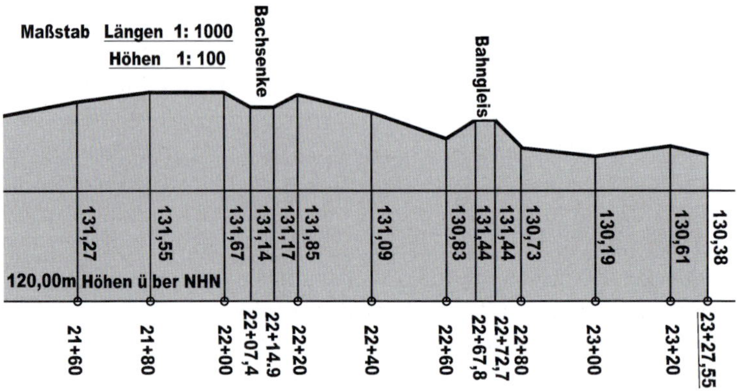

Bild 11.8 Längsprofil

Querprofile sind Geländeschnitte senkrecht zur Trassenrichtung (Bild 11.9). Sie bilden die Geländeneigungen in der vom Projekt abhängigen Breite links und rechts der Trassenachse ab. Vor Jahrzehnten wurde mit Nivellier und Messband, heute mit elektronischem Tachymeter und/oder GNSS-Technik gearbeitet.

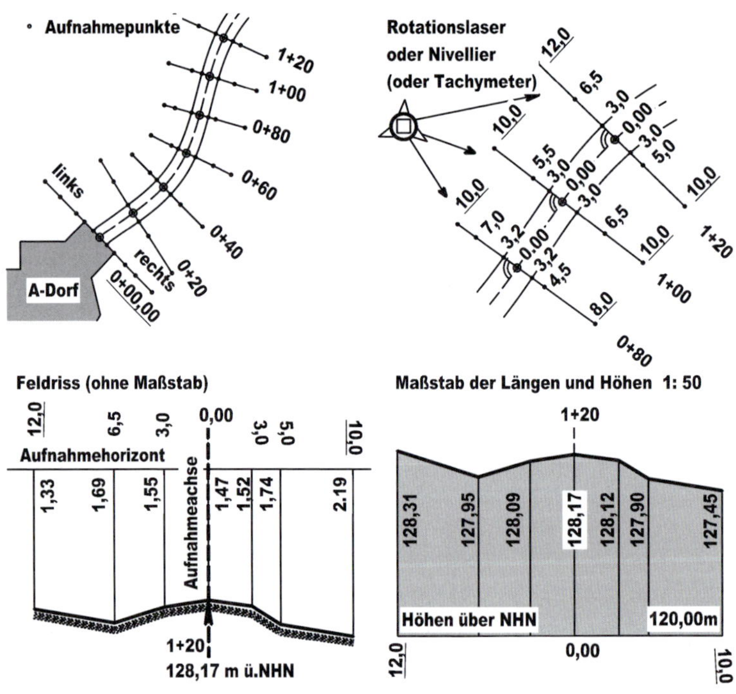

Bild 11.9 Querprofile (Grundriss), Querprofilaufnahme (rechts oben), Feldriss (links unten) und Endergebnis im Maßstab (rechts unten)

Fotogrammetrische Geländeaufnahme/Stereofotogrammetrie

Fotogrammetrische Verfahren basieren auf fotografisch erzeugten Abbildungen, um Lage, Größe und Form von Objekten zu bestimmen. Fotos enthalten die höchste Informationsdichte zur Geometrie und liefern zusätzliche Informationen wie Farbe und Helligkeit von Objekten. Die Datenerfassung geschieht durch das Foto vor Ort. Die Auswertung und Bestimmung der gesuchten Objektmerkmale erfolgt getrennt im nächsten Arbeitsschritt im Innendienst. Um genaue Geometrieinformationen zu bekommen, müssen die Abbildungsvorschrift der Kamera und deren Orientierung zum Messobjekt genau bekannt sein. Älteste Anwendungen wie Architekturfotogrammetrie, Dokumentationen zur Denkmalpflege und Bauaufnahme gibt es seit den Anfängen der Fotografie. Bei der Stereofotogrammetrie wird aus jeweils zwei Bildern eines Objektes mit den Koordinaten bekannter Passpunkte in den Bildern und mit den Koordinaten der Aufnahmestandpunkte ein 3D-Modell des Aufnahmeobjektes berechnet. Aus fortlaufenden Luftbildaufnahmen der Erdoberfläche mit hohem (60 % bis 80 %) Überdeckungsgrad benachbarter Bilder und mit bekannten, in den Bildern gut sichtbaren Passpunkten des Geländes entstehen Karten, Pläne oder dreidimensionale Geländemodelle im Genauigkeitsbereich weniger Zentimeter.

Vorteile der Fotogrammetrie sind:

- berührungslose Vermessung
- Messen komplexer Objekte im Sekundenbruchteil (auch aus der Bewegung)
- Fotos als sofort fertige Zwischenprodukte
- beliebige zeitliche Trennung von Aufnahme und Auswertung
- universelle Anwendbarkeit
- relativ preiswertes Verfahren
- neue Möglichkeiten mit der Entwicklung der UAV (Drohnen) als Messplattform

Lasertracker

Grundlage des Verfahrens ist die Laserinterferometrie. Der Lasertracker folgt mit bis zu 1000 Messungen pro Sekunde ständig einem beweglichen Reflexionsprisma. Horizontal- und Vertikalwinkel werden ebenfalls elektronisch bestimmt. Die Genauigkeit der Interferenzmessung liegt im Bereich einiger Mikrometer. Raumkoordinaten werden auf 10 ppm genau bestimmt (0,05 mm/5 m). Lasertracker sind vorrangig in der Nahbereichsvermessung bis 30 m im Maschinen- und Fahrzeugbau in Verbindung mit einer Hochgeschwindigkeits-Messkamera und einem Triangulations-Handscanner im Einsatz, um hochgenaue Messungen an gekrümmten und zum Teil der direkten Sichtverbindung entzogenen Flächen vorzunehmen. Sie dienen nicht der herkömmlichen Geländeaufnahme.

GNSS-Messungen

Das Global Navigation Satellite System auf der Basis von Pseudoentfernungsmessungen zu bekannten Satellitenpositionen ermöglicht bei einer Differenzmessung zwischen einem Empfänger auf einem geodätisch bekannten Punkt und dem Empfänger auf dem neu zu bestimmenden Punkt je nach Messdauer, Messanordnung und Auswerteverfahren sichere zentimetergenaue 3D-Daten. GNSS sind GPS (USA), GLONASS (Russland), GALILEO (Europa) und BeiDou (China). Bei kurzen *Basislinien* von wenigen Kilometern zwischen dem Referenzempfänger und dem zweiten Empfänger, dem sogenannten *Rover* am Neupunkt, sind beim statischen Verfahren mit Datenfunk der Korrekturdaten oder im Post Processing Millimetergenauigkeiten erreichbar.

3D-Kamera

Ein interessanter technischer Entwicklungsschritt nach elektronischen Tachymetern und neben den Laserscannern war die 3D-Kamera, bei der über jedes Bildpixel eine Entfernungsbestimmung erfolgt. Entfernungsbestimmung und Digitalkamera bilden eine technische Einheit. 2007 wurde die CSEM Swissranger SR 3000 als Prototyp mit folgenden Leistungsparametern getestet: 176 × 144 Pixel, 7,5 m Reichweite, 5...25 mm Genauigkeit, 50-Hz-Bildrate. Laserscanner setzten sich jedoch gegenüber der 3D-Kamera durch.

Die meisten geodätischen Aufnahmeverfahren liefern keine 3D-Daten, sondern nur (2 + 1)-D-Daten oder 2,5D-Daten. 3D heißt, dass flächendeckend alle Punkte des Geländes x,y,z-Koordinaten besitzen. Herkömmliche Lagepläne z.B. für Bauvorlagen dagegen bilden meist (2 + 1)D ab. Einzelne Objekte, z.B. Hausecken, Baufeldgrenzen, Straßenpunkte, Grenzpunkte und Schachtdeckel sind mit dem Attribut einer Höhe versehen. 2,5D bedeutet, dass nur jeder gemessene Objektpunkt eine Höhenkoordinate z besitzt, aber alle Flächen des Geländes zwischen den Häusern, Schächten und Bäumen keine gesonderte Höhe besitzen. Geländeneigungen, Unebenheiten, Senken, Böschungen sind nicht darstellbar. Geländemodelle aus 2,5D-Messungen sind meist nicht für 3D-Auswertungen wie Volumen und Massenbestimmungen geeignet.

4D-Messverfahren und Anwender- bzw. Produktlösungen mit Raum- und Zeitänderungen sollen hier als Spezialanwendungen genannt sein. Unter 4D-Messverfahren werden meist kinematische 3D-Messungen verstanden. Messanwendungen sind kombinierte Verfahren aus GNSS, Scanner, Digitalfotogrammetrie, Videoaufzeichnungen, Inertial- und Geschwindigkeitsmesssystemen. Kinematische 3D-Aufnahmeverfahren werden angewandt für Bahn- oder Straßentrassen von einem fahrenden mit Vermessungs- und Rechentechnik bestückten Messwagen aus. Man spricht vom „Mobile Mapping“ (siehe Kapitel 10, Bild 10.12). Ergebnisse sind zum Beispiel 3D-Stadtmodelle.

Außer den Messfahrzeugen sind zunehmend UAVs *(Unmanned Aerial Vehicle)*, sogenannte zivile „Drohnen“, als Messplattform im Einsatz der Fotogrammetrie und des Laserscannings. Leichtbauweise der Fluggeräte, kompakte Vermessungs-, Steuerungs- und Kommunikationstechnik kombiniert mit hoher Akkuleistung, erlauben UAVs unter 5 kg Startgewicht Messflüge über kilometerlange Trassen bis zu einer halben Stunde (Bild 11.10). Auf Binnenseen, Wasserstraßen und an Ufern sind komplexe schwimmende Messfahrzeuge – Schwimm-„Drohnen“ – unterwegs (Bild 11.10 unten rechts).

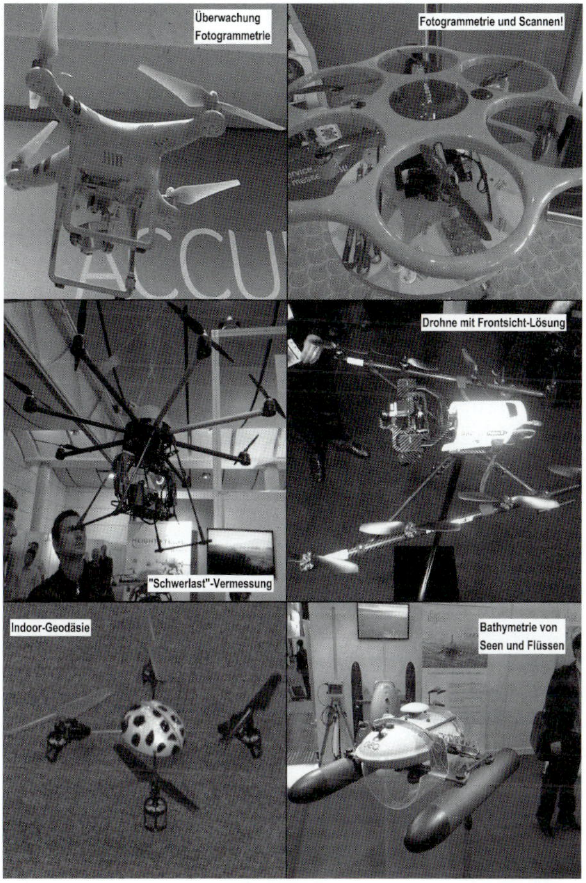

Bild 11.10 Quadrocopter als Messplattform (oben links), Hexacopter AIBOTIX (oben rechts), Oktocopter (mittig links), Front-Oktocopter ohne Sichteinschränkung (mittig rechts), handtellergroße Minimessdrohne (unten links), Schwimm-„Drohne“ (unten rechts)

11.9 Prüfungsaufgaben

1. Welche grundsätzlichen Möglichkeiten gibt es, ingenieurgeodätische Messungen zu kontrollierten? Nennen Sie Beispiele!
2. Wer und was beeinflussen die Genauigkeit von Vermessungen?
3. Was bedeutet das Prüfen, Kalibrieren, Justieren und Eichen von Messinstrumenten?
4. Nennen Sie Aufnahmeverfahren und dazu einsetzbare Vermessungsinstrumente!
5. Erklären Sie die „Freie Standpunktwahl“! Nutzen Sie eine Skizze und arbeiten Sie mit: „gegeben:“, „gemessen:“, „gesucht:“!
6. Wozu dienen Längs- und Querprofile? Wie unterscheiden sie sich? Wie werden sie gemessen?
7. Welche Vermessungen können zu den Modellen 2D, 2,5D, (2 + 1)D und 3D führen?

12 Absteckungen

Absteckungen haben zu allen Zeiten stattgefunden, wenn bauliche Anlagen errichtet werden sollten. Das Projekt wurde erdacht und irgendwo der erste Eckpfahl in den Boden gerammt (Bild 12.1).

Bild 12.1 Grashaus auf Island, Bauen und Natur in Konkurrenz (Angkor Wat), Türme in Kuala Lumpur, Freiformbauten (Singapur)

12.1 Tunnel von Samos und andere Grundlagen

Bei der *Absteckung* gilt es, Punkte aus der Planung eines Bauvorhabens oder der Planung einer Grundstücksteilung lage- und höhengerecht in das Gelände eines Grundstücks zu übertragen. Absteckung ist prinzipiell die Umkehrung zum Verfahren der Aufnahme bzw. der Einmessung.

Ingenieurgeodätische Absteckungen der Lage und Höhe sind bereits in der Antike mit hoher Genauigkeit ausgeführt worden, ob für ägyptische Pyramiden oder Aquädukte aus alter Zeit. Weniger bekannt sind Tunnelbauten des Altertums. Am berühmtesten ist der nach seinem Baumeister benannte 1036 m lange *Eupalinos-Tunnel* auf Samos. Er war über 1000 Jahre in Betrieb. Der Bau des Wassertunnels ist aus drei Gründen sehr interessant. Er wurde von beiden Seiten des Berges gleichzeitig im sogenannten *Gegenortvortrieb* begonnen zu bauen. Er existiert noch nach 2500 Jahren. Und der gleichzeitige Vortrieb für Tunnelbauten ist nach wie vor eine technische Herausforderung. Zu bewundern sind die Vermessungs- und Bauleistungen am Eurotunnel von Dover nach Calais unter der Nordsee hindurch oder das begeisternde Zusammentreffen der Tunnelröhren des Gotthardt-Basistunnels in den Alpen.

Wie schafften die alten Griechen das Zusammentreffen in der Bergmitte? Anlass des Gegenvortriebs war der Zeitdruck für den Tunnelbau. Sie fürchteten eine feindliche Belagerung der Stadt. Das Trinkwasser sollte aus einer Quelle hinter dem Berg sicher in die Stadt vor dem Berg geleitet werden. Die Absteckung musste zwei Probleme lösen: 1. die Vortriebsrichtung am geplanten Ein- und Ausgang vorgeben und 2. das Gefälle aus dem Gesamthöhenunterschied zwischen Ein- und Ausgang und der Gesamtstrecke für die Bauausführung realisieren. Mit einfachsten Mitteln umringten sie den Berg in rechten Winkeln entsprechend örtlicher Gegebenheiten und bestimmten die Strecken. (Andere Historiker können sich auch den Vermessungsweg über den Berg hinweg vorstellen.) Die Summe der Nord-Süd-Strecken und die Differenz der Ost-West-Strecken gaben ein rechtwinkliges Dreieck vor. Aus dem Verhältnis der Katheten wurden am geplanten Eingang und Ausgang des Tunnels ähnliche rechtwinklige Dreiecke angelegt, deren Hypotenusen die Arbeitsrichtungen für den Vortrieb definierten (Bild 12.2).

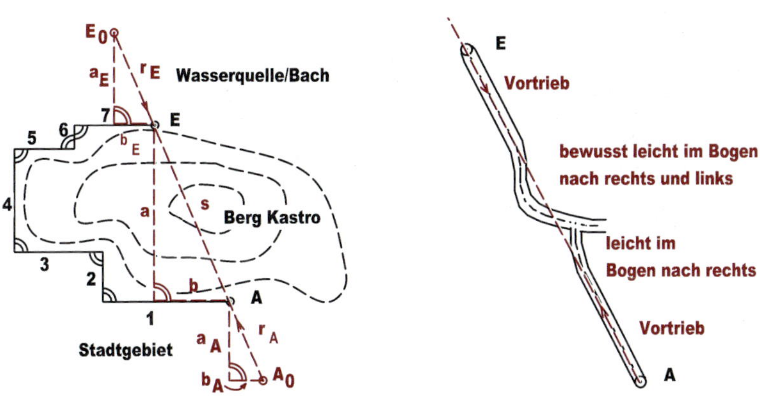

Bild 12.2 Bergumring auf Samos zur Planung der Tunnelachse und Zusammentreffen des beidseitigen Tunnelvortriebs

Um sich in der Mitte des Berges nicht zu verfehlen, sind zwei Lösungen denkbar, aber örtlich nicht eindeutig nachweisbar. Aufzeichnungen existieren nicht. Es könnte aus einer Richtung bewusst die Vortriebsrichtung um den abgeschätzten Fehler der Absteckung erst nach rechts in einem leichten Bogen verlassen worden sein. Einige Meter weiter schwenkten die Tunnelbauer über die abgesteckte Achse hinaus nach links ein. Der entgegenkommende Vortrieb musste diese S-Kurve treffen (Bild 12.2 rechts). Die Kurven schadeten dem künftigen Wasserfluss nicht. Oder es sind beide Vortriebe vor dem erwarteten Zusammenstoß leicht östlich - einer nach links, der anderen nach rechts - eingeschwenkt, die dann ebenso zwingend aufeinandertreffen mussten. Der heute noch vorhandene Knick in der Mitte des Tunnels lässt beide Lösungen zu. Die Höhenabsteckung über mobile Wasserrinnen oder horizontales Visieren im rechten Winkel zur Richtung eines Pendels war genauer möglich als die Lageabsteckung. Die Tunnel stoßen mit einer Höhenstufe von gerade einmal 60 cm aneinander. Die Absteckung des Eupalinos-Tunnels ist eine ingenieurgeodätische Meisterleistung der Antike.

Es gibt *Grobabsteckungen, Feinabsteckungen, Erstabsteckungen,* baubegleitende Absteckungen, Höhenabsteckungen, Lotungen und andere. Grobabsteckungen sind vor der eigentlichen Erstabsteckung (Feinabsteckung) in Vorbereitung eines Baugrundstücks erforderlich, wenn Baumfällarbeiten, Erdabtrag, Geländeregulierungen an Hängen oder Erdaushub gezielt im Baufeld vorbereitet und vorgenommen werden sollen. Die Erstabsteckung wird vor Baubeginn vom Bauherren beauftragt. Bei der Erstabsteckung wird der Höhenanschluss an das Baugrundstück durch ein Nivellement „herangeschafft“ und für den eindeutigen Lagebezug der zu errichtenden baulichen Anlage gesorgt. Zwei orthogonale Achsen oder vier Eckpunkte des geplanten Gebäudes werden abgesteckt. Pfähle mit Nägeln als Absteckpunkte realisieren eine Millimetergenauigkeit.

Basis der Absteckungsarbeit ist der *Absteckplan* (Bild 12.3 links). Er ist eine Vorgabe des Architekten oder der vom Vermessungsingenieur erarbeitete, von der Bauaufsichtsbehörde genehmigte und vom Bauherren beauftragte und unterschriebene Lageplan. Festpunkte der Lage und Höhe, Grenzpunkte, Straßenkanten, Nachbargebäude bilden die *Absteckbasis,* die Bezugspunkte zur Realisierung der Messung auf dem Grundstück.

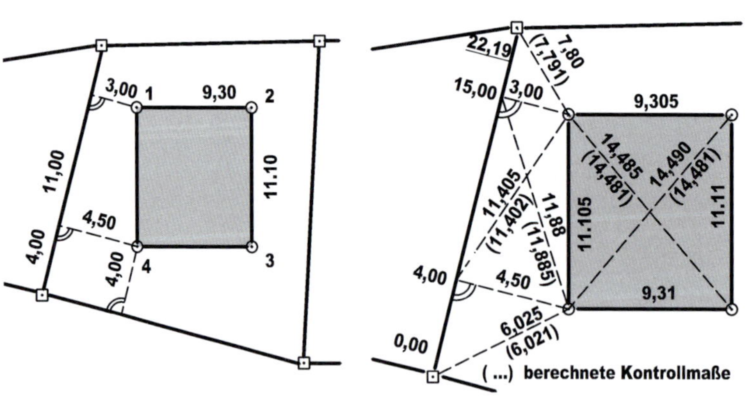

Bild 12.3 Absteckplan mit Lagebezug zur Grundstücksgrenze (links), Absteckriss mit Soll- und Ist-Maßen einer orthogonalen Absteckung (rechts)

Im Gelände werden Pfähle, Nägel, Höhenmarken und Farbmarkierungen sichtbar. Dazu liefert der Vermessungsingenieur den *Absteckriss* mit allen im Gelände vermarkten Punkten, realisierten Maßen und protokollierten Kontrollmaßen (Bild 12.3 rechts). Die orthogonalen Maße des Absteckplans können einfach in Polarkoordinaten für eine polare Absteckung umgerechnet werden, und umgekehrt können die Kontrollmaße einer polaren Absteckung im Absteckriss zum Teil als Orthogonalmaße erscheinen. Aufträge für weitere baubegleitende Absteckungen (meist Schnurgerüstabsteckungen oder Feinabsteckungen in den folgenden Etagen oder Bauphasen) liegen meist in Verantwortung der Baufirma. Für weitere Absteckungen stehen zahlreiche spezielle Absteckprismen (Bild 12.4 links), Zielzeichen und Höhenmarken (Bild 12.4 rechts) zur Verfügung, die teilweise später unter dem Putz verbleiben.

Bild 12.4 Spezial-Prismenreflektoren (links) sowie Zielzeichen und Höhenmarken (rechts)

12.2 Höhenabsteckung

Die *Höhenabsteckung* hat zum Ziel, einen oder mehrere Punkte oder sofort einzelne Bauteile im Gelände gemäß den Planungsvorgaben höhenmäßig einzuordnen. Gebräuchlichstes Messverfahren ist das geometrische Nivellement. Das Nivellier wird zwischen dem bekannten Höhenpunkt *HP* und der geplanten baulichen Anlage aufgestellt und der Rückblick *r* zum Höhenanschlusspunkt *HP* an der Nivellierlatte (oder dem Zollstock) abgelesen (Bild 12.5). $H_{HP} + r$ ist der *Nivellierhorizont*. Die Differenz des Nivellierhorizonts zur Projekthöhe H_{Soll}, die es abzustecken gilt, liefert den Absteckwert der Höhenabsteckung: den Soll-Vorblick v_{Soll}.

$$v_{\text{Soll}} = H_{HP} + r - H_{\text{Soll}} \tag{12.1}$$

An der Stelle, wo diese Höhe benötigt wird, muss die Nivellierlatte so lange vertikal bewegt werden, bis der Soll-Vorblick am Horizontalstrich des Nivellier-Strichkreuzes abzulesen ist. Dann befindet sich der Nullpunkt der Nivellierlatte in der gewünschten Projekthöhe. Die Höhe kann angezeichnet oder das Bauteil direkt eingerichtet werden. Nach dem gleichen Prinzip arbeitet die Baumaschinensteuerung einer Planierraupe, deren Schild automatisiert in der für das Geländeplanum gewünschten Höhe am Nivellierhorizont geführt wird.

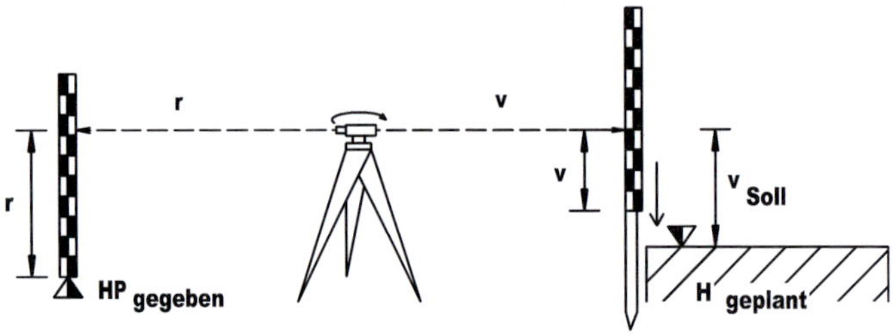

Bild 12.5 Höhenabsteckung

Die praktische Aufgabe einer Höhenabsteckung lautet:

Gegeben: Höhenpunkt *HP* mit H = 63,234 m ü. NHN

Gesucht: Oberkante der Schalungsschiene in geplanter Fundamentoberkante H_{Soll} = 63,500 m ü. NHN

Gemessen: r = 1,457 m

Berechnung: Absteckwert $v_{\text{Soll}} = H_{\text{HP}} + r - H_{\text{Soll}}$

■ 12.3 Geradenabsteckung

Die *Geradenabsteckung* ist die grundlegendste Form der Absteckung. Einfache Geraden bis 50 m Länge zum Anzeigen beliebig vieler Zwischenpunkte lassen sich mittels straff gespannter Schnur bzw. mittels eines Drahtes, zentriert über Anfangs- und Endpunkt, abstecken. Mit diesem mechanischen *Fluchten* ist ohne Windeinfluss eine Genauigkeit bis 3 mm Querabweichung erreichbar.

Einfachstes Fluchten ist mit dem Augenmaß entlang von Fluchtstäben machbar (Bild 12.6). Vor dem Bodenaushub soll zum Beispiel der Grabenverlauf über eine Länge von fast 200 m Länge auf einer Fläche mit Baumbestand festgelegt werden. An Bäumen, die dicht an der Trasse stehen, sind Punkte mittels Fluchtstäben abzustecken und einzumessen. Die Punkte *P1* bis *P3* werden nach Augenmaß eingefluchtet. Am entferntesten Punkt *P1* wird begonnen. Die Einmessung geschieht mit einem 50-m-Messband. Die Maße sind über die volle Länge fortlaufend zu messen.

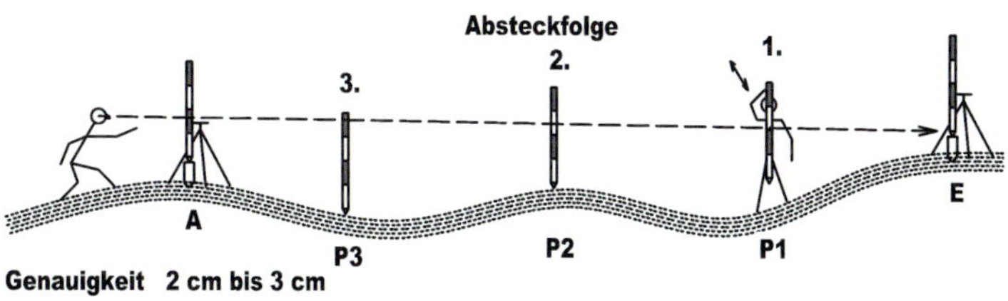

Bild 12.6 Manuelles Fluchten

Wenn die gleiche Aufgabe zwischen den Punkten *A* und *E* zu lösen ist, aber keine direkte Sichtverbindung existiert oder man zum Fluchten nicht in einer Verlängerung von *AE* stehen kann, ist *gegenseitiges Einfluchten* anzuwenden. Die Strecke *AE* wird durch die beiden Punkte *B* und *C* dreigeteilt. Durch iteratives, wechselseitiges Einfluchten auf den jeweiligen Endpunkt entsteht die gerade Strecke. Nach drei oder vier Versuchen sind bereits zwei bis drei Zentimeter Genauigkeit erreichbar. Eine doppelte Messbandeinmessung kann die Absteckung der Punkte *B* und *C* dokumentieren (Bild 12.7). Mit jeweils voll ausgerolltem Messband werden die Distanzen an den Zwischenpunkte *B* und *C* fortlaufend abgelesen bis zum Endmaß von 71,80 m. Eine Rückmessung kontrolliert sofort die Gesamtdistanz. Mit der Berechnung aller Spannmaße von Punkt zu Punkt werden die Teilstrecken aus der Hin- und Rückmessung verglichen und damit ebenfalls kontrolliert.

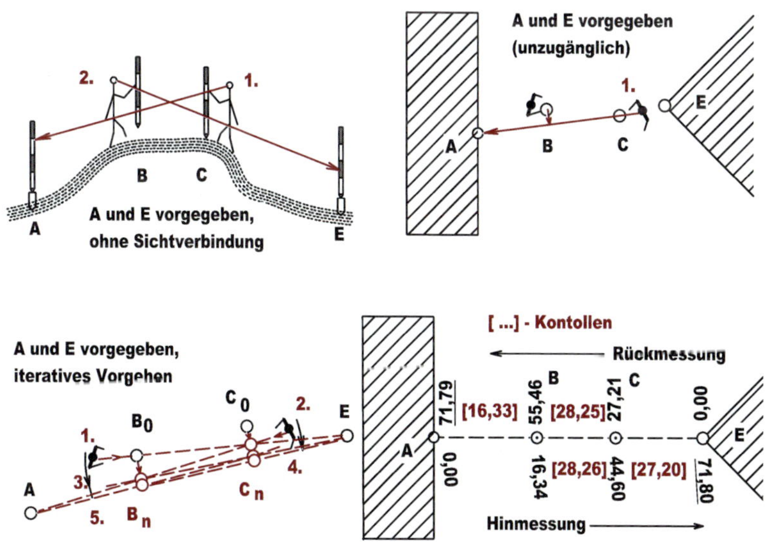

Bild 12.7 Einfluchten über einen Hügel (links oben), zwischen Häusern (rechts oben), Einfluchten als iterativer Arbeitsablauf (links unten), Messbandmessung hin und zurück (rechts unten)

Werden über größere Strecken mit oder ohne Sichtverbindung zwischen den Endpunkten einzelne Zwischenpunkte benötigt, können verschiedene Verfahren der Absteckung und Signalisierung (Anzeige) der Bodenpunkte mittels Fluchtstangen bis zu einer Genauigkeit von ± 3 cm angewendet werden. Bei Geraden über mehrere 100 m und einer geforderten

Genauigkeit von wenigen Millimetern sind Theodolite oder spezielle Fluchtungsinstrumente mit Zielfernrohren hoher Vergrößerung einzusetzen. Die Ziellinie des Fernrohrs schafft die Fluchtgerade oder eine Fluchtebene. Der Theodolit wird über dem Anfangspunkt zentriert, ein Zielzeichen am Endpunkt anvisiert, und anschließend können bei horizontal festgeklemmtem Instrument beliebige Zwischenpunkte eingewiesen werden (Bild 12.8 oben). Liegen die Zwischenpunkte in verschiedenen Höhen, wird das Fernrohr in der Vertikalebene gekippt. Es sollte in beiden Fernrohrlagen gemessen und gemittelt werden.

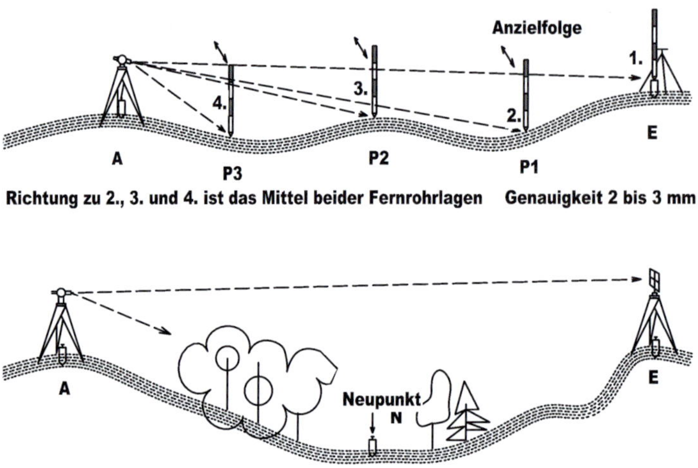

Bild 12.8 Fluchten mit Theodolit (oben) und Fluchten bei Sichthindernissen (Schnittdarstellung, unten)

Geradenabsteckungen mit Sichthindernissen sind je nach Art der Hindernisse, Länge der Strecken, geforderten Genauigkeit und verfügbaren Instrumenten auf sehr verschiedene Weise lösbar. Die Beispiele im Bild 12.9 sind geometrisch interessant, aber praktisch unbedeutend, denn bei Tachymetermessungen tritt das Problem der Sichthindernisse durch eine freie Standpunktwahl und Koordinatenberechnungen im Instrument in den Hintergrund.

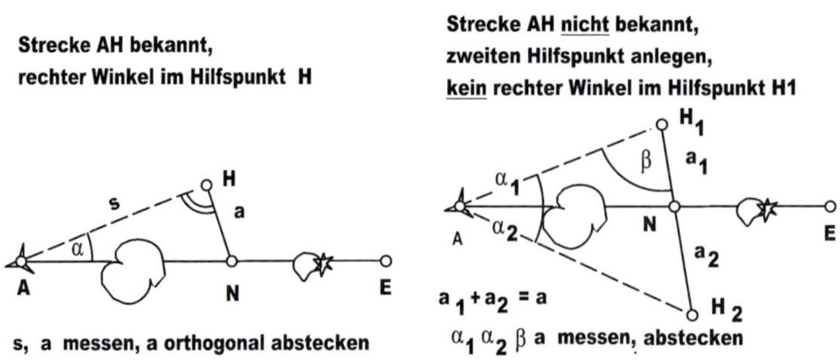

Bild 12.9 Fluchten mit rechtwinkligem Hilfsdreieck (links) oder Fluchten mit zwei beliebigen Hilfspunkten (rechts)

Beispiele der Absteckung von Geradenzwischenpunkten sind die Absteckung von einer Parallelen aus, die Absteckung über einen rechten Winkel oder beliebigen Winkel eines Hilfsdreiecks, die Absteckung über zwei Hilfspunkte oder die Absteckung von einem die Gerade begleitenden Polygonzug aus. Beispielbild (Bild 12.10) kann der Grundriss zum Einfluchten (Abstecken) des Punktes *N* über einen Hügel hinweg sein (Bild 12.11).

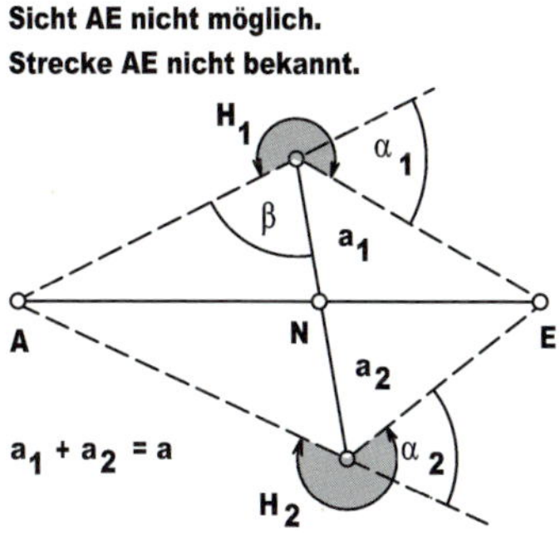

Bild 12.10 Zwischenpunkt *N* abstecken (Grundriss)

Die Absteckung über ein Hilfsdreieck erfordert die Berechnung der Absteckwerte Winkel und Strecke über Winkelfunktionen im Dreieck bzw. Sinus- oder Kosinussatz.

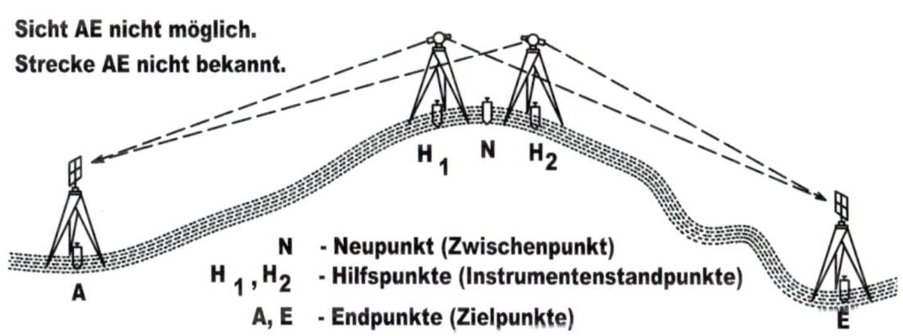

Bild 12.11 Fluchten über einen Hügel von zwei Hilfspunkten aus

Der die Gerade begleitende Polygonzug ist eine Fortführung und Verallgemeinerung des vorangegangenen Beispiels mit den zwei Hilfspunkten, das ebenfalls als Polygonzug zwischen *A* und *E* gerechnet werden könnte, wenn statt der reinen Winkelmessung über die langen Distanzen auch Strecken bestimmt werden.

Vorsicht ist geboten bei der *Verlängerung einer Geraden* über zwei gegebene Punkte hinaus. Durch die möglichen Ungenauigkeiten im Standpunkt und im Zielpunkt wachsen die Abweichungen trotz *Fluchtens* mit einem Theodolit hoher Fernrohrvergrößerung und trotz des Messens in zwei Fernrohrlagen schnell an (Bild 12.12).

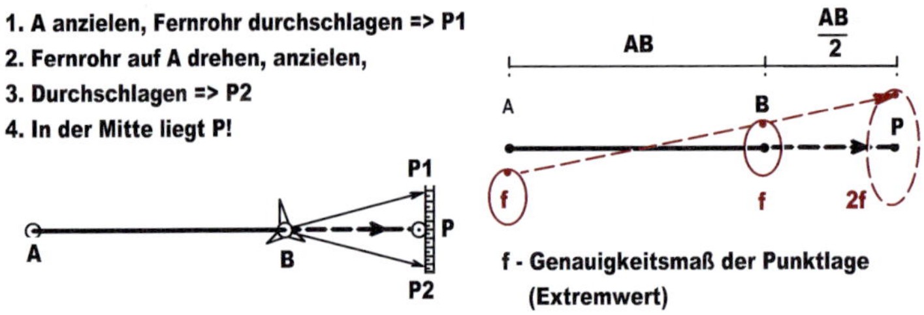

Bild 12.12 Geradenverlängerung

Es gibt prinzipiell zwei Lösungsansätze zum Verlängern von Geraden.

1. Lösungsansatz: Das Instrument steht zentriert am Anfangspunkt *A*. Punkt *B* wird anvisiert und mit unveränderter horizontaler Richtung das Fernrohr im Vertikal auf den gewünschten Neupunkt *P* in der Verlängerung *AB* geschwenkt. Eine Voraussetzung für diese Vorgehensweise ist eine sehr hohe Fernrohrvergrößerung des Fluchtungsinstruments. Dazu muss die Witterung eine flimmerfreie Luftschichtung über die Messdistanz gewährleisten. Schon bei ein paar hundert Metern Entfernung, zum Beispiel einer Kranbahnmessung oder Achsmessung im Straßenbau, kann das Verfahren schnell an die Genauigkeitsgrenzen stoßen. Einen Ausweg bietet der 2. Lösungsansatz.

2. Lösungsansatz: Das Instrument steht am Endpunkt *B* (Bild 12.12 links). In vier Schritten - praktisch in zwei Fernrohrlagen - wird die gemittelte Richtung zum Verlängerungspunkt *P* abgesteckt.

In jedem Fall, ob 1. oder 2. Methode, sollte eine Verlängerung nicht weiter vorgenommen werden als um die Hälfte der vorgegebenen Strecke *AB*. Praktisch könnte die Punktabweichung ohne Berücksichtigung der Zentrier- und Anzielgenauigkeit bereits nach der halben Distanz doppelt so hoch sein wie bei den Punkten *A* und *B* (Bild 12.12 rechts).

Sind Geraden oder Trassenachsen hoher Genauigkeit über große Distanzen abzustecken, sollte die Gerade an einen Polygonzug angehangen oder in ein Polygonnetz eingebettet werden (Bild 12.13).

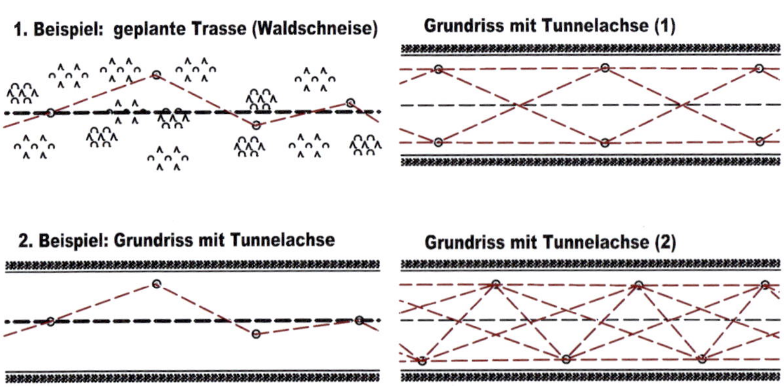

Bild 12.13 Die Gerade begleitender Polygonzug (links) und die Gerade oder Trasse begleitende Polygonnetze (rechts)

12.4 Absteckung rechter Winkel

Unter Abschnitt 11.2 ist bereits auf das Messen rechter Winkel bei der Orthogonalaufnahme eingegangen worden. Im Rahmen der Absteckungen sollen verschiedene technische Möglichkeiten der Messung rechter Winkel aufgelistet werden.

Einfache geometrische Aufgaben zum Übertragen rechter Winkel in die Natur sind allein mit einer Schnur oder dem Messband lösbar.

Errichten einer Senkrechten: Ein Punkt *P* auf einer Geraden ist gegeben (Bild 12.14 links). Die Gerade ist praktisch im Gelände durch die Punkte *A* und *B* realisiert. Ein Bogenschlag vom Punkt *P* aus mit gleicher Schnurlänge in beide Richtungen der Geraden liefert zwei Kreisbögen, die durch Fluchten über *A* und *B* geschnitten werden. Die zwei Schnittpunkte *C* und *D* sind Mittelpunkte zweier weiterer Bogenschläge mit gleichem Radius (gleicher Schnurlänge) auf einer Seite der Geraden. Der Bogenschnitt *N* ist der Neupunkt auf der Senkrechten über *P*.

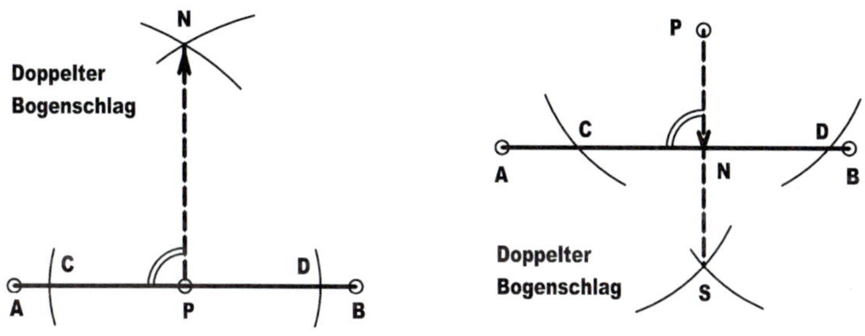

Bild 12.14 Errichten der Senkrechten in *P* (links) und Fällen des Lotes von *P* aus (rechts)

Fällen des Lotes: Wieder ist eine Gerade gegeben (Grundstücksgrenze, Hausfront, Bordsteinkante oder Zaun). Von einem Punkt *P* außerhalb der Linie ist ein Lot zu fällen (Bild 12.14 rechts). In gleicher Weise wie beim Errichten der Senkrechten wird mit einer Schnur zweimal ein doppelter Bogenschlag mit paarweise gleicher Länge ausgeführt. Der letzte Schnittpunkt *S* verbindet *P* als Lotlinie.

Satz des Thales nutzen: Wird nur ein rechter Winkel über einer Strecke *AB* benötigt, greift sofort der Satz des Thales mit dem Halbkreis über dem Durchmesser *AB* (Bild 12.15). Soll von einem Punkt *P* außerhalb eines Kreises exakt eine Tangente an den Kreisbogen gelegt werden, genügt die Schnur zur Absteckung, wenn der Mittelpunkt *M* des Kreises örtlich zugänglich ist. Die Strecke *MP* wird mit zwei doppelten Bogenschlägen halbiert. Der gefundene Punkt ist Mittelpunkt des Halbkreises über *MP*. Dieser Halbkreisbogen schneidet den ursprünglichen Kreis in *T* genau so, dass *MTP* gemäß dem *Thalessatz* ein rechter Winkel und damit *PT* die Tangente am Kreis ist (Bild 12.15 oben rechts).

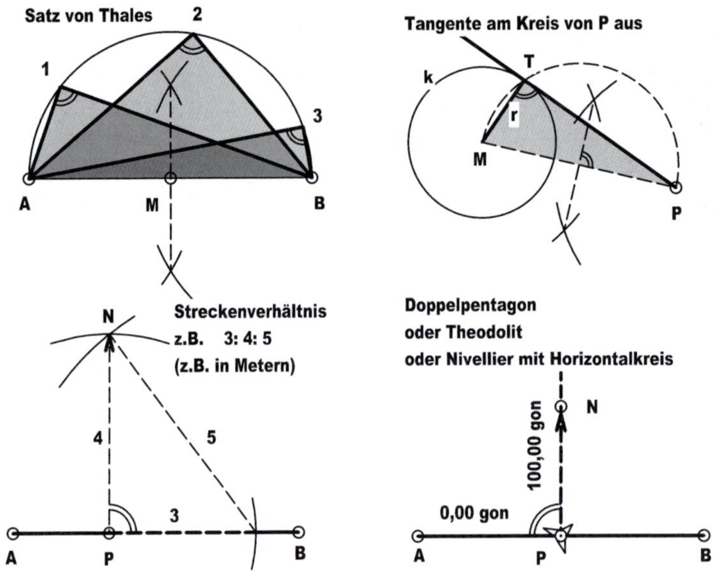

Bild 12.15 Rechter Winkel über der Strecke *AB*, Tangente am Kreis (Satz des Thales), Satz des Pythagoras oder Absetzen rechter Winkel mit Instrumenten

Pythagoras ausnutzen: In jedem Punkt einer Geraden lässt sich sofort mittels eines Messbandes ein rechter Winkel erzeugen. Ein pythagoreisches Zahlentripel liefert die Maße der Bogenschläge. 3; 4; 5 sind die geläufigsten Zahlen. Je nach Aufgabe können es 3 dm; 4 dm; 5 dm oder 3 m; 4 m; 5 m oder 30 m; 40 m; 50 m sein. Die Zahlentripel 5; 12; 13 oder 8; 15; 17 gingen ebenfalls, wenn es in der Örtlichkeit besser passen sollte, bringen aber aufgrund der spitzen Winkel nicht die beste Genauigkeit.

Außer Schnur und Messband sind aus geodätischer Sicht folgende Instrumente für die Absteckung rechter Winkel gedacht:

- Winkelspiegel, Dreiseitprisma, Pentagonprisma (praktisch veraltet)
- Doppelpentagon
- Theodolit, Tachymeter
- Nivellier mit Horizontalkreis

12.5 Gebäudeabsteckung

In Bauordnungen und Bauvorlageverordnungen der Länder sind grundlegende Regelungen zur Errichtung baulicher Anlagen getroffen. Die *Gebäudeabsteckung* vor dem Baubeginn gemäß den Maßvorgaben aus der Baugenehmigung und die Kontrolle der ersten Gebäudeecken nach Baubeginn sind meist vorgeschrieben (z.B. §72(9) BbgBO 2016 – Brandenburgische Bauordnung). Der geometrische Bezug für die *Erstabsteckung* von baulichen Anlagen ist die Grundstücksgrenze zu den Nachbarn und zur öffentlichen Straße.

Grundlagen sind die einzuhaltenden Abstandsflächen, Baulinien oder Baufeldgrenzen. Abgesteckt werden Eckpunkte eines Gebäudes oder Hauptachsen mit oder ohne Sicherungen (zum Beispiel auf Schnurgerüste, Bild 12.16 unten rechts). Typische *Vermarkungen* sind Pfähle mit Nägeln, Rohre oder Bolzen mit und ohne Beschriftungen. Absteckungen geschehen allgemein mit einem Tachymeter mit oder ohne GNSS nach freier Standpunktwahl im lokalen oder amtlichen Koordinatensystem. Absteckungen mit dem Tachymeter sind meist *Polarabsteckungen* (Bild 12.16 oben rechts). Im Wege- und Landschaftsbau oder bei kleineren Aufträgen mit geringeren Anforderungen an die Genauigkeit sind altherkömmliche orthogonale Absteckungen mit dem Doppelpentagon und Messband geeignet. Gleiches gilt für orthogonale oder Polarabsteckungen mittels Theodolit und Messband.

Größere Bauprojekte - Industriebauten, Kraftwerke, Staudämme - können ein eigenes *Baulagenetz* mit zahlreichen vermarkten Festpunkten - einem *Baufestpunktfeld* - für die Dauer der Baumaßnahme und die späteren Überwachungsmessungen erforderlich machen.

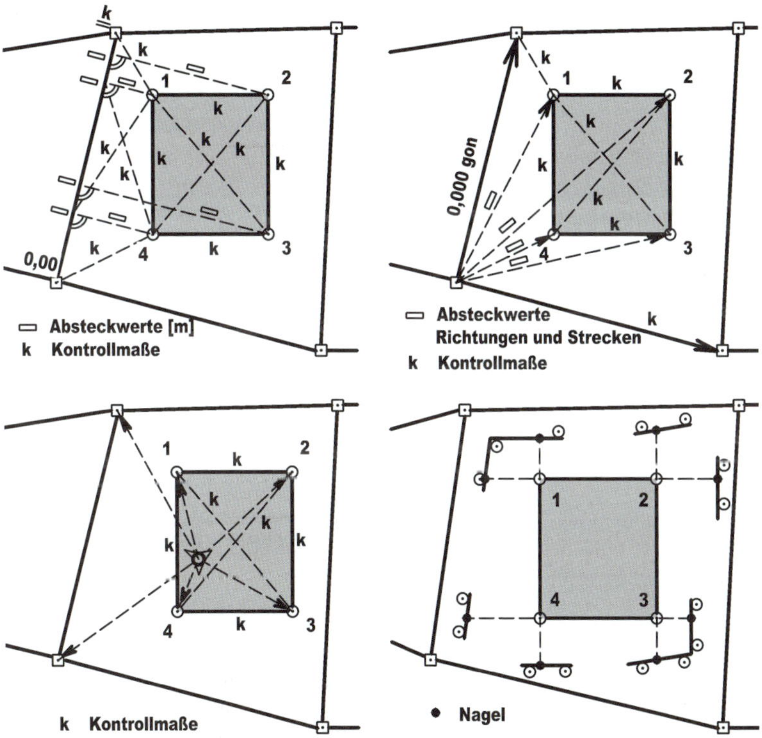

Bild 12.16 Gebäudeabsteckung orthogonal (oben links), polar (oben rechts), nach „Freier Standpunktwahl" (unten links) oder direkt auf Schnurgerüste (unten rechts)

Grundsätzlich gibt es im Anschluss an die freie Standpunktwahl zwei Möglichkeiten, den Nagel für die Achsrichtung direkt auf das außerhalb der Baugrube stehende Schnurgerüst zu bekommen (Bild 12.17).

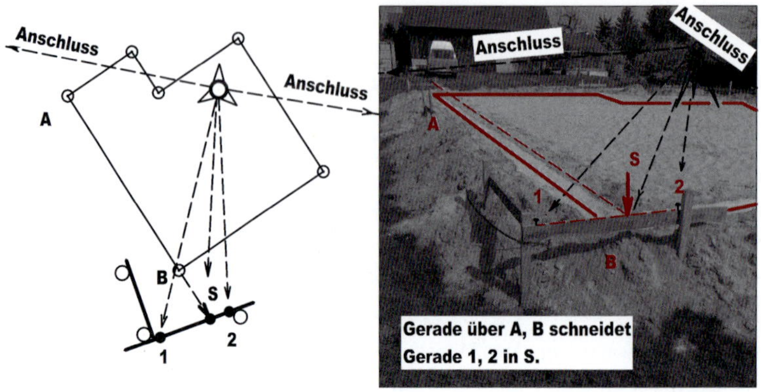

Bild 12.17 „Freie Standpunktwahl" und Schnurgerüstabsteckung

Erstens: Zwei beliebige Punkte 1 und 2 auf dem Schnurgerüst werden eingemessen und der Geradenschnitt *S* mit der Richtung aus den gegebenen Punkten *A* und *B* gerechnet, um anschließend die Koordinate *S* abzustecken und die berechneten Strecken von *1* nach *S* oder *2* nach *S* mit dem Zollstock auf dem Schnurgerüstbalken zu kontrollieren.

Zweitens: Im Tachymeter implementierte Schnurgerüst-Absteckprogramme liefern sofort aus dem im ersten Arbeitsschritt beliebig gemessenen Punkt *S* eine Querabweichung zur Achse *AB*. Das Prisma wird entsprechend der Abweichung neu positioniert, und nach ein oder zwei Wiederholungen ist die Sollpunkt *S* millimetergenau erreichbar.

12.6 Kreisbogenabsteckung

Die im Bild 12.18 aus der Mathematik mit α, β und γ bezeichneten bekannten Winkel lassen sich für vermessungstechnische Berechnungen zur Vorbereitung einer Bogenabsteckung auf einen Winkel reduzieren. Über einer Sehne ist der Peripheriewinkel gleich dem Sehnentangentenwinkel. Beide sind halb so groß wie der Zentriwinkel. Im Folgenden sind die drei Winkel mit α bzw. $\alpha/2$ bezeichnet.

Weiterhin sind:

BA - Bogenanfang	*BE* - Bogenende	*M* - Kreismitte	*S* - Scheitel (Bogenmitte)
H - Sehnenmitte	*TS* - *Tangentenschnittpunkt*		
r - Radius	*s* - Sehnenlänge	*b* - Bogenlänge	*m* - Scheitelabstand
h - Pfeilhöhe	*t* - *Tangentenlänge*	β - *Tangentenschnittwinkel*	

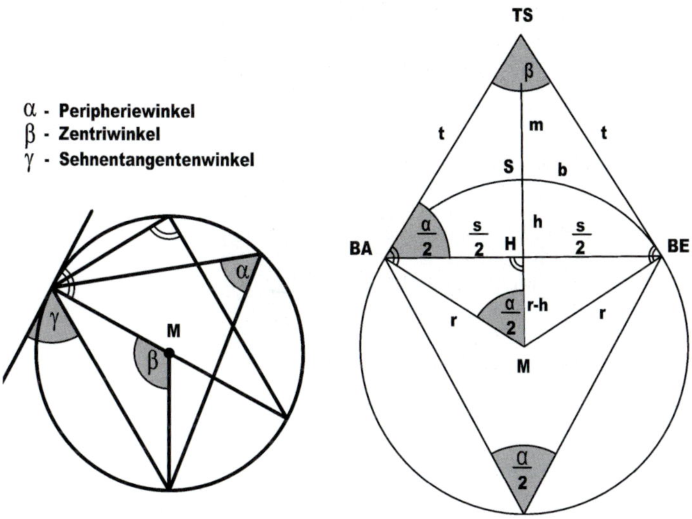

Bild 12.18 Winkel am Kreis

Über die drei ähnlichen rechtwinkligen Dreiecke *BA, H, M* und *BA, H, TS* und *BA, M, TS* (Bild 12.18 rechts) sind mit den Winkelfunktionen Sinus, Kosinus und Tangens nahezu alle mathematischen Verknüpfungen zwischen den Strecken, Winkeln und Bögen am Kreis für geodätische Messungen ableitbar:

$$\frac{b}{r} = \frac{\infty}{\rho} \qquad \text{für} \quad \rho = \frac{180°}{\pi} = \frac{200 \text{ gon}}{\pi} \tag{12.2}$$

$$\alpha = 200 \text{ gon} - \beta \tag{12.3}$$

$$t = r \cdot \tan\frac{\alpha}{2} \tag{12.4}$$

$$s = 2 \cdot r \cdot \sin\frac{\alpha}{2} \tag{12.5}$$

$$h = r - r \cdot \cos\frac{\alpha}{2} \tag{12.6}$$

$$m = \frac{r}{\cos\frac{\infty}{2}} - r \tag{12.7}$$

Ohne die genannten Formeln für Berechnungen und ohne Vermessungskenntnisse lassen sich bei geringen Genauigkeitsanforderungen und genügend Messfreiheit, z. B. im Landschafts- und Wegebau, sofort Kreisbogenabsteckungen mit wenigen Geometriekenntnissen und *Schnurkreisen* realisieren. Einfache Bögen mit beliebig vielen Bogenkleinpunkten sind entsprechend den folgenden praktischen Fallbeispielen mit einfachsten Mitteln sehr schnell abzustecken (Bild 12.19, Bild 12.20 und Bild 12.21):

A. *Gegeben:*

Radius *r* und Mittelpunkt *M*

Lösung:

Bogenschlag um *M* mit der Schnurlänge *r* und dem *Ergebnis:* Bogenanfang *(BA)*, Bogenende *(BE)*, beliebig viele Bogenzwischenpunkte (Bogenkleinpunkte) oder eine durchgehende Bogenlinie

B. *Gegeben:*

Radius *r*, Bogenanfang *BA* und die Wegrichtung (Wegeachse bzw. die Gerade *g* in *BA*, Bild 12.21 links)

Lösung:

1. Der Bogen muss sich tangential im Bogenanfang *BA* an die Gerade anschließen.
2. Mit dem doppelten Bogenschlag, beginnend um *BA*, wird die Senkrechte auf *g* in *BA* errichtet. Im Abstand *r* von *BA* entsteht der Mittelpunkt *M*.
3. Der Bogenschlag *b* um *M* beginnend im *BA* liefert den Bogen als Endergebnis. Das Bogenende *BE* muss noch festgelegt werden.

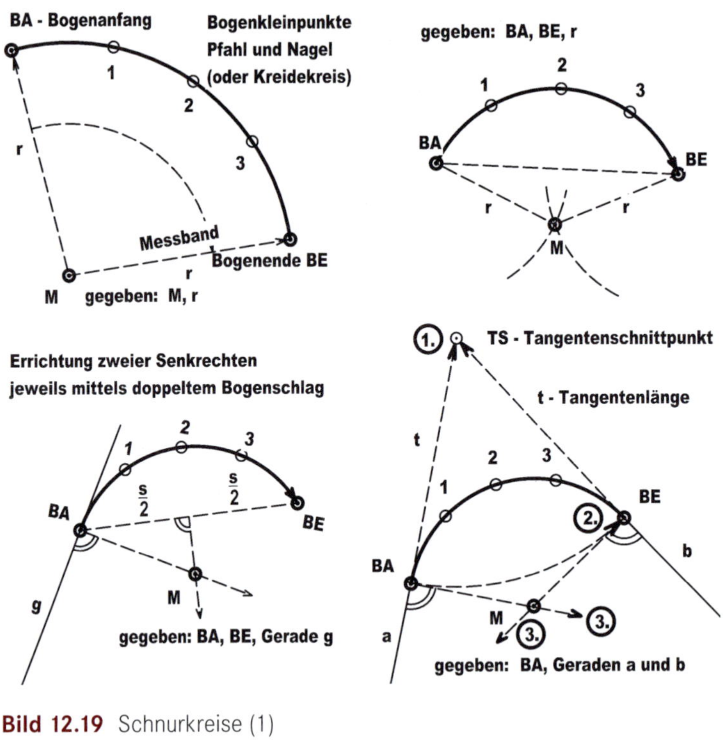

Bild 12.19 Schnurkreise (1)

C. *Gegeben:*

Radius *r* des gesuchten Bogens, Bogenanfang *BA*, Bogenende *BE* (Bild 12.19 oben rechts)

Lösung:

1. Der Mittelpunkt *M* des Kreises wird durch den Bogenschnitt von *BA* und *BE* aus gefunden. (Beachte: Es gibt zwei Lösungen.)
2. Mit dem Bogenschlag *b* um *M* zwischen *BA* und *BE* bekommt man die gewünschten Bogenkleinpunkte.

D. *Gegeben:*

Zwei vorhandene Wegachsen und der *BA* (Bild 12.19 unten rechts)

Lösung:

1. Die zwei Geraden werden bis zum Tangentenschnittpunkt *TS* verlängert.
2. Der Bogen um *TS* von *BA* bis *BE* mit dem Radius *TS-BA* ist zu schlagen.
3. Die Senkrechten in *BA* und *BE* mittels zweimaliger doppelter Bogenschläge sind zu errichten. *M* und *r* sind das Ergebnis.
4. Der Bogenschlag *b* um *M* zwischen *BA* und *BE* liefert wieder beliebig viele Bogenkleinpunkte.

E. *Gegeben:*

BA, *BE* und eine Richtung in *BA* (bzw. Gerade *g* in *BA*, Bild 12.19 unten links)

Lösung:

1. Die Mittelsenkrechte der Sehne zwischen *BA* und *BE* wird nach dem doppelten Bogenschlag um *BA* und *BE* gefunden.
2. Eine Senkrechte in *BA* entsteht durch den doppelten Bogenschlag von der Geraden *g* aus.
3. Der Schnitt aus der Senkrechten und Mittelsenkrechten der Sehne ergibt *M* und *r*.
4. Der Bogenschlag *b* um *M* zwischen *BA* und *BE* lässt alle Absteckpunkte zu.

F. *Gegeben:*

Zwei Wegachsen (zwei Geraden *a*, *b*) und der Radius *r* (Bild 12.20 oben links)

Lösung:

1. Verlängern der zwei Geraden bis zum Tangentenschnittpunkt *TS*.
2. Die Winkelhalbierende in *TS* wird durch einen doppelten Bogenschlag erzeugt.
3. Ein beliebiger Thaleskreis auf der Winkelhalbierenden z. B. mit dem Mittelpunkt *S* und dem Radius *S-TS* wird geschlagen.
4. Mit *BE*' und *M*' ist r_0 messbar.
5. Die Tangentenlänge *t* als Abstand *TS–BE* ist berechenbar $t : t_0 = r : r_0$
6. Die Strecke *t* von *T* aus bis *BE* und *BA* wird als Bogenschlag abgesetzt.
7. Die Bogenschläge der Länge *r* um *BA* und *BE* sind abzusetzen.
8. Der letzte Schritt ist der Bogenschlag *b* um *M* zwischen *BA* und *BE* für alle Zwischenpunkte.

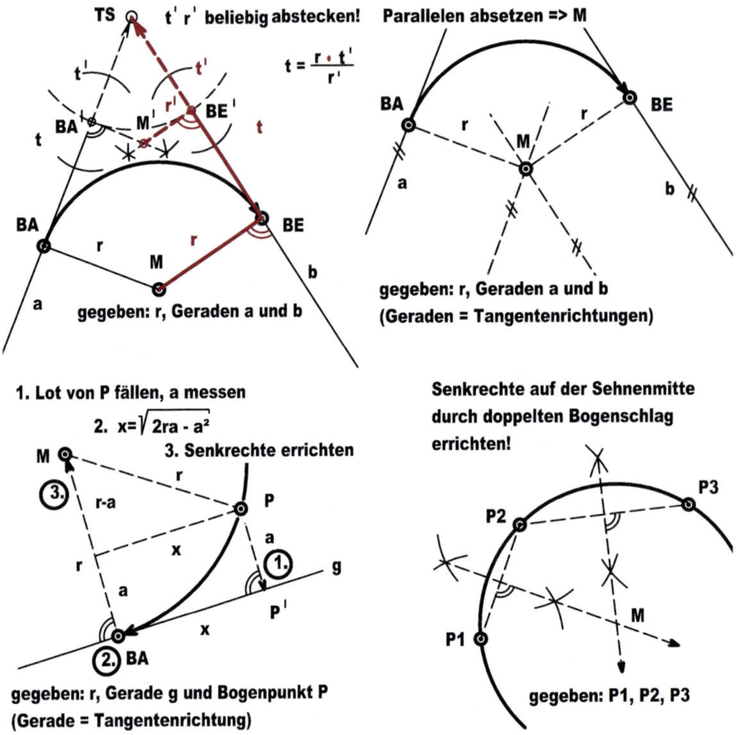

Bild 12.20 Schnurkreise (2)

G. *Gegeben:*

Zwei Wegachsen (zwei Geraden) und der Radius r (analog Aufgabe F, Bild 12.20 oben rechts)

Lösung:

1. Im Abstand r wird je eine Parallele zu den Geraden abgesetzt.
2. Der Schnittpunkt der Parallelen ist der Mittelpunkt M des Bogens.
3. Lote fällen von M aus auf die Geraden liefert BA und BE.

H. *Gegeben:*

Radius r, Gerade g, ein Bogenpunkt P (Bild 12.20 unten links)

Lösung:

1. Das Lot von P auf g fällen und die Lotlänge a messen.
2. Die Strecke x vom Lotfußpunkt bis BA berechnen.

$$x = \sqrt{2ra - a^2} \tag{12.8}$$

4. BA abstecken.
5. r als Senkrechte in BA errichten und der Mittelpunkt M steht fest.

I. *Gegeben:*

Drei Bogenpunkte P_1, P_2, P_3 (Bild 12.20 unten rechts)

Lösung:

1. Die Senkrechten auf zwei Sehnenmitten werden errichtet.
2. Der Schnittpunkt der Sehnen ist der Kreismittelpunkt *M*.
3. Der Bogen kann geschlagen werden. *BA* und *BE* sind festzulegen.

Die *Kreisbogenabsteckung* gehört zu den Alltagsaufgaben der Geodäten, die Verkehrswegeplanungen für Baufirmen in den Bauraum umsetzen.

Schnurkreise sind für praktische Vermessungsaufgaben der Ingenieurgeodäsie die Ausnahme. Der Straßen- und der Gleisanlagenbau erfordern höhere Genauigkeiten. Die Radien der Kreisbögen sind meist viel größer und deren Mittelpunkte fast nie zugänglich. Im Autobahnbau und Gleisbau sind Radien mit $r \geq 1000$ m keine Seltenheit. Selbst Radien $r \leq 10$ m sind im innerstädtischen Bereich aufgrund von hinderlichen Gebäuden, Zäunen, Bäumen nicht vom Mittelpunkt aus absteckbar. Ingenieurgeodätische Kreisbogenabsteckungen sind anzuwenden.

Der Kreis ist die einfachste Bogenform, die gerade Trassenabschnitte verbindet. Andere Bogenformen sind Übergangsbögen aus Spiralen (Klothoiden), aus Abschnitten von Spline-Funktionen, zusammengesetzte Kreise verschiedener Radien (Korbbögen) und Wendungen. An jedem Geometriewechsel liegt ein sogenannter *Bogenhauptpunkt*. Ein Kreisbogen hat nur zwei Bogenhauptpunkte: den Bogenanfang *BA* und das Bogenende *BE*. Als Grundlage für Bauarbeiten werden Zwischenpunkte auf dem Bogen benötigt. Die Bestimmung der *Bogenzwischenpunkte* (Bogenkleinpunkte genannt) in einem vorgegebenen Abstand heißt *Stationierung*. Der Abstand der abzusteckenden Punkte kann je nach Aufgabe und späterer Baufertigungstechnik 10 m, 20 m oder 50 m betragen. Bei örtlichen Besonderheiten oder Hinderungsgründen sind Absteckungen an jedem beliebigen *Bogenpunkt* dazwischen möglich.

Kreise werden durch die zwei Bogenhauptpunkte Bogenanfang *BA*, Bogenende *BE* und einige Bogenzwischen- bzw. Kleinpunkte entlang des Bogens *b* abgesteckt. Die Berechnungs- und Absteckverfahren für den *Kreisbogen* richten sich nach den vorgegebenen geometrischen Kenngrößen und örtlichen Gegebenheiten. Typischerweise ist der Radius *r* als Funktion der später auf der Straße oder Schiene fahrbaren Geschwindigkeit eine Planungsvorgabe. Die Tangentenrichtungen durch bereits vorhandene Wegführungen sowie der Bogenanfang *BA*, das Bogenende *BE* und damit die *Sehnenlänge* sind meist weitere zwingende Eingangsgrößen. *BA* und *BE* ergeben sich aus den Anschlüssen an die vorhandenen örtlichen Gegebenheiten, z. B. bereits vorhandener Straßenabschnitte.

Herkömmliche lokale Verfahren sind die Absteckung mittels *Sehnentangentenwinkel* (*Sehnentangentenwinkelverfahren*) bzw. mittels *Peripheriewinkel* (*Peripheriewinkelverfahren*) vom Bogenanfang aus.

Die Absteckung nach rechtwinkligen Koordinaten von der Sehne aus wird praktischerweise wieder nach einer freien Standpunktwahl begonnen. Die Kontrolle der Absteckung und die Festlegung von *Bogenkleinpunkten* dichter als 10 m geschieht durch die Messung von *Pfeilhöhen*. Die Absteckung weiterer Bogenzwischenpunkte mittels Pfeilhöhen ist als *Viertelmethode* bekannt. Jedes weitere Abstecken von Zwischenpunkten über der halben Sehnenlänge kann durch ein Viertel der Pfeilhöhe der übergeordneten Absteckung vorgenommen werden. Im Bild 12.21 (rechts) sind zwischen den Stationspunkten 0 + 30 und 0 + 40 sieben neue Absteckpunkte im Abstand von 1,25 m auf dem Bogen entstanden.

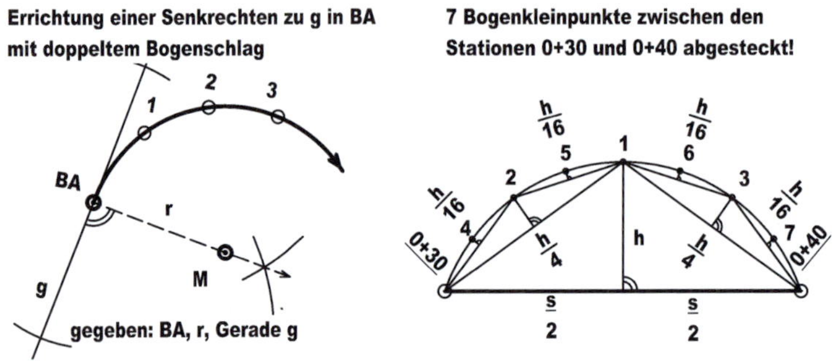

Bild 12.21 Schnurkreis Beispiel B, Viertelmethode – Absteckung nach Pfeilhöhen

Bei der Viertelmethode werden nur das Messband und der Zollstock benötigt, um jeweils in der Sehnenmitte *s*/2 senkrecht zur Sehne *s* die Pfeilhöhe *h*, dann *h*/4, *h*/16 usw. abzustecken.

Die Absteckung mit Sehnentangentenwinkeln mit gegebenem Radius *r* und der Bogenlänge *b* beginnt mit der Berechnung der Absteckwerte, der einzelnen Sehnenlängen und Sehnentangentenwinkel für jeden Bogenkleinpunkt (Bild 12.22).

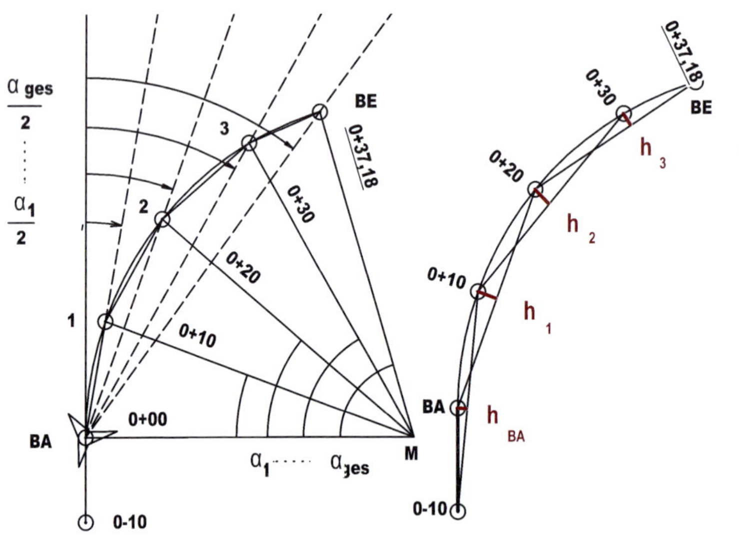

Bild 12.22 Sehnentangentenwinkel und Pfeilhöhenkontrolle

Konzipiert ist das Verfahren zur Verwendung von Theodolit und Messband. Abgewandelt mit der Berechnung der Gesamtsehnenlängen kann genauso mit Tachymetern abgesteckt werden.

Die Berechnungsaufgabe vor einer Messung lautet:

Bestimmen Sie für die Absteckung von 10-m-Kleinpunkten eines Bogens der Länge b = 37,18 m mit einem Radius r = 75 m die Werte $\alpha/2$ und s für eine Absteckung mit Theodolit und Messband vom Bogenanfang *BA* aus!

Gegeben: r, b

Gesucht: $\alpha/2$, *s*

Berechnung:

$$\frac{b_i}{r} = \frac{\alpha_i}{\rho} \text{ und } s_i = 2 \cdot r \cdot \sin\frac{\alpha_i}{2} \tag{12.9}$$

Lösung: α_{ges} = 31,559 gon (Gesamtsehnenlänge für tachymetrisches Messen)

Bogenpunkt 1	$\alpha 1/2$ = 4,244 gon	s = 9,993 m	s = 9,993 m
Bogenpunkt 2	$\alpha 2/2$ = 8,488 gon	s = 9,993 m	s = 19,994 m
Bogenpunkt 3	$\alpha 3/2$ = 12,732 gon	s = 9,993 m	s = 29,800 m
Bogenende *BE*	$\alpha BE/2$ = 15,780 gon	s = 7,179 m	s = 36,800 m

Vor der Messung der Pfeilhöhen zur Kontrolle der Bogenabsteckung sind deren Werte zu berechnen. An einem Kreisbogen sind drei Wertetypen von Pfeilhöhen zu unterscheiden. Die Pfeilhöhe existiert an Punkten, an denen gleich lange Bögen aneinanderstoßen, verschieden lange Bögen oder ein Geradenstück und ein Bogenstück zusammenkommen (Bild 12.22 rechts).

Gegeben: abgesteckter Bogen

Gemessen: Ist-Pfeilhöhen

Gesucht: Kontrolle der Bogenabsteckung durch den Wertevergleich der gemessenen Ist-Pfeilhöhen mit den berechneten Soll-Pfeilhöhen

Zu berechnen: Soll-Pfeilhöhen

$$h_{BA} \approx \frac{a \cdot b^2}{2 \cdot r \cdot (a+b)} \tag{12.10}$$

Die Strecke a ist das Geradenstück von *BA* bis 0 – 10, in dem Fall 10 m.

$$h_1 = h_2 \approx \frac{b^2}{2 \cdot r} \tag{12.11}$$

$$h_3 \approx \frac{b_{23} \cdot b_{3BE}}{2 \cdot r} \tag{12.12}$$

Lösung: h_{BA} = 0,333 m $h_1 = h_2$ = 0,667 m h_3 = 0,479 m

Die Berechnungsaufgabe vor der Bogenabsteckung nach rechtwinkligen Koordinaten von der Sehne aus lautet:

Bestimmen Sie die Koordinaten der Bogenkleinpunkte für eine 10-m-Stationierung eines Bogens mit einem Radius r = 75 m und einer Sehnenlänge s = 37,22 m von *BA* nach *BE* (Bild 12.23)!

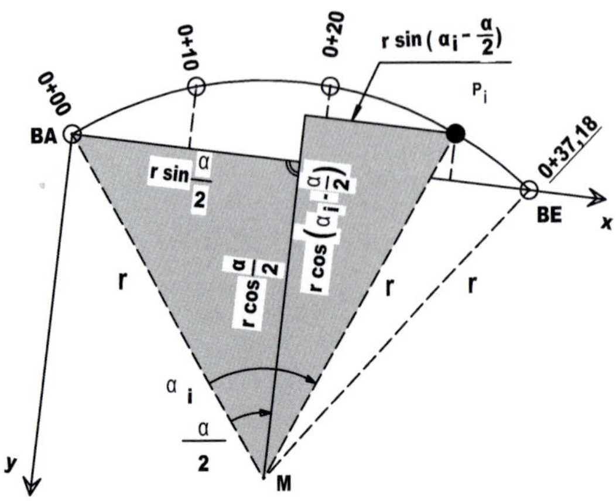

Bild 12.23 Bogenabsteckung nach rechtwinkligen Koordinaten

Gegeben: r, s

Gesucht: $P_1(x, y)$ $P_2(x, y)$ $P_3(x, y)$

Berechnung:

$$s = 2 \cdot r \cdot \sin\frac{\alpha}{2} \qquad (12.13)$$

(analog 12.5)

$$x_i = r \cdot \left[\sin\left(\alpha_i - \frac{\alpha}{2}\right) + \sin\frac{\alpha}{2}\right] \qquad (12.14)$$

$$y_i = -r \cdot \left[\cos\left(\alpha_i - \frac{\alpha}{2}\right) - \cos\frac{\alpha}{2}\right] \qquad (12.15)$$

Lösung: $\alpha/2$ = 15,963 gon α_{gesamt} = 31,927 gon b = 37,613 m

α_1 = 8,488 gon α_2 = 16,977 gon α_3 = 25,465 gon

$P_1(x = 9{,}824$ m, $y = -1{,}829$ m)

$P_2(x = 19{,}803$ m, $y = -2{,}336$ m)

$P_3(x = 29{,}762$ m, $y = -1{,}512$ m)

Wenn vor der Absteckung eines Kreisbogens zunächst die Größe des geeigneten Kreisbogens zu ermitteln ist, ist die Herleitung über drei Punkte möglich.

Bogenanfang und Bogenende sind meist vorgegeben und dazwischen könnte ein Zwangspunkt - wie z.B. eine Hausecke (Bild 12.24) - zu umgehen sein. Damit steht der Radius des Kreises fest, dessen Größe nicht überschritten werden kann. Den kleinsten Radius *r* für den Bogen zwischen den vorgegebenen Punkten Bogenanfang *BA* und Bogenende *BE* liefert immer der Halbkreis. Radius *r* ist die halbe Sehnenlänge von *BA* nach *BE.*

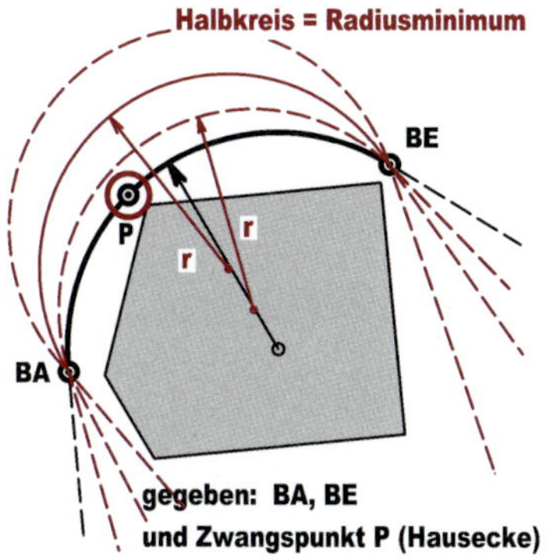

Bild 12.24 Zwangspunkt Hausecke

Auf der Basis der Kreisgleichung $x^2 + y^2 = r^2$ für den Koordinatenursprung wird mit dem beliebigen Mittelpunkt $M(x_m; y_m)$ die Gleichung:

$$(x - x_m)^2 + (y - y_m)^2 = r^2 \tag{12.16}$$

Für die drei gegebenen Punkte: den Bogenanfang $BA(x_1; y_1)$; den Zwangspunkt $P(x_2; y_2)$ und den Bogenendpunkt $BE(x_3; y_3)$ gelten die drei Gleichungen:

$$(x_1 - x_m)^2 + (y_1 - y_m)^2 = r^2 \tag{12.17}$$

$$(x_2 - x_m)^2 + (y_2 - y_m)^2 = r^2 \tag{12.18}$$

$$(x_3 - x_\mathrm{m})^2 + (y_3 - y_\mathrm{m})^2 = r^2 \tag{12.19}$$

Die drei Gleichungen mit den drei Unbekannten x_m; y_m und r liefern nach mehrfachem Gleichsetzen und Einsetzen nacheinander die folgenden Lösungen:

$$y_\mathrm{m} = \frac{\left(x_3^2 - x_1^2 + y_3^2 - y_1^2\right)\cdot\left(x_2 - x_1\right) - \left(x_2^2 - x_1^2 + y_2^2 - y_1^2\right)\cdot\left(x_3 - x_1\right)}{2\cdot\left[\left(y_3 - y_1\right)\cdot\left(x_2 - x_1\right) - \left(y_2 - y_1\right)\cdot\left(x_3 - x_1\right)\right]} \tag{12.20}$$

$$x_m = \frac{\left(x_2^2 - x_1^2\right) + \left(y_2^2 - y_1^2\right) - 2\cdot y_m\left(y_2 - y_1\right)}{2\cdot\left(x_2 - x_1\right)} \tag{12.21}$$

$$r = \sqrt{\left(x_1 - x_m\right)^2 + \left(y_1 - y_m\right)^2} \tag{12.22}$$

Der Radius kann auch mit den Formeln (b) oder (c) mit $(x_2; y_2)$ oder $(x_3; y_3)$ berechnet werden.

Ein Zahlenbeispiel zur Kreisermittlung mit lokalen Koordinaten liefert folgendes Ergebnis:

Gegeben: $BA\ x_1 = 101{,}13$ m $\quad y_1 = 221{,}86$ m

$P\ x_2 = 108{,}21$ m $\quad y_2 = 222{,}77$ m

$BE\ x_3 = 107{,}29$ m $\quad y_3 = 229{,}68$ m

Lösung: $y_m = 225{,}76$ m $\quad x_m = 104{,}23$ m $\quad r = 4{,}98$ m

12.7 Klothoidenabsteckung

Der Übergang von der Geraden zum Kreisbogen ist vom Linienbild her eine stetige Richtungsänderung, aber im Krümmungswechsel ein unstetiger abrupter Sprung. So kann ein Fahrzeug nicht lenken, es braucht Zeit für diese Beschleunigungsänderung und damit einen gewissen Weg als Übergang (*Krümmungsbild,* Bild 12.25).

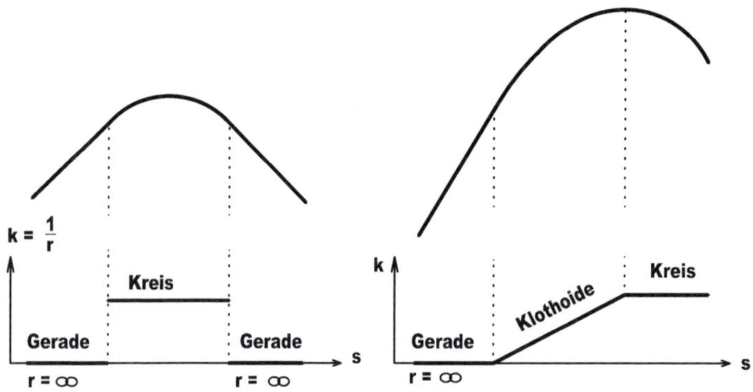

Bild 12.25 Krümmungsbild mit Kreis und mit Klothoide

Die *Krümmung* ist reziprok dem Radius oder genauer gesagt: Sie ist die Richtungsänderung im Verhältnis zur Bogenlängenänderung. Gegen den Sprung in der Beschleunigung hilft in erster Näherung der *Korbbogen* (Bild 12.26 und Bild 12.27 links) mit mehreren kleineren „Sprüngen".

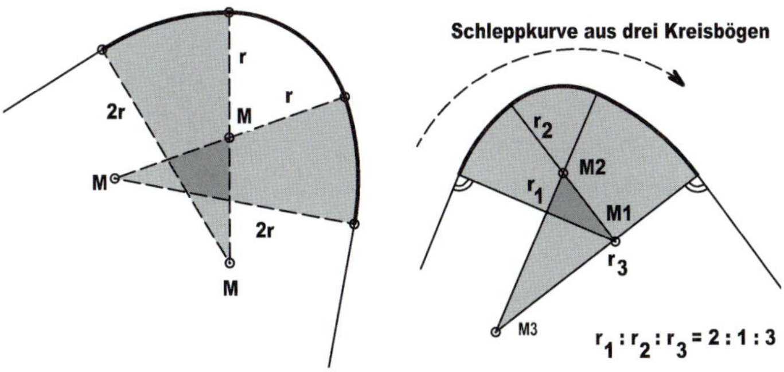

Bild 12.26 Korbbogen (allgemein und speziell)

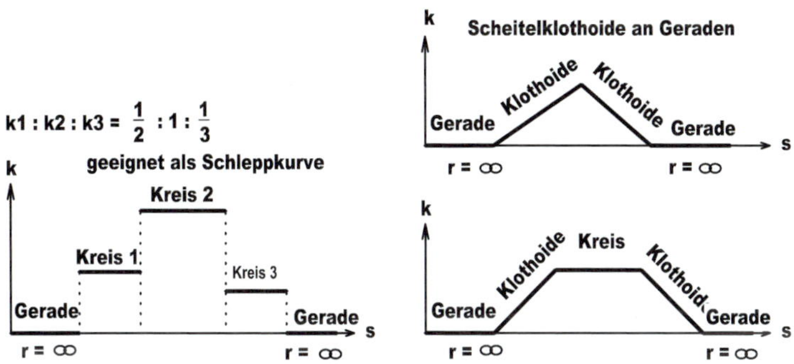

Bild 12.27 Krümmungsbilder mit Korbbogen und zwei Klothoiden

Der Übergang von der Gerade zum Kreis wird dabei durch weitere Kreise mit verschiedenen Radien geschaffen. Eine exakte Lösung des Übergangs sowohl zwischen Gerade und Kreis als auch ganz allgemein des Übergangs zwischen Bögen verschiedener Krümmung bieten Klothoiden. Für das Fahren mit hohen Geschwindigkeiten auf Straßen und Schienen ist eine Übergangskurve zwischen Gerade und Kreis zwingend erforderlich.

Die *Klothoide* (Bild 12.28) ist für die Straßen- und Schienenbauplanung die Näherung der idealen Lenkradkurve. Sie verbindet die Gerade mit dem Kreisbogen in stetiger Linienführung und konstanter Krümmungsänderung (Bild 12.27 rechts). Beim Fahren mit konstanter Geschwindigkeit kann das Lenkrad mit gleichbleibender Winkelgeschwindigkeit gedreht werden.

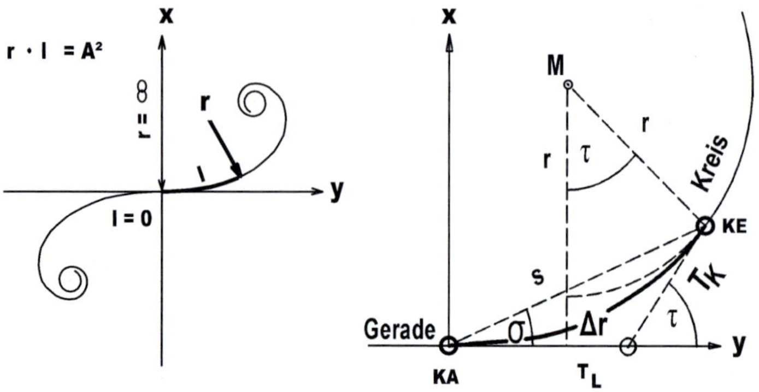

Bild 12.28 Klothoide und deren Parameter

Für den Klothoidenbogen sollen gelten (Bild 12.28 rechts):

KA - Klothoidenanfang, *KE* - Klothoidenende,

M - Mittelpunkt, *s* - Sehne, *r* - Radius in *KE*,

Δr - Tangentenabrückung, τ - Tangentenrichtung, σ - Sehnenrichtung,

T_L - lange Tangente, T_K - kurze Tangente,

$L_{Ü}$ - Länge des Übergangsbogens zwischen *KA* und *KE*

Die Klothoide (Cornu'sche Spirale) ist eine ebene Kurve mit stetig wachsender Krümmung. Das Produkt aus Bogenlänge $L_{ü}$ und zugehörigem Radius *r* ist konstant (Grundgleichung).

$$L_{Ü} \cdot r = \text{const} = A^2 \tag{12.23}$$

A als Klothoidenparameter ist ein Maßstabsfaktor, ähnlich wie der Radius für den Kreis. Alle Klothoiden sind geometrisch einander ähnlich. Sie können auf eine Einheitsklothoide mit dem Parameter $a = 1$ reduziert werden. Aus der Grundgleichung und der Krümmung

$$k = \frac{1}{r} = \frac{L_{Ü}}{A^2} = \frac{\mathrm{d}\tau}{\mathrm{d}L_{Ü}} \tag{12.24}$$

von $k = 0$ bis $k = \infty$ folgen für den Tangentenwinkel

$$\tau = \frac{L_{Ü}}{2 \cdot r} \cdot 63{,}662 \text{ gon} \tag{12.25}$$

(63,662 gon = 200 gon/π)

oder

$$\tau = \frac{L_{Ü}^2}{2 \cdot A^2} = \frac{A^2}{2 \cdot r^2} \tag{12.26}$$

Bei $R = L = A$ ist $\tau = 31{,}831$ gon (= 100 gon/π = $\rho/2$).

Im praktischen Gebrauch werden Klothoiden nicht nur für den *Übergangsbogen* von der Gerade zum Kreis benutzt. Die *Eilinie* (Bild 12.29 links) verbindet zwei gleichsinnige Kreisbögen. Das Klothoidenstück hat an den Enden gleiche Tangenten und Radien wie die beiden Kreise. Die *Scheitelklothoide* (Bild 12.29 rechts) verbindet zwei Geraden mittels zwei Klothoidenästen.

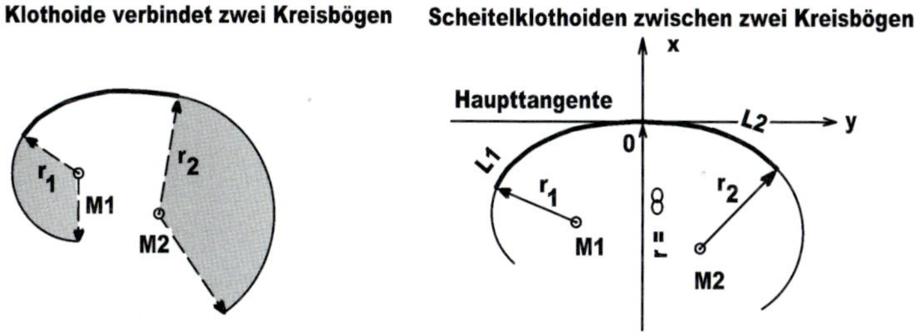

Bild 12.29 Eilinie und Scheitelklothoide

Die *Wendelinie* (Bild 12.30) verbindet zwei gegensinnige Kreisbögen über zwei Klothoidenäste (S-Kurve). Weiterhin wird mit Klothoidenfolgen geplant, z. B. der *Korbklothoide.* Der häufigste Anwendungsfall ist die Verbundkurve aus Gerade - Klothoide - Kreisbogen - Klothoide - Gerade.

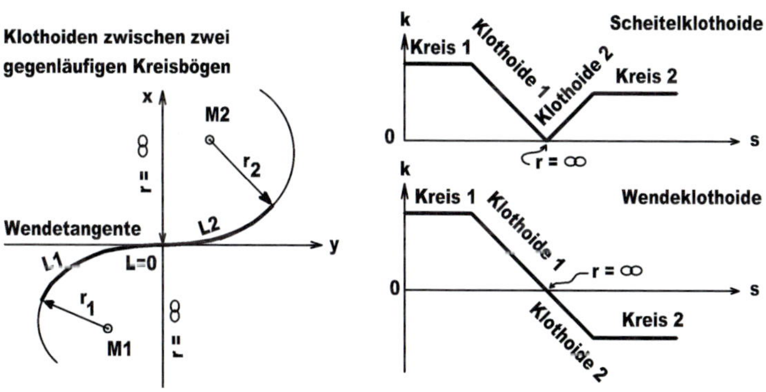

Bild 12.30 Wendeklothoide

Örtliche Zwangsbedingungen können die Trassierung und Konstruktion mit dem Entwurfselement Klothoide sehr vielfältig gestalten und erheblich komplizieren.

Die Basis der Absteckung von Klothoiden sind Berechnungstafeln der *Einheitsklothoide* und Berechnungsprogramme mit Reihenentwicklungen zur Bestimmung der *x,y*-Koordinaten. In CAD-Programmen sind entsprechende Berechnungen implementiert, um Klothoiden in Lageplänen zu konstruieren. Eingangsgrößen können meist runde Parameter, runde Radien und runde Übergangsbogenlängen sowie Tangentenwinkel, Sehnentangentenwinkel, Tangentenabrückung, Tangentenlänge, Koordinaten des Kreismittelpunktes oder Sehnenlängen sein. Die Absteckung kann ähnlich der Kreisbogenabsteckung polar oder orthogonal, bezogen auf die Tangente oder Sehne, vorgenommen werden. Zur Absteckung von einem trassennahen Polygonzug aus sind die Klothoidenkoordinaten in das übergeordnete Koordinatensystem zu transformieren. Eine Näherungslösung zur orthogonalen Absteckung eines Bogenpunktes von der Sehne aus bieten die Pfeilhöhen *h*. Bei dieser Näherungslösung am Klothoidenbogen spricht man von der 2/8-Methode. Sie dient der Punktverdichtung gleich langer Bogenstücke (Bild 12.31).

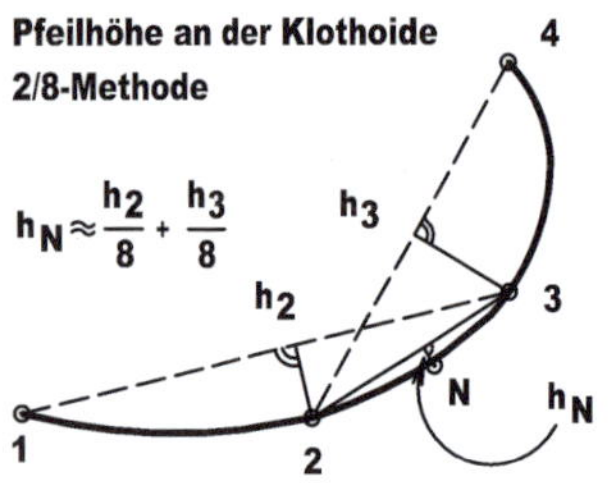

Bild 12.31 Pfeilhöhen an der Klothoide

$$h \approx \frac{b^2 \cdot L_{\ddot{U}}}{2 \cdot A^2} \tag{12.27}$$

$$h \approx \frac{h_1}{8} + \frac{h_2}{8} \tag{12.28}$$

■ 12.8 Alignement und Lotung

Das *Alignement* ist das Einrichten von Punkten in eine Gerade oder das Bestimmen kleiner Abweichungen aus der Fluchtlinie zwischen festgelegtem Anfangs- und Endpunkt. Ein Anwendungsfall ist die Überwachung von Ausbiegungen der Dammkrone einer Staumauer.

Die *Lotung* ist das Einrichten von Punkten in die Richtung der Lotlinie oder das Bestimmen horizontaler Abweichungen aus der Lotlinie. Anwendung finden Lotungsmessungen beim Bau von Hochhäusern, Türmen, Industrieanlagen u.a., bei Überwachungsmessungen von Staumauern, Brücken und bei verschiedenen Tiefbau- und Bergbauarbeiten. Es gibt mechanische und optische Lotungen, direkte und indirekte Verfahren. Mechanische Lotungen sind wind- und erschütterungsanfällig und können durch entsprechende Dämpfungen (Bild 12.32 oben links) zuverlässiger werden. *Optische Nadir-* und *Zenitlote* sind Instrumente, um Absteckpunkte direkt im Gebäude von einer Etage in die nächste zu übertragen oder um die Montage von Aufzügen in ihren Schächten vermessungstechnisch zu begleiten. Diese Präzisionslote zeichnen sich durch eine hohe Fernrohrvergrößerung und eine genaue Horizontiervorrichtung aus. Die modernsten Instrumente sind Laserlote und optische Lote mit Kameras. Zum Senkrechtstellen von Stützen genügt eine indirekte Lotung von zwei vom Messobjekt etwa rechtwinklig zueinander stehenden Theodolitstandpunkten aus (Bild 12.32 unten rechts). Der Schnitt der zwei Vertikalebenen ist die Lotrichtung. Oben und unten an der Stütze mittig angebrachte Zielmarken werden ausgerichtet. Beobachtungen in zwei Fernrohrlagen dienen der Kontrolle und erhöhen die Genauigkeit.

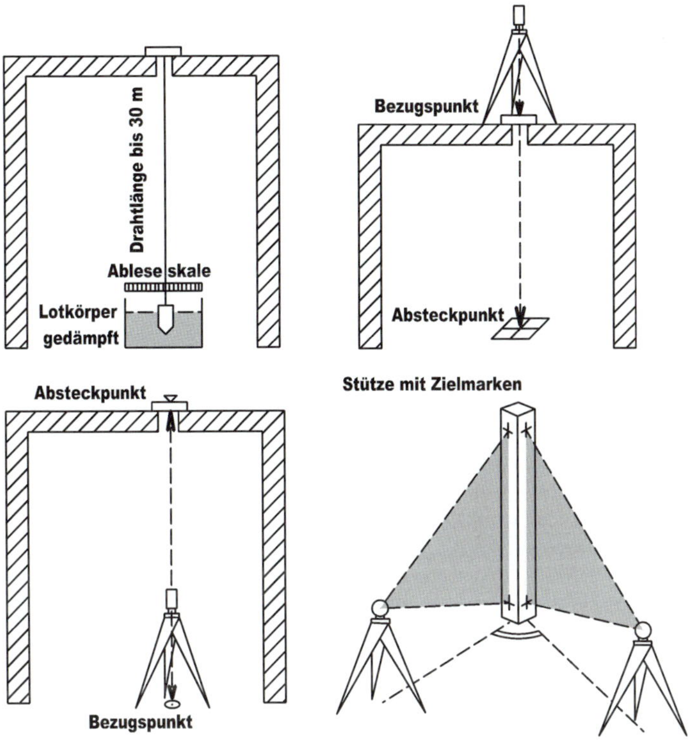

Bild 12.32 Lotungen: Draht- (oben links), Nadir- (oben rechts), Zenit- (unten links) und Ebenenlotung (unten rechts)

Zum Abschluss des großen Kernthemas der Ingenieurgeodäsie „Absteckung“ folgt Teil II der kurzen Vermessungsgeschichte. Sie spielt allerdings nicht auf dem Eigenheimgrundstück der Teilungsgeschichte von Abschnitt 2.2, sondern bei baubegleitenden Messungen zur Errichtung einer Lagerhalle.

Teil 2 einer Vermessungsgeschichte – Die Absteckung (Teil 1 im Abschnitt 2.2 ab Seite 24)

15 Meter hohe Fertigteilstützen sind abzustecken und aufzustellen. Die Vorbereitungen der Instrumente, Gerätschaften und Messungsunterlagen am Abend des Vortages der Messung ähneln denen der Geschichte in Abschnitt 2.2. Unterschiede sind zum einen, dass statt Katasterrissen vorrangig die Absteckmaße und Absteckrisse benötigt werden, und zum anderen der Tagesauftrag meist nicht vom Grundstückseigentümer, sondern vom Bauleiter der ausführenden Baufirma erteilt wird. Vor Wochen machte sich der Messtrupp, bestehend aus zwei Geodäten, auf den Weg, und es entstand das geodätische Lage- und Höhennetz für die gesamte Baustelle am Rand der Zufahrtsstraße um eine geplante Lager-

halle herum. Sechs Messpunktbolzen bilden das lokale *Festpunktfeld* mit entsprechenden Lagekoordinaten. Die Oberkanten der Bolzen wurden nivelliert. In einem zweiten Schritt erhielten die Geodäten entsprechend den vom Architekten geplanten und vom Bauaufsichtsamt genehmigten Unterlagen mit den Achsplänen der Halle vom Bauherren den Auftrag zur Erstabsteckung. Pfahl und Nagel markierten jetzt die Hauptachsen der Reihe *A*, *B*, *C* etc. und die Achsen der orthogonalen Reihe 1, 2, 3 etc. Mit dem Zusatzauftrag der Baufirma sicherte der Vermesser sofort die Achsrichtungen durch weitere Nägel auf die von der bauausführenden Firma aufgestellten Schnurgerüste.

Der Messtag auf der Baustelle begann mit dem Abgleich des Auftrages mit den tatsächlichen Anforderungen vor Ort aus Sicht des Poliers. Abweichungen sind möglich: Nicht eine Stütze, sondern eine ganze Reihe soll abgesteckt werden! Ein Anschlusspunkt ist über Nacht zerstört worden! Maße sollen nicht direkt, sondern indirekt abgesteckt werden! Ein Maß hat sich aufgrund eines Planungswiderspruchs geändert! Je nach Umfang der Auftragsveränderung muss der Bauverantwortliche mit seinem Bauleiter telefonieren, der Vermessungstechniker mit seiner Büroleiterin. Die Fragen sind: Müssen die Änderungen der Planungsunterlagen des Architekten neu freigegeben werden? Muss ein neuer Arbeitsauftrag unterschrieben werden? Ist bei Mehrleistungen auf dieser Baustelle der Folgeauftrag des Vermessungstechnikers auf der anderen Baustelle am Nachmittag in Gefahr?

Wenn alles geklärt ist, können die Messungen beginnen. Die 15 Meter hohe Stütze im Achskreuz *A*-1 sollte es sein. Es geht noch nicht los – in der Spätschicht sind Schaltafeln und Bewehrungsmatten in der Sichtachse abgeladen worden, und ein Transporter steht auch noch auf einem Festpunkt. Der Vorarbeiter sieht: Der Kran steht günstig und entscheidet: Wir beginnen mit Stütze *A*-2. *A*-1 bekommt später die erforderliche Messfreiheit. Die riesigen vorgefertigten Stützen gibt es in zwei Varianten – 1. als blanke Stütze, die in die Hülse eines bereits betonierten Fundaments zu stellen ist, und 2. als Stütze, die mit Hülse und Fundamentplatte zusammen vorgefertigt ist. Im zweiten Fall ist ein einfacher Betonklotz als Fundament nicht ganz so exakt in den Boden der Hallenachsen zu gießen. Wir stecken eine Stütze dieser zweiten Art ab.

Bei der Einordnung des Stützenkörpers auf dem Grundstück gibt es wie bei jeder geometrischen Lagebeziehung eines Körpers im Raum sechs Freiheitsgrade zu beachten (drei Translationen, drei Rotationen, Bild 12.33). Es sind die Verschiebungen in Richtung x, y, z eines orthogonalen Koordinatensystems und die Drehungen um dieselben Achsen. In unserem Fall sind es Verschiebungen in Richtung der Zahlenachsen (hier Achse 2), in Richtung der Buchstabenachsen (hier Achse A) und die Bewegungen in der Höhenrichtung nach oben und unten. Dazu kommen die Kippungen und Neigungen in Richtung der Zahlen- und Buchstabenachsen sowie die Verdrehung der Stützenachse.

Der Messtruppführer entscheidet sich dafür, das Problem der Messfreiheit und schlechten Sichten etwas zu umgehen. Über die freie Standpunktwahl und Messung von Richtungen und Strecken zu zwei der Anschlusspunkte des Baustellenfestpunktnetzes ist die eindeutige Einordnung des beliebigen Standpunktes des Tachymeters im Koordinatensystem möglich. Er nimmt zur Kontrolle und Genauigkeitssteigerung die Messung zu einem dritten Anschlusspunkt für die freie Standpunktwahl auf.

Bild 12.33 Stützenabsteckung mit dem Tachymeter

Für die vier Neupunkte in den Achsenrichtungen, je einen Meter entfernt vom Achsschnittpunkt A-2, wurden Koordinaten errechnet. Anschließend hält die zweite Person das Absteckprisma auf dem Fundament auf. Iterativ nähert sich das Prisma dem gesuchten Punkt. In zwei, drei oder vier Schritten ist der gesuchte Punkt erreicht. Mit Bleistiftstrichen markiert und kleinen Nägeln vermarkt, ist die Absteckung zum Aufstellen der Stütze für die beiden Vermesser mit vier Punkten erledigt. Zum besseren Einweisen der Stütze können die Achsen A und 2 auf dem Fundament durch Bleistiftlinien über die zwei Nägel hinweg verlängert werden. Die Höhe für die Stütze steckt die Baufirma selbst ab. Mittels Nivellier wird die Höhe von einem Punkt des Baulage- und -höhennetzes übernommen und die Sollhöhe mit verschiedenen übereinandergeschichteten Stahlplatten in der Fundamentmitte, dem Achskreuz, realisiert. Damit bleibt die vom Kranführer abgestellte Stütze zwar dreh- und kippbar, aber immer in der richtigen Höhe. Der erste „Freiheitsgrad“ ist fest.

Am Stützenkörper mit der Bodenplatte sind, bevor die Stütze am Kranhaken hing, an den Stellen, die später in den Achsrichtungen stehen sollen, Strichmarkierungen angebracht worden. So kann die Stütze unmittelbar vor dem Aufsetzen von je einem Arbeiter an einer Stützenseite so lange geschoben werden, bis die Striche auf dem Fundament und dem Stützenkörper zentimetergenau aneinanderstoßen (Bild 12.34). Der zweite und dritte Freiheitsgrad in den Richtungen der Lageachsen A und 2 sind fixiert. Die Verdrehung der Stütze sollte damit ebenfalls grob beseitigt sein. Das Kippen und Neigen in den zwei Achsrichtungen ist noch zu beseitigen. Praktisch beginnt das Lotrechtstellen der Stütze. Sie hängt noch am Kranhaken, taumelt, sitzt aber fest auf den Stahlplatten auf. Der Vermessungstechniker wird nicht gebraucht. Der Polier besitzt selbst einen Theodolit und beherrscht ihn. Er stellt den „Theo“ etwa 15 m … 20 m entfernt von der Stütze so genau wie augenscheinlich möglich in einer Achsrichtung auf, horizontiert, zielt an und fokussiert auf den kleinen Achsnagel und die untere Mittenmarkierung der Stütze. Bei festgestelltem

Horizontaltrieb des Theodolits schwenkt er im Vertikalkreis zum Stützenkopf und weist die zwei Arbeiter links und rechts der Stütze an, Holzkeile unter das Fundament zu treiben oder gegenüber zu lockern, bis die mittige Markierung am Stützenkopf mit dem Vertikalstrich des Strichkreuzes im Sehfeld des Theodolits zur Deckung kommt. Gleiches geschieht anschließend in der orthogonalen zweiten Achsrichtung. Keile fixieren die Stützenfundamentplatte auf dem Bodenfundament (Bild 12.34 links). Zur Kontrolle werden Kopf- und Fußmarkierungen in der zweiten Fernrohrlage anvisiert. Besser und schneller könnte mit zwei Theodoliten gleichzeitig aus beiden orthogonalen Richtungen gemessen werden.

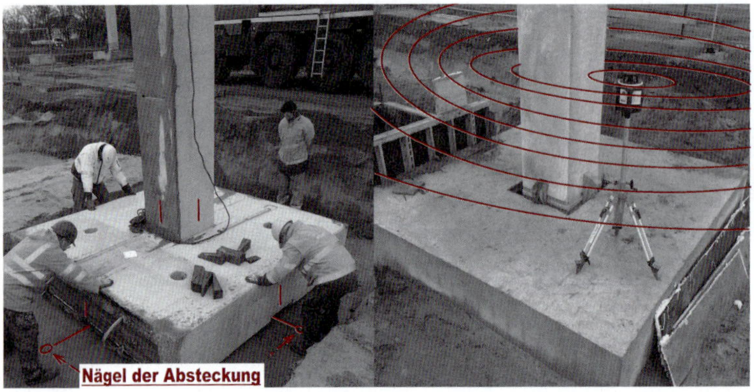

Bild 12.34 Stütze ausrichten und Höhenkontrolle mit einem Rotationslaser

Der Vermessungstechniker kontrolliert seine Absteckung der vier Nägel durch die unabhängige Aufmessung von einem zweiten frei gewählten Standpunkt aus. Die Baufirma kontrolliert das Verdrehen und Neigen durch einfache Peilung entlang der Kanten über alle Stützen hinweg. Mittels Anschlagschiene und Wasserwaage werden die Richtung und das Kippen von Stütze zu Nachbarstütze überprüft. Ebenfalls bauseitig werden mit dem Messband oder Lasermessinstrument *(LaserDisto)* die lichten Maße von einer Stütze zur nächsten gemessen und protokolliert. Mit der Bezugsebene eines Rotationslasers können alle Höhenunterschiede des Stützenfundaments großflächig überprüft werden (Bild 12.34 rechts). Durchweg zu beachten bleibt, dass Ecken-, Seitenwand- und Mittelstützen meist verschiedene Querschnitte aufweisen, quadratisch oder rechteckig sind und exzentrisch zu Achsschnittpunkten stehen können.

Der Vermessungstechniker liefert als Nachweis seiner Arbeit den Absteckriss mit allen Punkten und Maßen seiner Messungen gleich oder am nächsten Tag ab, verabschiedet sich beim Polier oder Bauleiter - eventuell gleich mit einem neuen Termin und Auftrag für kommende Absteckungen - und zieht am Nachmittag zur nächsten Baustelle.

Was wird aus den Holzkeilen, die das Stützenfundament noch immer allein fixieren? Halten sie und die Stahlplatten der Höhenabsteckung die Stützen? Natürlich nicht. Die Betonplatte unten am Stützenfuß hat an allen vier Seiten vorgefertigte, durchgehende Öffnungen (im Bild 12.34 links sichtbar). Durch diese Öffnungen wird Beton gepresst, der die Stahlplatten umfließt und alle Hohlräume zwischen dem Bodenfundament und der Stützenfußplatte füllt.

12.9 Baumaschinensteuerung

Schwere Baumaschinen wie Straßenfertiger werden konventionell durch eine mechanische Abtastung eines vorher exakt abgesteckten, gespannten Leitdrahtes sowohl in der Lageposition als auch in der Höhe geführt. Seit über 30 Jahren werden Rotationslaser eingesetzt, die Schilde von Planierraupen in einer horizontalen oder geneigt aufgespannten Referenzebene in der Höhe steuern. Zielverfolgende Tachymeter mit modernster Rechentechnik und Telemetrie und die *Real Time Kinematik* bei GNSS-Messungen im Sekundenbruchteiltakt mit Zentimetergenauigkeit bilden seit 15 Jahren die Basis dafür, dass sich 3D-Steuerungen für Baumaschinen aller Art für kinematische Absteckungen durchsetzen. Beispiele sind Tunnelbohrmaschinen, Erdpfahlbohrgeräte, Asphalt- und Betonfertiger, Raupen, Bagger, Grader, Walzen, Fräsen (siehe Fotos der Firma Leica Geosystems AG, Bilder 12.35 bis 12.39). Die Basisdaten sind genaue digitale Gelände- und Planungsmodelle. Die erste und einfachste vermessungstechnische Lösung ist die geometrische Korrekturanzeige für die Maschinenführung. Es werden laufend Höhen-, Lage-, Neigungs- oder 3D-Informationen bzw. Maßabweichungen und Korrekturanweisungen zur Projektgeometrie angezeigt, und der Maschinenbediener setzt die Technik entsprechend in Bewegung. Der nächste Schritt vermessungstechnischer Entwicklung ist das halbautomatische System. Der Bediener lenkt die Maschine mit dem Werkzeug. Die Hydraulik zur Höhenverstellung des Raupenschildes wird automatisch innerhalb geometrischer Toleranzen gehalten. Die dritte und höchste technische Stufe der Baumaschinensteuerung ist die vollautomatische 3D-Steuerung, die praktisch bei Betonfertigern für Gleitschalungen realisiert ist. Der geschlossene Regelkreis muss Fertigungsgenauigkeiten unter einem Zentimeter erreichen können. Die Einflussgrößen Geländeform, Projektgeometrie, räumliche Bewegung der Stellglieder der Baumaschine, Messanordnung, Messbedingungen sind permanent neu zu bewerten. Der Bediener nimmt nur auf die Arbeits- bzw. Fortbewegungsgeschwindigkeit der Baumaschine Einfluss. Aus geodätischer Sicht sind für derartige kinematische 3D-Absteckungen höchste Anforderungen umzusetzen. Dazu zählen die hohe Genauigkeit und feldtaugliche Robustheit der Messsensoren (Tachymeter, GNSS, Laser, Neigungssensor, *Odometer* – Wegstreckenzähler aus Radumdrehungen, Scanner etc.), die hohe absolute und relative Positioniergenauigkeit mehrerer Systeme gleichzeitig und die ausreichend hohe Messfrequenzen von über 10 Hz (10 Aktionen/Sekunde). Die „Totzeiten" sind zu verringern. Die vielseitige, vernetzte Datenkommunikation ist zu organisieren. Die Stabilität der Datenübertragung, die Zeitsynchronisation aller Sensoren, die permanente Zielverfolgung und die Kontrollen der Messungen und Berechnungen im laufenden Arbeitsprozess sind die neuen Herausforderungen.

Bild 12.35 Raupe und Walze

Bild 12.36 Bagger und Bohrer

Bild 12.37 Grader und Kantenfertiger

Bild 12.38 Absetzer und Erdfräse

Bild 12.39 Raupe-Grader-Verband

12.10 Prüfungsaufgaben

1. Wie können ganz allgemein Absteckungen kontrolliert werden? Nennen Sie drei Beispiele! Wie werden Kreisbogenabsteckungen kontrolliert?
2. Nennen Sie mindestens drei verschiedene Möglichkeiten, einen rechten Winkel abzustecken!
3. Ein Fundament soll die Höhe 78,100 m ü.NHN bekommen. Ein Höhenpunkt *HP*1 = 77,362 m ü.NHN steht als Anschluss zur Verfügung. Mit einer Nivellieraufstellung kann die Höhe abgesteckt werden. Mit dem beliebig aufgestellten, horizontierten Nivellier ist an der Nivellierlatte am *HP*1 ein Rückblick $r = 2{,}121$ m abgelesen worden. Bestimmen Sie den Absteckwert v!
4. Erklären Sie die Begriffe Übergangsbogen, Korbbogen, Klothoide und deren Bedeutung für die Bogenabsteckung!

5. Der Absteckplan (Bild 12.40 links) des Architekten für ein rechteckiges Eigenheim enthält nur die allernotwendigsten Maße zur Platzierung auf dem Grundstück.
   a) Bestimmen Sie alle fehlenden orthogonalen Absteckwerte und Kontrollmaße!
   a) Bestimmen Sie für die vier Eckpunkte desselben Objektes die polaren Absteckwerte für den Instrumentenstandpunkt in *B* mit der Anschlussrichtung nach *A* (Bild 12.40 rechts)!

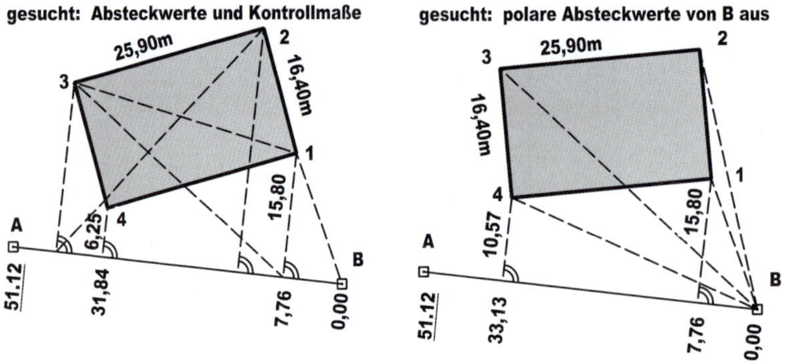

Bild 12.40 Prüfungsaufgabe: Absteckplan (orthogonal), Absteckplan (polar)

6. Berechnen Sie die Länge eines kreisförmig verlaufenden Weges mit dem Radius r = 140,00 m und dem Zentriwinkel α = 40,000 gon!
7. Berechnen Sie für die Absteckung eines Schienenkreisbogens mit dem Radius r = 350 m die rechtwinkligen Koordinaten von der Tangente aus (x-Achse) für eine 10-m-Stationierung in den Stationen 0 + 10; 0 + 20; 0 + 30 und dem Endpunkt und die entsprechenden Pfeilhöhen als Kontrollmaße! Die Länge der Sehne vom Bogenanfang zum Bogenende wurde mit 36,234 m gemessen.
8. Ein Radweg besteht aus einem Kreisbogen der Länge 40 m und hat den Radius 50 m. Alle 2,5 m ist ein Bogenzwischenpunkt mit der Genauigkeit der Näherungsformeln nach Pfeilhöhen abzustecken. Berechnen Sie die Absteckwerte der Pfeilhöhenmethode für die Stationierungen 2,5 m; 5,0 m und 7,5 m innerhalb eines 10-m-Bogenstücks!
9. Bestimmen Sie die Sehnenlänge und Pfeilhöhe für den im Bild 12.41 links gegebenen Bogen!

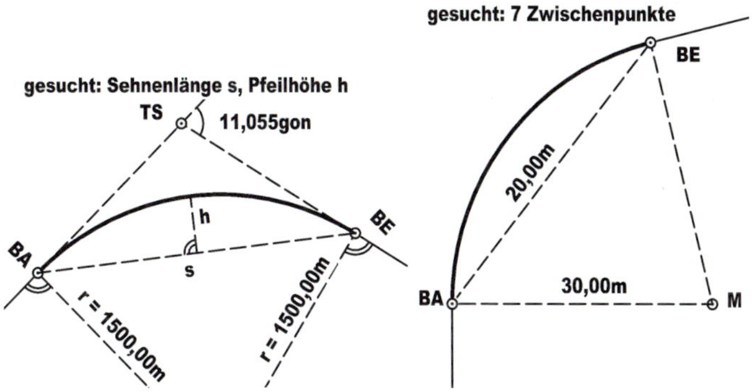

Bild 12.41 Prüfungsaufgabe: Sehnenlänge, Pfeilhöhe

10. Bestimmen Sie für den im Bild 12.41 rechts gegebenen Bogen die Absteckwerte für sieben gleichverteilte Zwischenpunkte nach der Pfeilhöhenmethode!
11. Bestimmen Sie den fehlenden Winkel γ und die Fläche *BA, TS, BE, M* aus der im Bild 12.42 links gegebenen Bogengeometrie α und β!

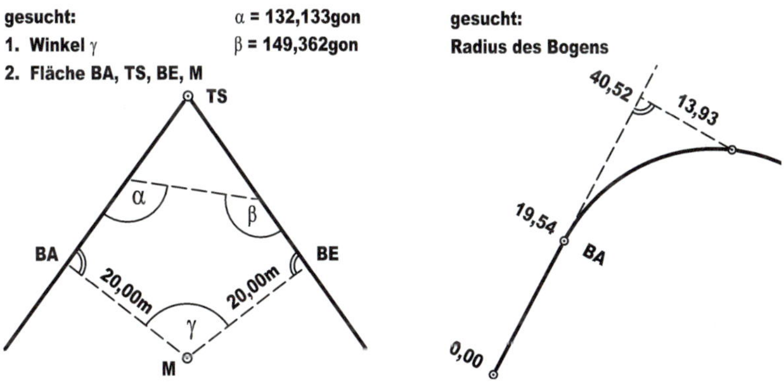

Bild 12.42 Prüfungsaufgabe: Winkel und Fläche aus Bogenhauptpunkten (links), Bogenradius (rechts)

12. Wie groß ist der Radius des folgenden Bogens (Bild 12.42 rechts)?
13. Wie groß ist die Bogenlänge des folgenden Bogens (Bild 12.43 links)?

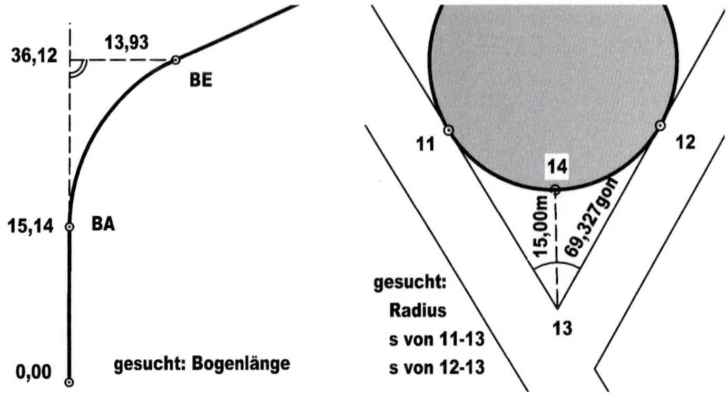

Bild 12.43 Prüfungsaufgabe: Bogenlänge aus Orthogonalmaßen (links), Radius und Kreisfläche nach gegebenen Aufmaß (rechts)

14. Bestimmen Sie Radius und Fläche des Kreises aus dem Aufmaß nach Bild 12.43 rechts!

13 Überwachungsmessungen

Überwachungsmessungen sind Baukontroll- und Deformationsmessungen. Die Übergänge zwischen Baukontrollmessungen und anderen Überwachungsmessungen sind allerdings fließend. Baukontrollen finden vor, während und unmittelbar nach einer Baumaßnahme statt. Sie können anschließend als Überwachungen in technisch gleicher Art und Weise über die gesamte „Lebenszeit" der baulichen Anlage hinweg fortgesetzt werden.

Messungen zur Baukontrolle können gesetzlich vorgeschrieben sein, oder der Nachweis von geometrischen Veränderungen (Deformationen) liegt im Interesse des Eigentümers oder Betreibers der baulichen Anlage. Die Veränderungen werden relativ oder absolut im Vergleich zur Umgebung nachgewiesen. Die Messungen geschehen in geplanten unregelmäßigen Intervallen oder zu vorgegebenen Be- und Entlastungszeitpunkten oder permanent im Tages-, Stunden-, Minuten-, Sekundentakt oder bis zu einer Abtastrate von 100 Hz. Eingesetzte Messinstrumente und Messverfahren bei Baukontroll- und Deformationsmessungen gleichen sich.

13.1 Baukontrollmessung

Baukontrollmessungen sind während oder nach der Errichtung baulicher Anlagen durch die Bauordnungen der Länder sehr unterschiedlich vorgeschrieben. Damit kann regulierend in den Bauprozess eingegriffen werden. Die Absteckungen bzw. die ersten Baumaßnahmen nach diesen Absteckungen sind zu überprüfen. Die Endkontrolle erbringt den Qualitätsnachweis für die Größe, Lage und höhenmäßige Einordnung des fertigen Bauproduktes. Darüber hinaus dienen Baukontroll- und andere Überwachungsmessungen der Beweissicherung, der Stand- und Betriebssicherheit, der Schadens- und Beanspruchungsanalyse.

Es gibt absolute und relative Baukontrollmessungen. *Absolute Baukontrollmessungen* bilden Lageabweichungen der baulichen Anlage zu den Grundstücksgrenzen mit dem Bezug zum übergeordneten Festpunktnetz ab. Sie liefern die Höhe im amtlichen Höhenbezugssystem und können Höhenangaben des gesamten Baukörpers zur Bestimmung tatsächlicher Abstandsflächen liefern.

Relative Baukontrollmessungen, zum Beispiel im Hochbau, dienen dem Nachweis der Länge, Breite, Ebenheit der Fundamente, der Lage und Höhe von Stützenfüßen, der Lotrechtstellung der Wand- und Aufzugsschachtelemente und kontrollieren Rohdeckenoberflächen, Fassaden, Riegel- und Deckenauflager. Stauchungen, Schrumpfungen, Dehnungen, Verdrehungen und andere geometrische Veränderungen durch Materialaushärtungen; Wind- und Temperatureinflüsse können untersucht werden.

Bei Baukontrollmessungen angewendete Messinstrumente, Messverfahren und Berechnungsmethoden unterscheiden sich im Allgemeinen nicht von denen bei anderen Vermessungsaufgaben im Baugeschehen. Eine Ausnahme bilden die Baukontrollen zur Bauteilprüfung. Für diese Art von Baukontrollen stehen für kleinteilige geometrische Untersuchungen zahlreiche Spezialinstrumente zur Verfügung.

In der Bauteilprüf- und -messtechnik sind analoge und digitale Messschieber, Schraubenmikrometer, mechanische Distometer, Strainmeter, Fissurometer, Dehnungsmessstreifen, Fugenspaltmessinstrumente, Spezialstahlwinkel, -stahllineale und andere Instrumente im Einsatz. Auf diese Instrumente soll nicht näher eingegangen werden. Extensometer, Klinometer und Setzdehnungsmesser werden in Abschnitt 13.2 genannt.

Eine grobe Orientierung der vielfältigsten Messwerkzeuge dieser Art liefern Bild 13.1 und Bild 13.2:

- digitale Messuhr, 200 mm Messbereich, 0,001 mm Ablesegenauigkeit (Bild 13.1 oben links)
- Kornformmessschieber (analog) mit 0,1 mm Nonius-Genauigkeit (Bild 13.1 oben rechts)
- Messschieber mit Messuhr (Bild 13.1 unten links)
- induktiver Wegaufnehmer, 200 mm Messbereich, 0,01 mm Genauigkeit (Bild 13.1 unten rechts) (Tauchanker oder Drucktaster sind Messsensoren mit einem Anschlag am Bauteil.)

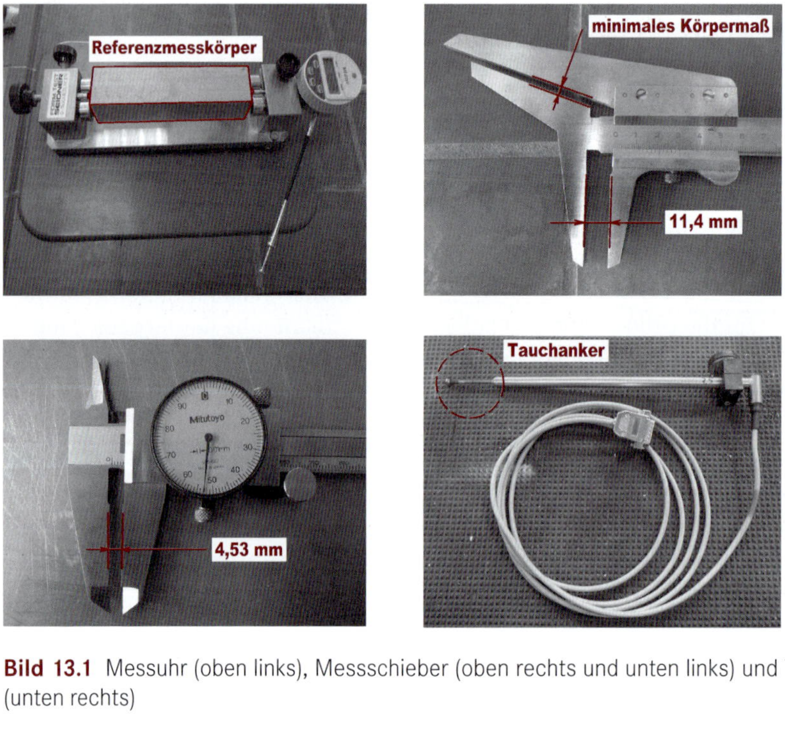

Bild 13.1 Messuhr (oben links), Messschieber (oben rechts und unten links) und Tauchanker (unten rechts)

Der Kornformmessschieber ist zweifellos etwas Besonderes, weil mit ihm parallel zwei Längenmaße entsprechend der DIN- bzw. EURO-Normvorgaben für Korngrößen eines Betonzuschlags bestimmt werden können. Das Korn wird in seiner größten Ausdehnung klassisch zwischen den Messschneiden des Messschiebers eingespannt und das Größtmaß abgelesen. Das Kleinstmaß ist unterschritten, wenn das Korn zwischen dem zweiten, automatisch eingestellten Schneidenpaar hindurch fällt. Der Stein ist praktisch zu flach.

Des Weiteren gibt es unter den Dehnungsmesstreifen nicht nur vielfältige Größen, sondern für die vielfältigen Anwendungsfälle (bis Rissfortschrittsmessungen) verschiedene geometrische Strukturen, wie parallele, senkrecht zueinander stehende oder kreisförmig angeordnete Streifenmuster. Dehnungsmessstreifen sind millimeter- oder zentimetergroß mit einer Messgenauigkeit von 1 % bis 3 % der Dehnung.

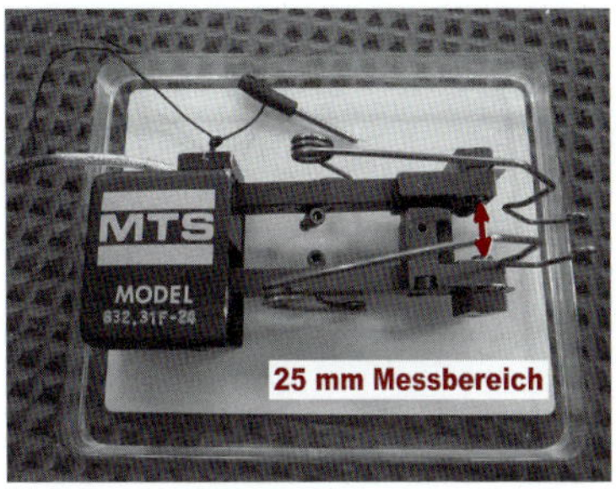

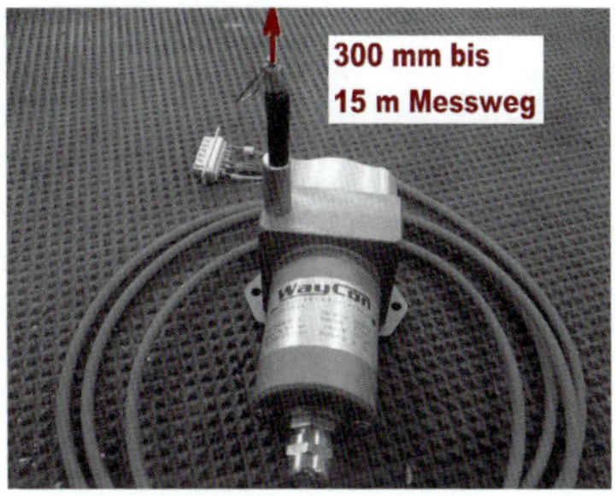

Bild 13.2 Dehnungsaufnehmer, 2,5-mm-Messbereich, 0,1-%-Genauigkeit (links), Seilzugsensor (rechts)

Seilzugsensoren bilden in ungestörten Innenbereichen relative Bauteilbewegungen zueinander mit z. B. 300 mm Messbereich bis 15 m Seillänge ab.

13.2 Deformationsmessung

Folgende geometrische Veränderungen an baulichen Anlagen werden untersucht:

Setzungen, Hebungen, Verformungen, Stauchungen, Dehnungen, Verschiebungen, Rutschungen, Neigungen, Schiefstellungen, Durchbiegungen, Schwingungen, Rissbildungen, Brüche und andere Veränderungen sind messbar.

Deformationsmessungen sind der Überbegriff zur Erfassung der genannten Phänomene. Deformationsmessungen weisen geometrische Veränderungen an baulichen Anlagen, Gelände- oder Industrieobjekten nach.

Es gilt, Bewegungen und Verformungen zu messen aufgrund

- der Veränderungen des Untergrundes (Bergbau, Grundwasser, Tektonik),
- der Eigenschaften des Materials (Ermüdung, Verwitterung, Kriechen, Schwinden),
- der Konstruktion,

- der Laständerung (Stauhöhe, Verkehrslast) und
- der wechselnden Umwelteinflüsse wie Wasser, Wind, Temperatur und Immissionen.

Regelmäßige oder sogar permanente Deformationsmessungen finden an baulichen Anlagen wie Türmen, Brücken, Tunneln, Hochhäusern, Staudämmen, Kraftwerken, Kranbahnen und Schienennetzen statt. Regelmäßige Deformationsmessungen sind außerdem an Industrieanlagen wie Großturbinen und besonders thermisch belasteten Chemieanlagen zwingend erforderlich. Boden-, Fels- und andere tektonische Bewegungen sind Gegenstand von Untersuchungen in Bergbaugebieten, an Rutschhängen, in Wasserabsenkungs- oder Erdbebengebieten.

Zeitfunktionen der Lage- oder Höhenänderungen bilden das Ergebnis der geodätischen Deformationsmessungen am deutlichsten ab. Die Deformation wird als geometrische Veränderung meist in Millimeter bis Meter angegeben. Die qualitativen Veränderungen sollen an sechs typischen Funktionen verdeutlicht werden (Bild 13.3 und Bild 13.4).

- Deformation, Beispiel: Wasserstandswechsel
- Deformation aufgrund des Tagesgangs der Sonne
- Deformation unter Windeinfluss
- Deformation des Baugrundes
- Deformation durch Verkehrsbelastung
- Deformation im Verlauf einer Wasserabsenkung

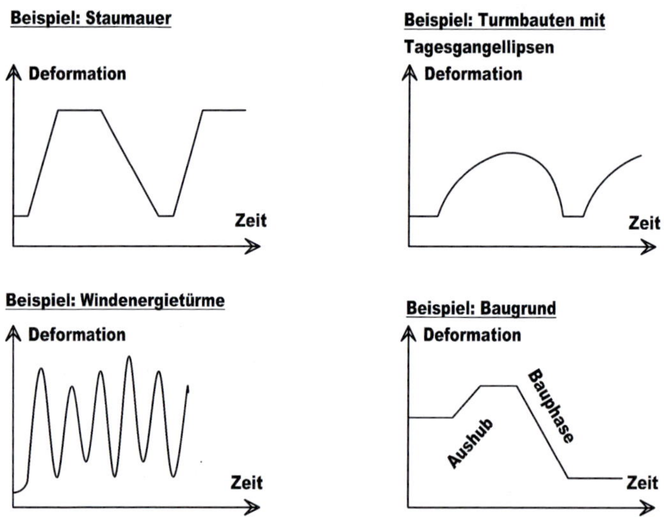

Bild 13.3 Deformationen von Staumauern, Türmen und Baugruben

Das Objektbeispiel in Bild 13.3 oben links zeigt schematisch den Deformationsverlauf einer Staumauer am Rückhaltebecken eines Flusses.

Variationsperiode: jährlich wiederkehrende Deformationsfolgen

Ursachen: Hoch- und Niedrigwasserstände

Die Be- und Entlastungen an Staubauwerken durch wechselnde Wasserstände führen bei geschütteten Dämmen zu anderen, geometrisch meist geringeren Veränderungen als bei Betonbauwerken. Die relativ starren Betondämme werden je nach Wasserdruck verbogen. Die Dauer der Be- und Entlastungsverformung ist nicht symmetrisch zwischen den Maximal- und Minimalwerten. Minimal- und Maximalwerte sollten elastisch zu gleichen Beträgen zurückkehren und keine plastischen Dauerdeformationen erreichen.

Das Objektbeispiel in Bild 13.3 oben rechts zeigt Deformationen an Schornsteinen, Funk- oder Fernsehtürmen.

Variationsperiode: täglich wiederkehrende Deformationen bei Sonnenschein

Ursachen: Tagesgang der Temperatur durch einseitige Sonneneinstrahlung

Die sonnenbestrahlte Seite, ob aus Stahl oder Beton, dehnt sich aus. Die Schattenseite bleibt kalt und ist unverändert kürzer. Eine Schiefstellung ist die Folge. Das Bauwerk weicht der Sonnenrichtung aus. Die Bauwerksachse folgt im Laufe eines Sonnentages etwa der Bahn einer Ellipse.

Das Objektbeispiel in Bild 13.3 unten links betrifft Hochhäuser, Windenergietürme, Hängebrücken, Masten.

Variationsperiode: Sekunden- bis 10-Sekunden-Takt

Ursachen: Windeinwirkung

Winde mit konstanter Stärke, verschiedener Stärke oder mit rasanten Änderungen der Stärke und Richtung wirken sehr unterschiedlich auf hohe bauliche Anlagen. Ein Wind mit konstanter Richtung und Stärke kann zu Resonanzen mit den Eigenfrequenzen der Bauwerksbewegungen führen und das Bauwerk zerstören.

Das Objektbeispiel in Bild 13.3 unten rechts kann bei normaler Bebauung von Grundstücken oder der Bewirtschaftung von Halden eintreten.

Variationsperiode: Tage, Wochen, Monate

Ursachen: Große Massenzufuhr oder -entnahme führen zur Bodenbelastung oder Bodenentlastung.

Gerade in innerstädtischen Bereichen sind der Abriss großer Gebäude, der Aushub und der anschließende Neubau von meist noch höheren Bauwerken durch vermessungstechnische Überwachungen zu begleiten. Allein die Hebungen und Setzungen aufgrund der Baumassen und zeitweisen Veränderungen des Grundwasserstandes können Zentimeterbeträge erreichen und die Nachbargebäude beeinflussen, die zu Setzungen und infolge dessen zu Rissen in den Wänden führen.

Das Objektbeispiel in Bild 13.4 links kann von einer Brückenüberfahrt stammen.

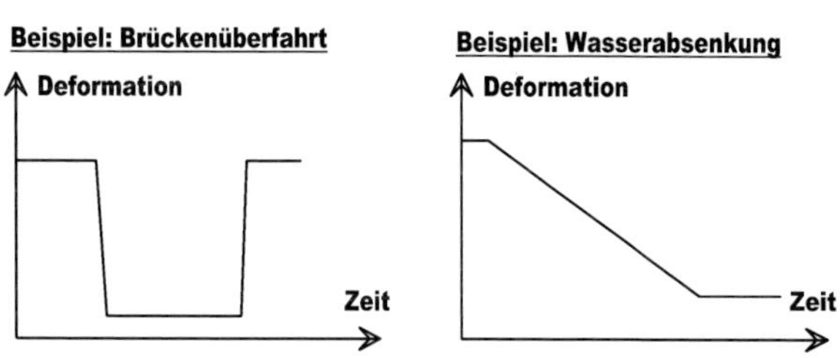

Bild 13.4 Deformationen an Brücken und Landschaften

Variationsperiode: Sekundensprünge

Ursachen: Verkehrsbelastung

Brücken sind aufgrund der wechselnden Verkehrsbelastung ständig Deformationen ausgesetzt. Horizontale und vertikale Schwingungen, Setzungen und Verdrehungen in der Brückenachse sind typisch. Eine regelmäßige Kontrolle von Setzungen im Vierteljahrestakt kann genauso geboten sein wie die Installation einer permanenten Sensorik, die Bauteile mit einer hohen Abtastrate von 10 Hz überwacht. Sicherheitstechnisch bedeutsam ist es, dass die Bauteile nach der Belastung in die Ausgangslage zurückkehren – die Deformation elastisch bleibt.

Das Objektbeispiel in Bild 13.4 rechts betrifft ganze Landschaften, Großstadtgebiete, Bergbaugebiete, Untertage-Bergwerke und Kippengelände mit Verdichtungen. Die Grafik ist sehr vereinfacht. Der Verlauf kann genauso nichtlinear in Schüben oder asymptotisch sein.

Variationsperiode: Jahre, Jahrzehnte

Ursachen: Der permanente Grundwasserentzug zur Trinkwasserversorgung, Wasserabsenkungen für Tagebaue oder der Wasseranstieg nach dem Tagebaubetrieb führen zu Setzungen, Hebungen bis hin zu Rutschungen oder gar Bergstürzen nach Hohlraumbildungen.

Der Baugrund mit und ohne Beeinflussung durch das Grundwasser ist für alle bodengebundenen baulichen Anlagen eine kritische Basiskomponente. Ein extremes Beispiel stellt Mexiko-Stadt dar. Im Zentrum stehen Bauten fast zwei Meter tiefer als vor 100 Jahren. Einige Areale sinken gegenwärtig mit zwei Zentimetern pro Monat. Der Hauptgrund ist die Trinkwasserentnahme aus dem Grundwasser. Umgekehrt können sich ausdehnende Bodenschichten, wie das Beispiel in der Altstadt von Staufen im Breisgau zeigt, Hebungen ganzer Stadtteile verursachen. Bohrungen für Erdwärmesonden brachten in diesem Fall Gips und Tonminerale zum Aufquellen mit Hebungen von 10 mm im Monat und mit fatalen Folgen für das Rathaus und zahlreiche andere Häuser.

Natürliche oder von Menschen bewirkte Verdichtungen von Halden und Kippen von Tagebaufolgelandschaften sind über lange Zeiträume messtechnisch zu überwachen. Dezimeterbeträge sind in den ersten Jahren der Setzungen und Verdichtungen zu erwarten. Sobald das Grundwasser zurückkommt und in den gestörten Schichten verschiedene Auswaschungen vornimmt und ein unkontrolliertes Fließverhalten auftritt, werden großräumige geodätische Messungen wissenschaftlich interessant. Jährliche Höhenänderungen des Geländes sind kaum zu prognostizieren.

Die vermessungstechnischen Aufgaben sind *absolute Messungen* und *relative Messungen*. Sie bestehen darin, am Untersuchungsobjekt absolute oder relative Lage- und Höhenänderungen bzw. reversible und irreversible Verformungen in Abhängigkeit von der Zeit und Belastung zu bestimmen. Kontinuierliche Messungen an allen Punkten des Objektes sind nicht möglich. Eine Ausnahme stellen Untersuchungen kurzzeitiger Deformationen mit Laserscannern oder fotogrammetrischen Methoden dar. Diskrete Messmarken sind so zu setzen, dass ein prognostiziertes Untersuchungsergebnis erzielt werden kann. Die Koordinaten dieser Einzelpunkte (ganz gleich ob Millimeter- oder Kilometerabstand) sind in regelmäßigen Zeitintervallen (im Sekundentakt oder durch eine Messung pro Jahr) wiederholt zu berechnen. Ergebnisse sind die Bewegungsmuster des gesamten Objektes als starrer Körper, dessen Verformung oder beide Komponenten. Grundsätzlich kann sich das gesamte Objekt im Raum eines kartesischen Koordinatensystems in drei Koordinatenrichtungen (Verschiebung) und um drei Achsrichtungen (Drehung) bewegen oder eine Maßstabsänderung erfahren (Ausdehnung, Schrumpfung).

Vermessungstechnisch wird meist der Bezug zur Horizontalebene oder Lotrichtung hergestellt. Man spricht von Setzungen, Schiefstellungen und Neigungen. Verformungen bilden sich geometrisch als Durchbiegung, Torsion, Dehnung oder Scherung ab. Spezialinstrumente mit Sensoren aus den Grenzbereichen zwischen der Ingenieurvermessung, der Geotechnik und der Fertigungsmesstechnik des Bau- und Maschinenwesens kommen zum Einsatz. Dazu zählen die bereits für Baukontrollmessungen genannten Distometer, Setzdehnungsmesser (Bild 13.5), Extensometer, Klinometer oder Inklinometer. In der Präzisionsmesstechnik kommen mechanische *Distometer* zur Messung von Distanzänderungen mit Strecken bis 30 m zum Einsatz. Invar-Drähte überbrücken die Strecke zwischen den zwei Messpunkten am Untersuchungsobjekt. Eine Messuhr weist Millimeterbruchteile bis 0,01 mm in einem kleinen Messbereich auf.

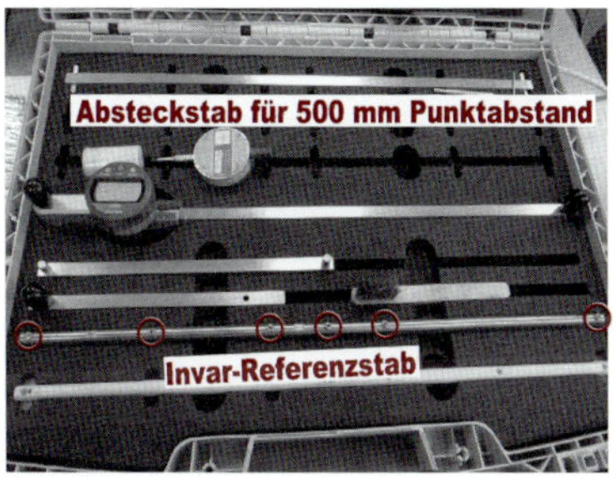

Bild 13.5 Setzdehnungsmesser

Zum Set des Setzdehnungsmessers gehören der Koffer mit Messpunktabstandsschienen, Messuhren, Invar-Kalibrierstäbe mit Messbereichen von 200 mm, 250 mm, 500 mm und Kugelpunktabtastung mit der Anzeigegenauigkeit 0,001 mm.

Setzdehnungsmesser bestehen aus einem festen Basisstab und einer Messuhr. Am Messobjekt werden Bolzen eingelassen. Der meist 50 cm lange Basisstab enthält einen festen und einen beweglichen Abtaster für die zwei Bolzenmitten. Die Messuhr löst am beweglichen Abtaster bis 0,001 mm auf. Für Wiederholungsmessungen zur Bestimmung der Längenänderung kann der Basisstab mit einem Invar-Stab kalibriert werden. Eine Anwendung der Setzdehnungsmesser im Bauwesen sind Kontrollmessungen an Mauerwerksrissen.

Extensometer (Dehnungsmesser) messen die Längenänderung zwischen zwei Punkten verschiedener Abstände mit verschiedenen Messsensoren und Auflösungen. Die Punkte für die Messungen sind gesondert zu vermarken bzw. mechanisch festzuhalten und durch einen starren Stab oder einen Draht fest verbunden. Bis 100 m Punktabstand können bis 0,1 mm aufgelöst werden, auf kurzen Strecken mit Dehnungsmessstreifen und anderen elektronischen Sensoren 0,001 mm.

Klinometer oder Inklinometer zählen zu den Neigungsmessern auf der Basis von Libellen oder Pendel, die praktisch an die Lotlinie der Schwere angeschlossen sind. Verschiedene elektronische Neigungsmessprinzipien kommen zum Einsatz. Im Bauwesen werden z.B.

1 m lange vertikale Inklinometersonden benutzt, um baubegleitend Neigungen bei vertikalen Bauaktivitäten für Stützwände oder Brückenpfeiler mit einer Genauigkeit von 0,1 mm/m Tiefe zu kontrollieren.

Ergebnis der Deformationsmessungen ist ein mathematisch beschriebenes Deformationsmodell zur Geometrie des Objektes in seiner zeitlichen Abfolge. Ausgangsüberlegungen für das Modell und damit für die Planung der Messungen müssen die Fragen nach den Ursachen der Deformationen, deren Kräfte, Richtungen, Größenordnungen und deren möglichen zeitlichen Variationen sein. Es muss vorher geklärt werden, ob periodische, lineare oder sprunghafte Veränderungen in jahreszeitlicher, Tages- oder gar Sekundenabfolge zu erwarten und zu messen sind. Im einfachsten Fall ist das Ergebnis eines Alignements oder einer Pendellotung eine zeitliche Veränderung der *Biegelinie*, die ein vertikales oder horizontales Ausweichen der Messpunkte des Bauwerkteils aus der Sollgeraden je nach Belastung zeigt (Bild 13.6).

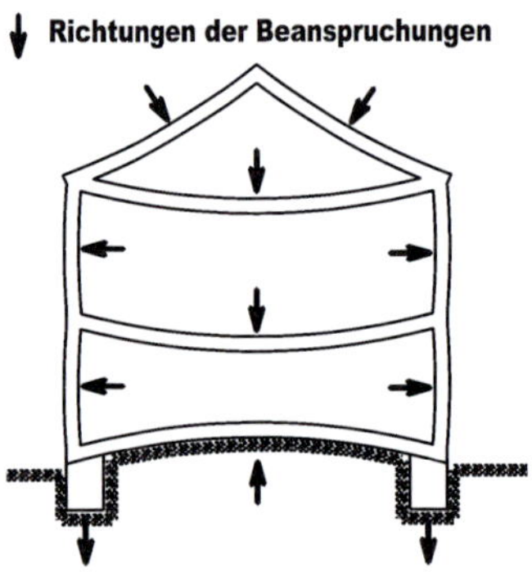

Bild 13.6 Belastungen von Decken und Wänden

■ 13.3 Verfahren der Baukontroll- und Überwachungsmessungen

Das zu wählende Verfahren einer *Überwachungsmessung* hängt vorrangig von der Größe des Objektes und der Größe und Geschwindigkeit der erwarteten Bewegung ab. Außer den bekannten Instrumenten und Verfahren der Ingenieurgeodäsie kommen verschiedene spezielle Messmittel und Sensoren zum Einsatz, wie z.B. die genannten *Extensometer, Inklinometer*, elektronische *Schlauchwaagen, Schwimmlote, Dehnungsmessstreifen*.

Festpunkte als Raumbezug für dauerhafte Messungen müssen oft aufwendig und unverrückbar tief im Boden oder Fels als *Beobachtungspfeiler* geschaffen werden.

Die Brücke im Bild 13.7 könnte sowohl nach einer Messung mit dem Tachymeter als auch nach dem Laserscanning *x,y,z*-Koordinaten liefern. Im Vergleich zur 1. Messung, der sogenannten „Nullmessung“, werden bei gleichen Folgemessungen geometrische Veränderungen erkennbar.

Bild 13.7 Brückenüberwachung

Es gibt Anwendungsfälle, die statt der 3D-Koordinaten spezielle Teilaufgaben genauer lösen können. Dazu zählen Messungen von Schwingungen an Brücken bei Verkehrsbelastungen, Untersuchungen temperaturbedingter horizontaler Ausdehnungen der Bauteile von Stütze zu Stütze, langfristige Setzungen des gesamten Brückenkörpers, differenzielles Setzen der Pfeiler oder die Messung von Neigungen der einzelnen Brückenpfeiler (Bild 13.8). Derartige Spezialmessungen können der Tachymetrie und dem Laserscanning überlegen sein. Spezialmessungen mit höherer Genauigkeit sind Feinnivellements, Alignements und Lotungen.

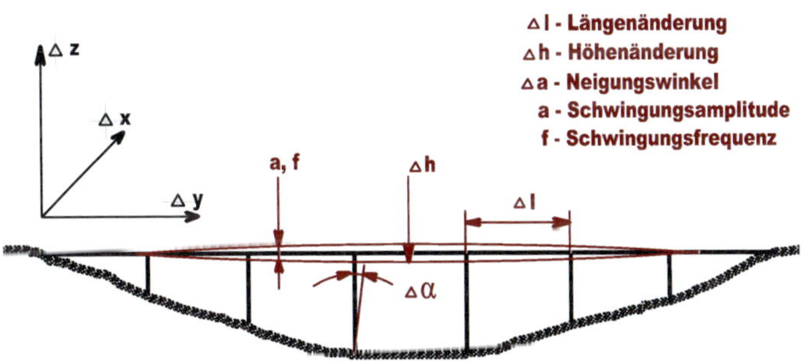

Bild 13.8 Neigung, Setzung, Schwingung, Ausdehnung am Beispiel einer Brücke

Die allgemein benannten Funktionen im Bild 13.9 können am Brücken- oder Staumauerbeispiel mit folgenden Last- oder Zeitsetzungskurven konkretisiert werden.

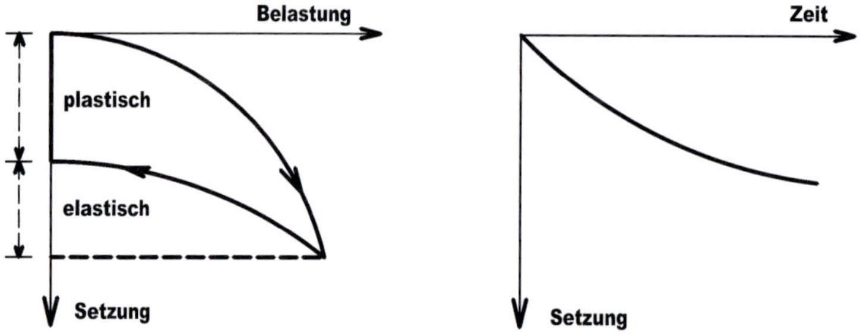

Bild 13.9 Lastsetzungskurve (links), Zeitsetzungskurve (plastischer Fall, rechts)

Die Lastsetzungskurve (Bild 13.9 links) veranschaulicht sofort die Anteile plastischer und elastischer Veränderungen. An Brücken mit wechselnder Verkehrslast und Staumauern mit veränderlichem Wasserstand sollte der plastische Anteil der Setzungen oder Verformungen dauerhaft gegen null gehen, um langfristig fatale Folgen auszuschließen.

Die Zeitsetzungskurve (Bild 13.10) kann der Lastsetzungskurve sehr ähnlich sein. Wenn zum Beispiel im Takt der Jahreszeiten die Grundwasserstände wechseln, kann der Baugrund unter dem Eigengewicht der baulichen Anlage ein Setzen und Heben erfahren. Der plastische Anteil sollte ebenfalls sehr klein bleiben.

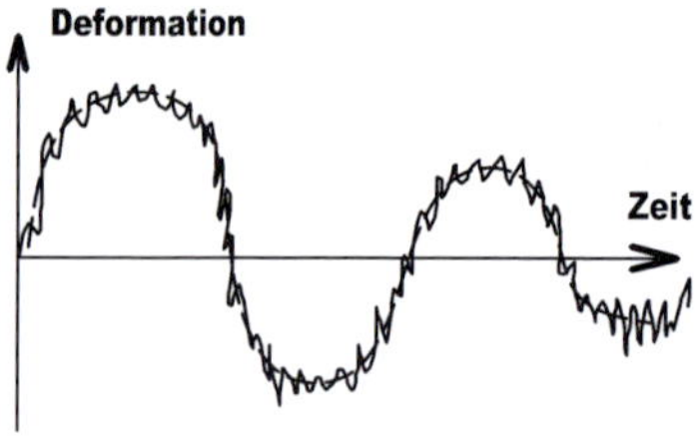

Bild 13.10 Zeitsetzungskurve mit Überlagerungen von Komponenten

Nach der Darstellung der Messergebnisse beginnt die bautechnische und ingenieurgeodätische Auswertung. Die theoretisch erwarteten Deformationen, die zur Auswahl der Überwachungsinstrumente, -technologie und -messrate führten, sind mit den erzielten Messwerten zu vergleichen. Der Vergleich der Modellrechnung mit dem Ist-Zustand führt zu weiteren Fragestellungen und Analysen:

- Gibt es sichtbare Schäden am Bauwerk?
- Finden Materialveränderungen bauchemischer oder bauphysikalischer Art statt?
- Ist die Stand- und damit Betriebssicherheit in Gefahr?
- Sind weitere Beweissicherungen erforderlich?
- Ist die Qualität des Messprozesses ausreichend?
- Stimmt die Genauigkeit der Instrumente? Sind die Anzahl und Dichte der Messpunkte oder die Messrate zu verändern?
- Welche statischen, physikalischen, chemischen Beanspruchungsanalysen müssen den geometrischen Untersuchungen folgen?

Was für Brücken gilt, ist in Bezug auf die Messverfahren, Genauigkeit und zu erwartende Deformationen nahezu unverändert auf Untersuchungen von Staumauern und Turmbauwerken anzuwenden (Bild 13.11 bis Bild 13.14).

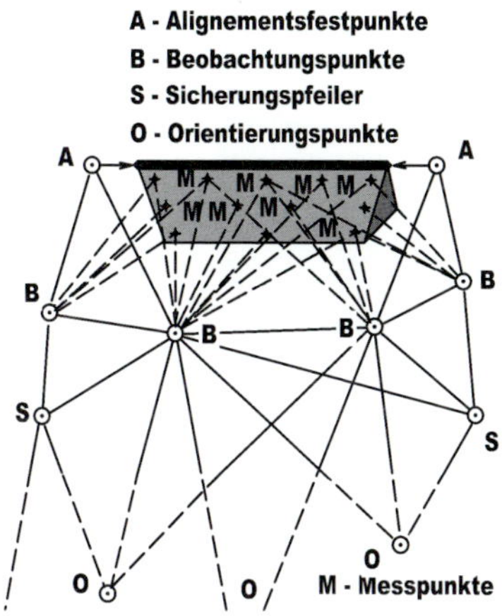

Bild 13.11 Lagenetz an einer Staumauer

Bild 13.12 Beispiel eines Beobachtungspfeilers *B*

Bild 13.13 Beobachtungspfeiler bis 10 m tief gegründet mit Lagefestpunkt für eine Zwangszentrierung

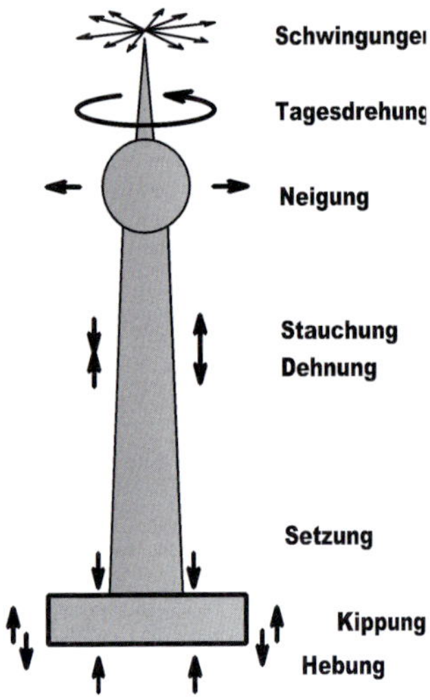

Bild 13.14 Untersuchungsziele am Turm

Die Messmöglichkeiten werden von der Auswahl der Messinstrumente mit entsprechenden Genauigkeitsangaben bestimmt (Tabelle 13.1). Weitere Parameter der Instrumente sind die Reichweite und die Geschwindigkeit der Messungen, die Datenspeicherung und -übertragung.

Tabelle 13.1 Baukontroll- und Überwachungsmessungen

Messmethode	Messverfahren (Instrument)	Reichweite	Genauigkeit
Distanzmessung	elektrooptisch (Tachymeter)	3 km	0,2 mm + 0,2 ppm
	mechanisch (Invarband)	100 m	0,1 mm + 1 ppm
	Extensometer	bis 100 m	0,01 ... 0,1 mm
	Dehnungsmessstreifen, Piezometer u. a. Sensoren	bis 1 dm	0,01 mm
Höhenbestimmung	Feinnivellement	50 m je Standpunkt	0,1 mm
	Schlauchwaage	100 m	0,02 mm
	trigonometrische Höhenmessung	200 m je Standpunkt	1 cm
Neigungsmessung	elektronische Libellen		0,1"
	Inklinometer		0,1 mm je 1 m Messbasis
Lotung	mechanisch	100 m Drahtlänge mit Dämpfung	0,4 mm
	optisches Präzisionszenit- oder Präzisionsnadirlot	50 m	1 mm
	exzentrisch (Theodolit)	100 m	1 mm Genauigkeit
Alignement (Fluchtung)	mechanisch-elektronisch	100 m	0,1 mm
	optisch mit Skalenablesung	400 m Zielweite	3 mm
3D-Messverfahren	Tachymetrie	1000 m	2 mm
	Laserscanning	300 m	5 mm
	Fotogrammetrie	100 m	5 mm
	Lasertracker	10 m	1 mm bis 0,01 mm
	GNSS	100 km	1 cm

Messungen auf *Traversen* können die großräumige geometrische Überwachung ganzer Landschaften unterstützen.

Tagebaufolgelandschaften erfahren, wie bereits genannt, Setzungen, Hebungen und Rutschungen. In geotechnisch nicht beeinflussten Randgebieten werden amtliche Festpunkte der Lage und Höhe als Anschluss genutzt und im Untersuchungsgebiet Festpunkte der Lage und Höhe installiert. Auf langen Traversen in Form von langseitigen Polygonzügen finden nach einer *Nullmessung* über viele Zwischenpunkte hinweg in regelmäßigen Zeitabständen (z. B. jährlich) Wiederholungsmessungen statt. Setzungen, Hebungen, Rutschungen sind ableitbar.

Bei höheren Genauigkeitsanforderungen ist für die Beobachtung von Setzungen und Hebungen vorrangig das geometrische Feinnivellement anzuwenden.

13.4 Prüfungsaufgaben

1. Nennen Sie Beispiele für bauliche Anlagen, bei denen Sie ingenieurgeodätische Baukontrollen, Überwachungen oder Deformationsmessungen vornehmen würden! Nennen Sie dazu einen Vermessungsansatz!
2. Welche geometrischen Veränderungen würden Sie an einem Turmbauwerk untersuchen? Welche Instrumente setzen Sie dazu ein?
3. Erläutern Sie an einem selbst gewählten Beispiel eine Zeitsetzungskurve (mit Skizze)!
4. Erläutern Sie an einem selbst gewählten Beispiel eine Lastsetzungskurve (mit Skizze)!

14 Flächen- und Volumenbestimmung

Die Herstellung und die Bestimmung von Flächengrößen im Gelände zählen seit antiker Zeit zu den Hauptaufgaben der Geometer. Die praktische Vermessungstätigkeit beflügelte grundlegende geometrische und mathematische Erkenntnisse.

Die Volumenbestimmung mit geodätischen Methoden erlangte ihre erste große Bedeutung im Bergbau. Sowohl im Untertagebergbau als auch im Tagebau ist die Bestimmung der Mächtigkeit von Abraum und Erz oder Kohle eine vermessungstechnische Hauptaufgabe im Markscheidewesen, dem bergmännischen Vermessungswesen. Im Folgenden geht es um Vermessungsthemen, die das Baugeschehen umgeben.

14.1 Flächenbestimmung

Flächen werden zum Nachweis der Größe der Flurstücke (Grundstücke), der Flächennutzung und -bewirtschaftung oder zur Bestimmung der Menge verbauten Materials gemessen. Ursprünglich diente die Bestimmung der Grundstücksgrößen vor allem der Steuergesetzgebung. Gegenwärtig ist die Grundstücksfläche gepaart mit dem Bodenrichtwert die Grundlage des gesamten Grundstücksverkehrs. Die Flächengröße ist die Basis zahlreicher Abgabensatzungen und die Grundlage der Planung, z. B. zur Berechnung der Maße der baulichen Nutzung mit der Grundflächenzahl (GRZ), Geschossflächenzahl (GFZ) und Baumassenzahl (BMZ) (siehe Baunutzungsverordnung 1990).

Flächenbestimmungen werden außerdem für Volumen- und Erdmassenbestimmungen benötigt. Der Flächeninhalt eines Grundstücks ist die Projektionsfläche in eine horizontale Ebene (Bild 14.1), nicht die geneigte oder gekrümmte Geländeoberfläche. Maßeinheiten der Fläche sind Quadratkilometer km^2, Hektar ha, Ar a und Quadratmeter m^2.

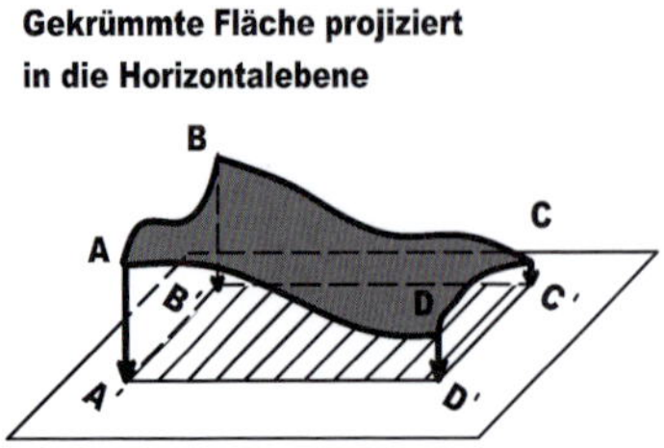

Bild 14.1 Flächenprojektion in die Ebene

Für eine Flächenberechnung ist bereits vor der Aufmessung ein geeignetes Verfahren auszuwählen. Genaueste Flächen werden aus den Messungszahlen der Aufnahme und aus Koordinaten erhalten. Geeignete Aufnahmeverfahren sind Tachymetrie, Orthogonalverfahren oder Polarverfahren und GNSS-Messungen oder reine Messbandmessungen einer in Dreiecke zerlegten Gesamtfläche. Der Flächenumring ist ein geschlossener Linienzug. Die Zerlegung in Teilflächen, z. B. Dreiecke und Trapeze, ist der erste und einfachste Schritt der meisten Berechnungsmethoden (Bild 14.2).

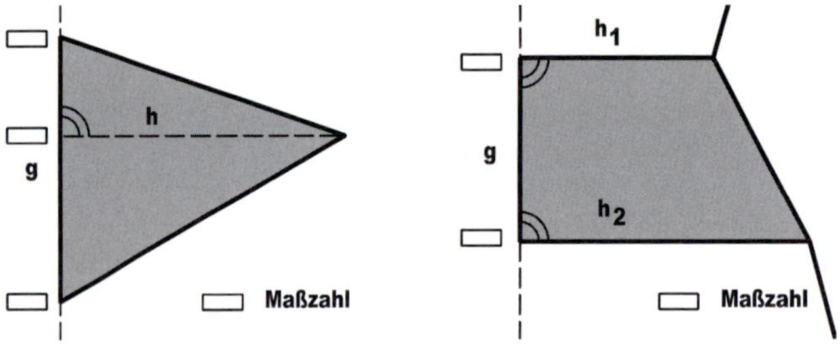

Bild 14.2 Dreieck (links), rechtwinkliges Trapez (rechts)

Berechnung der Dreiecksfläche:

$$2 \cdot F = g \cdot h \tag{14.1}$$

Berechnung der Trapezfläche:

$$2 \cdot F = g \cdot (h_1 + h_2) \tag{14.2}$$

Berechnung des verschränkten Trapezes:

$$2 \cdot F = g \cdot (h_2 - h_1) \tag{14.3}$$

Berechnung des allgemeinen Dreiecks nach Heron (Bild 14.4)

$$F^2 = s \cdot (s-a) \cdot (s-b) \cdot (s-c) \quad \text{mit } s = \frac{a+b+c}{2} \tag{14.4}$$

Eine Besonderheit ist das Rechnen mit dem *verschränkten Trapez* (Bild 14.3).

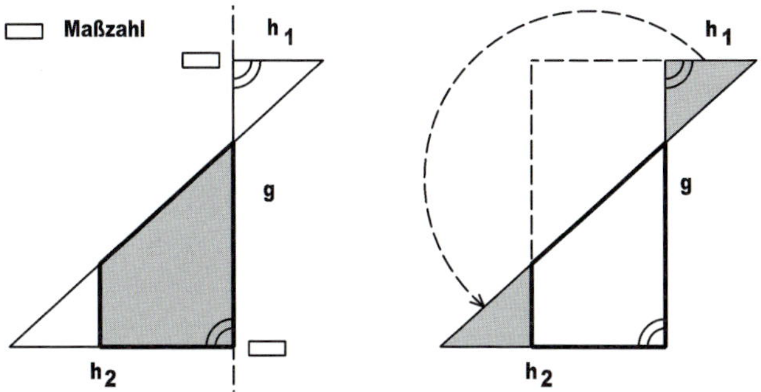

Bild 14.3 Verschränktes Trapez mit Flächenausgleich

Dreiecke sind die elementaren Bestandteile der polygon begrenzten Fläche. Nach der Zerlegung der Fläche liefert die *Heron'sche Flächenformel* (Formel 14.4) die Lösung für die Flächengröße aus den drei Seitenlängen *a, b* und *c* eines beliebigen ebenen Dreiecks (Bild 14.4 rechts).

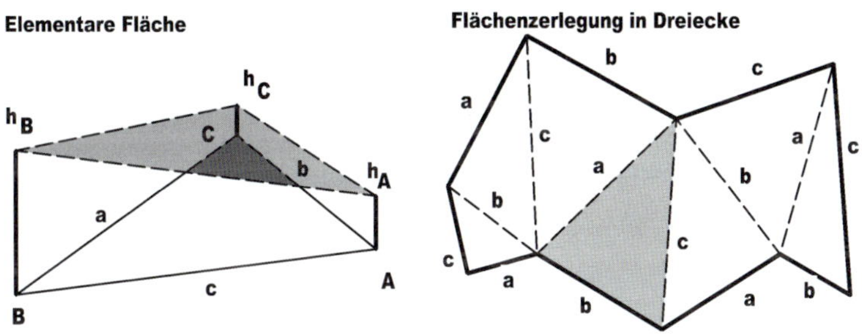

Bild 14.4 Dreiecksfläche und Volumen (links), Heron'sche Lösung nach der Dreieckszerlegung (rechts)

Sind die Eckpunkte des Dreiecks mit Höhen über einem Bezugshorizont versehen, kann die Dreiecksgrundfläche der Volumenbestimmung dienen (Bild 14.4).

Aus der Koordinatenliste der Eckpunkte der Fläche wird mit der *Gauß'schen Dreiecksformel* (Formel 14.5) oder der *Gauß'schen Trapezformel* (Formel 14.6) gerechnet (Bild 14.5).

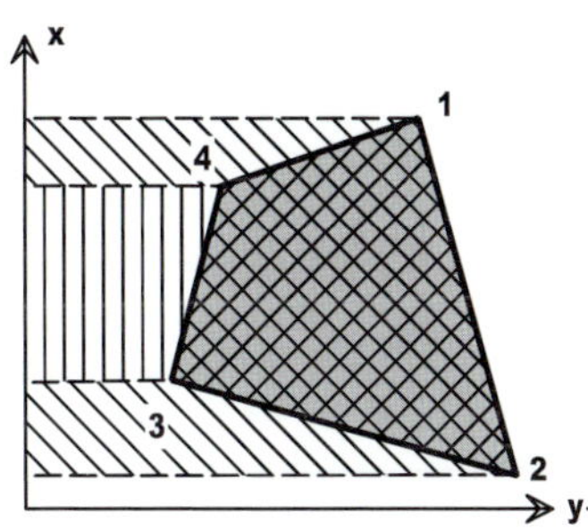

Bild 14.5 Gauß'sche Trapeze

Berechnung der Fläche nach der Gauß'schen Dreiecksformel:

$$2 \cdot F = \sum_{i=1}^{n} y_i \cdot \left(x_{i-1} - x_{i+1}\right) \tag{14.5}$$

Berechnung der Fläche nach der Gauß'schen Trapezformel:

$$2 \cdot F = \sum_{i=1}^{n} \left(x_i - x_{i+1}\right) \cdot \left(y_i + y_{i+1}\right) \tag{14.6}$$

Für die Bestimmung einer Polygonfläche werden Strecken *s* und Richtungen *r* zu allen Punkten von einem Standpunkt aus polar gemessen. Diese Rohdaten *s* und *r* können direkt zur Flächenbestimmung benutzt werden (Bild 14.6).

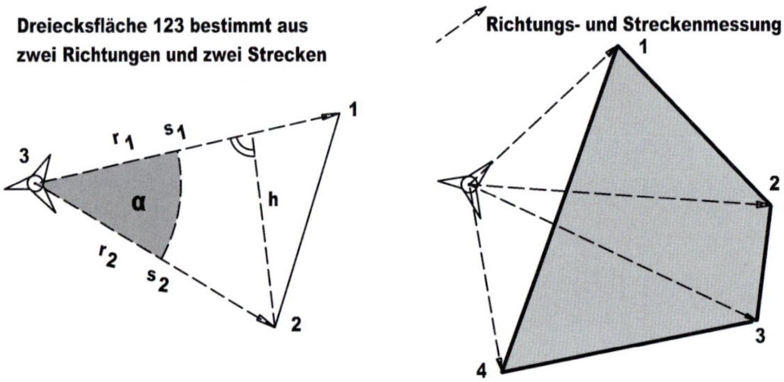

Bild 14.6 Polare Messung zu zwei und vier Punkten

Berechnung der Fläche aus polaren Messungen:

$$2 \cdot F = s_1 \cdot s_2 \cdot \sin\left(r_2 - r_1\right) \tag{14.7}$$

Berechnung der Fläche aus Polarkoordinaten (fortlaufende polare Messwerte):

$$2 \cdot F = \sum_{i=1}^{n} s_i \cdot s_{i+1} \cdot \sin\left(r_{i+1} - r_i\right) \tag{14.8}$$

Die Lösung der Flächenbestimmung mit dem Zahlenbeispiel des Bildes 14.7:

Gegeben: Grenzpunkte *A*, *B*, *C* und *D* eines viereckigen Flurstücks

Gemessen: alle Abszissen- und Ordinatenmaße, bezogen auf eine gewählte Messungslinie zwischen 0,0 m und 91,4 m

Gesucht: Geländefläche *ABCD* in m², a, ha

Zu berechnen: Trapez unter *AD* 510,9 m², Trapez unter *BC* 1036,35 m²
verschränktes Trapez unter *AB* 150,0 m²,
verschränktes Trapez über *DC* 331,5 m²,

Ergebnis: F_{ABCD} = 2028,75 m² = 20,2875 *a* = 0,202875 ha

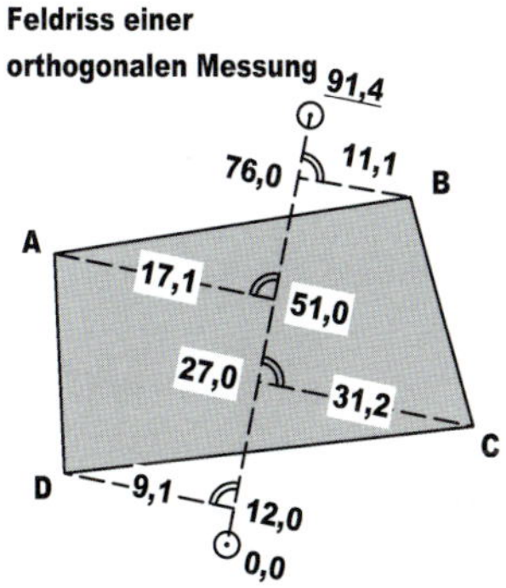

Bild 14.7 Feldriss zur orthogonalen Messung eines Vierecks

Flächenberechnungen aus Kartenmaßen sind dagegen ungenau, denn sie hängen vom Maßstab, der Flächengröße und der Qualität des Kartenträgers (Papiereinzug!) ab. Es kann eine Genauigkeit bis 1/1000 der Flächengröße erreicht werden. Methoden der Bestimmung von Flächen aus Kartenmaßen sind das Digitalisieren von Punkten entlang des Flächenumrings, das Scannen der Karte und das Vektorisieren der Fläche im CAD-Programm oder die klassische Planimetrie mittels *Planimeter* bzw. *Polarplanimeter* (Bild 14.8).

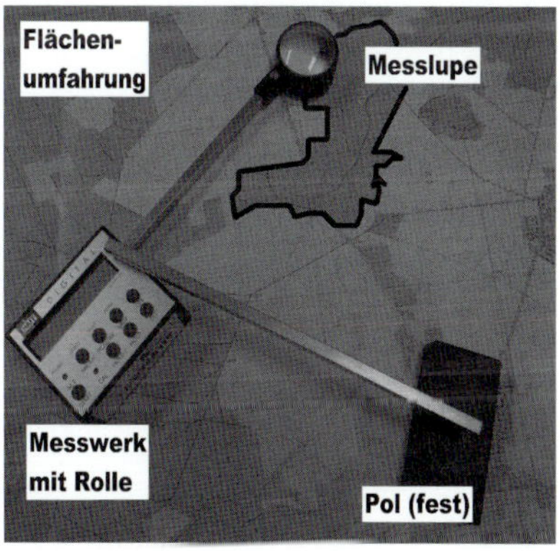

Bild 14.8 Polarplanimeter

Beim Digitalisieren werden über koordinatenmäßig bekannte Passpunkte in der Karte die Koordinaten weiterer Detailpunkte erzeugt. Mit einem Digitalplanimeter wird die Grenze der Fläche umfahren und über die mechanische Integration eines Messrollenwerks die Größe der Fläche entsprechend dem eingestellten Maßstab direkt angezeigt. Der entscheidende Vorteil der Planimetermessung ist, dass krummlinig begrenzte Flächen in sehr kurzer Zeit und ohne weitere Berechnungen bestimmt werden können.

Flächengrößen können direkt aus Lagemessungen generiert werden. Tachymeter bieten nach der Messung von mindestens drei Punkten mit nur einem Knopfdruck eine Flächenberechnung an. Rechentechnisch wird vom zuletzt gemessenen Punkt zum ersten Punkt das Polygon geschlossen und die Fläche intern mit lokalen Koordinaten ermittelt. Die praktische Messung mit dem Tachymeter muss so geschehen, dass mit dem Tachymeterstab die Eckpunkte der zu bestimmenden Fläche fortlaufend als Polygon umringt werden. Ausrundungen müssen als Polygon interpoliert oder in dichterem Punktabstand aufgemessen werden. Die Größe von Pflasterflächen, Freilagerflächen, Straßen- und Wegeabschnitten oder Grünflächen wird in dieser Weise sehr schnell und genau ermittelt.

Es gibt Anwendungen, die neben der Größe einer Fläche den Flächenschwerpunkt verlangen (Bild 14.9). Die Koordinatenliste der Eckpunkte des Umringpolygons führt zum Ergebnis (Formeln 14.9 und 14.10).

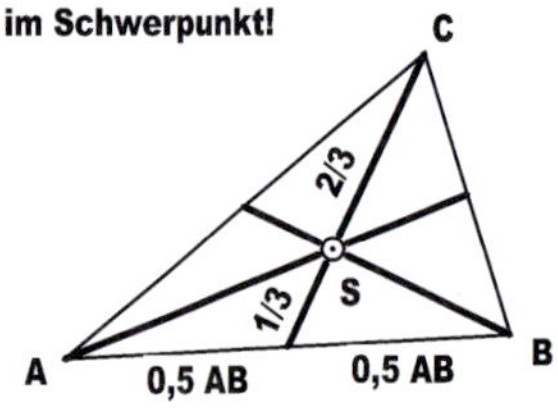

Bild 14.9 Flächenschwerpunkt

Ganz allgemein werden die Schwerpunktkoordinaten einer von n Eckpunkten begrenzten Fläche wie folgt aus den Eckpunktkoordinaten (x,y) und dem Flächeninhalt F berechnet:

$$x_S = \frac{1}{6}\sum_{i=1}^{n}(x_i^2 + x_i \cdot x_{i+1} + x_{i+1}^2)\cdot\left(y_{i+1} - y_i\right) / F \tag{14.9}$$

$$y_S = \frac{1}{6}\sum_{i=1}^{n}(y_i^2 + y_i \cdot y_{i+1} + y_{i+1}^2)\cdot\left(x_i - x_{i+1}\right) / F \tag{14.10}$$

Um das Polygon zu schließen, wiederholen sich bei der Addition für die letzte Ecke an der Stelle $i + 1$ die Koordinatenangaben des ersten Punktes.

■ 14.2 Flächenteilung

Es kann für die geometrische Gestaltung von Flächengrößen ratsam sein, eine n-Eck-Fläche in eine flächengleiche $(n - 1)$-Eckfläche zu verwandeln (Bild 14.10 oben links). Dazu ist jeweils eine Dreiecksfläche abzutrennen. Die Höhe auf der Trennlinie in dem Dreieck ist so lange zu verschieben, bis eine Dreiecksseite in der Fluchtlinie mit einer Seite der Restfläche liegt.

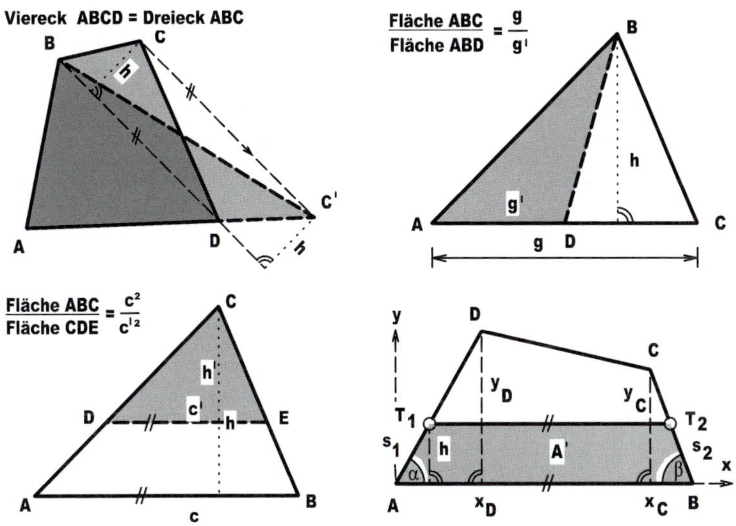

Bild 14.10 Flächenumformung und -teilung

Flächenteilungen sind eine Grundaufgabe im Liegenschaftskataster. Sie können meist auf Aufgabenstellungen der Teilung im Dreieck oder Viereck zurückgeführt werden. Typische Teilungen von Flächen sind von einer Ecke aus, parallel zu einer Seite, senkrecht zu einer Seite und/oder mit einer vorgegebenen Trennflächengröße oder nur zur Grenzbegradigung vorzunehmen.

Es folgt eine Auswahl weniger Bildbeispiele (Bild 14.10 und Bild 14.11):

- Dreieck von einer Ecke aus (Bild 14.10 oben rechts)
- Dreieck parallel zu einer Seite (Bild 14.10 unten links)
- Viereck parallel zu einer Seite (Bild 14.10 unten rechts)
- Viereck senkrecht zu einer Seite (Bild 14.11 oben links)
- Viereck mit Flächenvorgabe vom beliebigen Punkt *T* aus (Bild 14.11 oben rechts)
- Flächenausgleich, Grenzbegradigung (Bild 14.11 unten links)

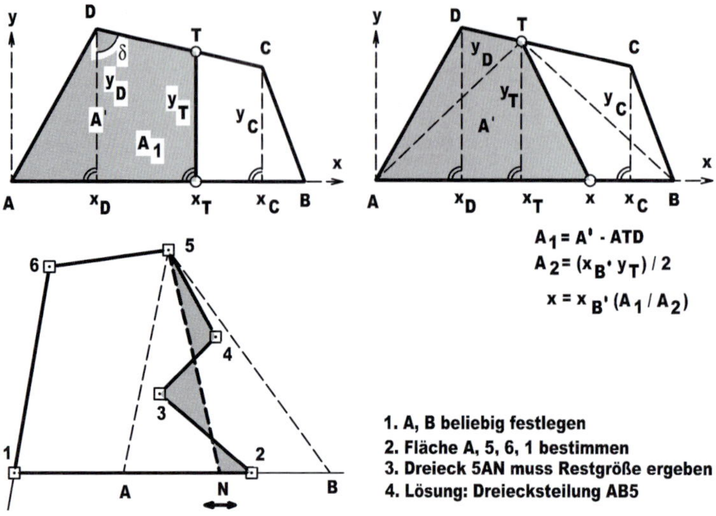

Bild 14.11 Flächenteilung und -umformung

Die *Flächenteilung* kann unabhängig von späteren Liegenschaftsvermessungen der Zerlegung für eine Grundstücksteilung, eine Aufgabe des Entwurfs oder die Planung in Landschaften sein. Der einfachste Fall gelingt, wenn eine gradlinig begrenzte Polygonfläche zuerst in Dreiecke zerlegt wird.

Dreiecksteilungen lösen den größten Teil praktischer Fallbeispiele.

Aus den x,y-Koordinaten der Eckpunkte A, B, C des Dreiecks können die Seitenlängen nach der Grundaufgabe der Koordinatenrechnung und die Gesamtfläche nach der Gauß'schen Trapezformel berechnet werden. Anschließend lassen sich die Dreieckselemente Grundseite g, senkrecht dazu die Höhe h und die Aufteilung der zu h gehörigen Dreiecksgrundseite in p und q auflösen. Sind keine Koordinaten des Dreiecks bekannt und die drei Seiten direkt gemessen, bietet sich zur Flächenermittlung die Heron'sche Flächenformel an.

14.3 Volumenbestimmung

Volumenbestimmungen von Erdmassen, kombiniert mit *Massenberechnungen*, sind eine Voraussetzung für Planungen im Straßen-, Gleis-, Wasser- und Tiefbau, für bauwirtschaftliche Berechnungen von Erdmassen und den Nachweis von Massenänderungen, z. B. auf Deponien, im Tagebau und für die Berechnung von Lagerstätten aus Erkundungsbohrungen. Es genügt im Allgemeinen nicht, Lage- und Höhenpläne auszuwerten. Wenn eine Aufmessung einer Volumenbestimmung dienen soll, müssen Messverfahren und aufzumessende Punkte im Gelände entsprechend ausgewählt werden. Das Ergebnis der ersten Messung ist ein digitales Geländemodell. Das Volumen wird als Differenz zu einem beliebigen Geländehorizont oder zu einem zweiten Geländemodell berechnet. Das zweite Geländemodell kann die Planung einer Trasse oder das Ergebnis einer zweiten Messung nach der Massenveränderung sein. Es können Auftragsmassen, Abtragsmassen oder Differenzmassen bestimmt werden. Damit sind notwendige Kapazitäten für den Antransport und den Abtransport ableitbar, oder es ist der Umfang einer Geländemodellierung berechenbar. Die Messdaten werden durch Tachymetrie oder die Messung von Längs- und Querprofilen gewonnen. Längs- und Querprofile sind die Basis für Trassenplanungen im Straßen-, Schienen- und Wasserwegebau. Die *Prismenformel* genügt den Anforderungen bei annähernd gleichen Flächen F zwischen zwei Querprofilen im Abstand mit der Länge l. Genauer ist die *Pyramidenstumpfformel*.

Berechnung des Volumens nach der Prismenformel:

$$V = \frac{1}{2} \cdot (F_1 + F_2) \cdot l \qquad (14.11)$$

Berechnung des Volumens nach der Pyramidenstumpfformel:

$$V = \frac{1}{3} \cdot \left(F_1 + \sqrt{F_1 \cdot F_2} + F_2\right) \cdot l \qquad (14.12)$$

Berechnung des Volumens aus Dreiecksprismen:

$$V = \frac{h_1 + h_2 + h_3}{3} \cdot F \qquad (14.13)$$

Berechnung des Volumens aus Messungen im Quadratrost:

$$V = F \cdot \frac{h_1 + h_2 + h_3 + h_4}{4} \qquad (14.14)$$

Bei Geländemodellen mit Dreiecksvermaschungen ist die Summe aller Dreiecksprismen zu berechnen (Bild 14.12).

Volumenbestimmungen sind in einem fest vorgegebenen Koordinaten- oder Quadratraster möglich. Im folgenden Beispiel sind die Quadrate 10 m × 10 m groß (Bild 14.12 oben rechts). Ein Fehler entsteht, wenn die Fläche zwischen den Punkten keine Ebene ist. Das Raster 10 m × 10 m kann theoretisch in zwei Varianten in je zwei Dreiecke zerlegt werden (Bild 14.12 unten). Bei dem angenommenen Höhenunterschied von nur einem Meter sind nicht unerhebliche 32 m^3 Volumendifferenz ermittelbar. Bereits bei der Aufmessung ist auf eine spätere Berechnung aus Dreiecksprismen abzuzielen.

Dieser Fehler der Volumenermittlung aus Quadratrosten kann bei einer nicht dem Gelände angepassten Vermessung oder einer anschließend fehlerhaften Vermaschung mit Höhendifferenzen innerhalb von Dreiecken in ähnlicher Weise mit erheblichen Volumendifferenzen auftreten.

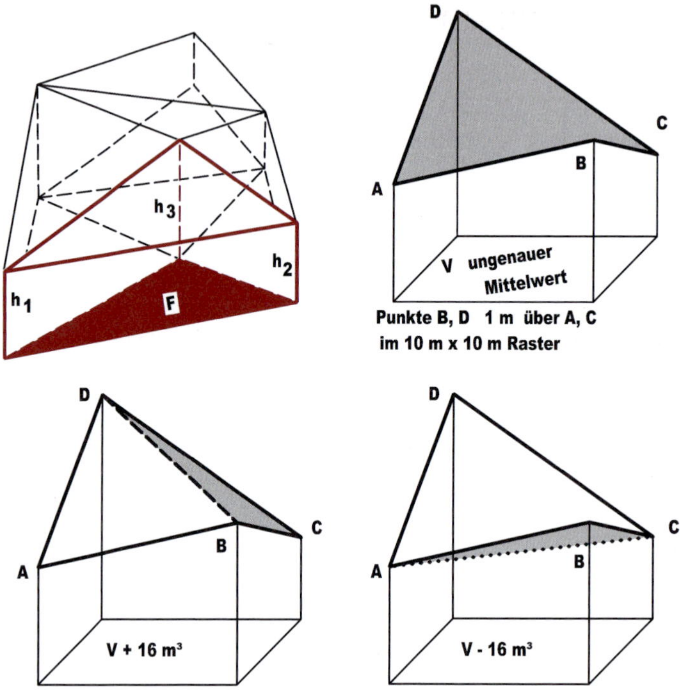

Bild 14.12 Volumen aus Prismen

Die Querprofilflächen der skizzierten Straßenplanung mit 50-m-Stationierungsabstand sind zu bestimmen (Bild 14.13), benachbarte Flächengrößen im einfachsten Fall zu mitteln. Mit dem 50-m-Abstand erhält man das aufzutragende, abzutragende oder umzulagernde Erdstoffvolumen.

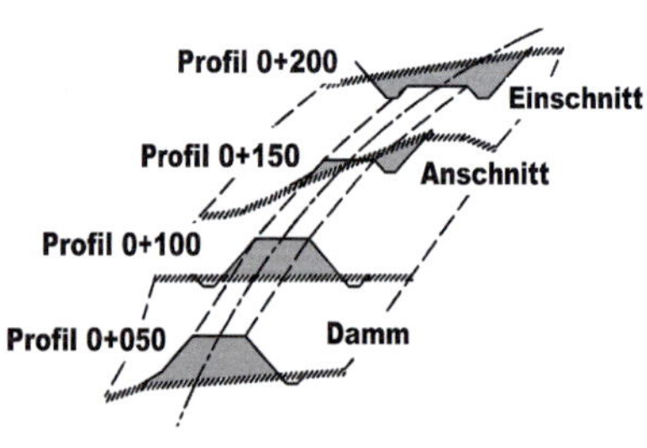

Bild 14.13 Volumenbestimmung aus Profilen

14.4 Prüfungsaufgaben

1. Die drei Punkte A, B und C sind durch ihre Gauß-Krüger-Koordinaten gegeben. Bestimmen Sie die Größe der Dreiecksfläche ABC in ha und m²!

   $A(x = 5\,754\,113{,}19$ m, $y = 5\,456\,601{,}44$ m)

   $B(x = 5\,753\,978{,}33$ m, $y = 5\,456\,420{,}08$ m)

   $C(x = 5\,753\,210{,}25$ m, $y = 5\,456\,555{,}30$ m)

2. Die drei Punkte A, B und C (Prüfungsaufgabe 14.1) sind durch ihre x,y-Koordinaten und Höhen in Meter über NHN $H_A = 65{,}211$, $H_B = 61{,}345$ und $H_C = 63{,}550$ gegeben. Bestimmen Sie das Volumen des dreikantigen Geländeareals über dem Bezugshorizont $H = 60{,}000$ m ü. NHN!

3. Bestimmen Sie (Bild 14.14 links) die fehlenden Umringmaße der orthogonalen Aufnahme und bestimmen Sie die Flächengröße des Flurstücks 115! (Streckenangaben in m)

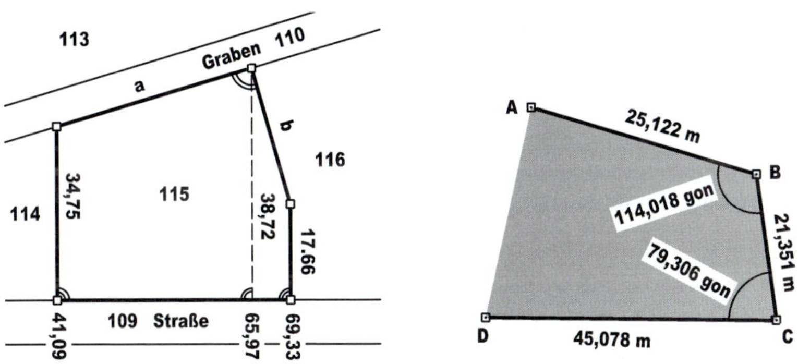

Bild 14.14 Prüfungsaufgabe: Fläche aus orthogonaler Messung (links), fehlende Seitenlänge (rechts)

4. Berechnen Sie die fehlende Seite AD des Flurstücks und berechnen Sie seine Fläche!

5. Berechnen Sie (Bild 14.15 bis Bild 14.17) die Größe der Flächen der Grundstücke A, B, C, D aus den jeweils gegebenen Maßen der Feldrisse! (Streckenangaben in m)

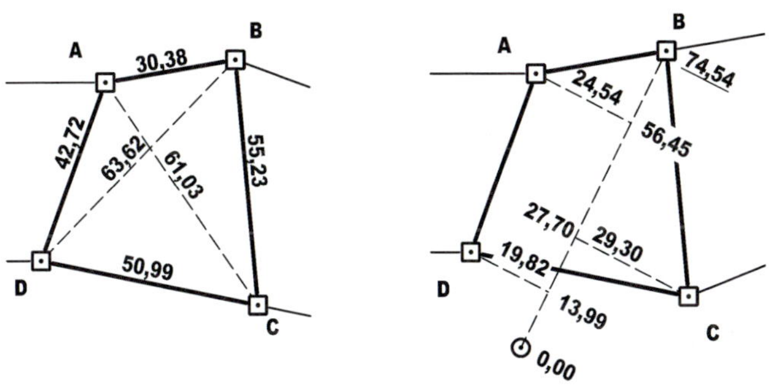

Bild 14.15 Prüfungsaufgabe: Flächen (1)

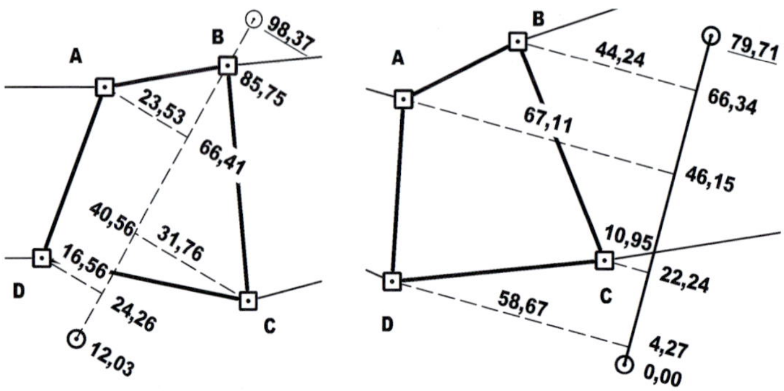

Bild 14.16 Prüfungsaufgabe: Flächen (2)

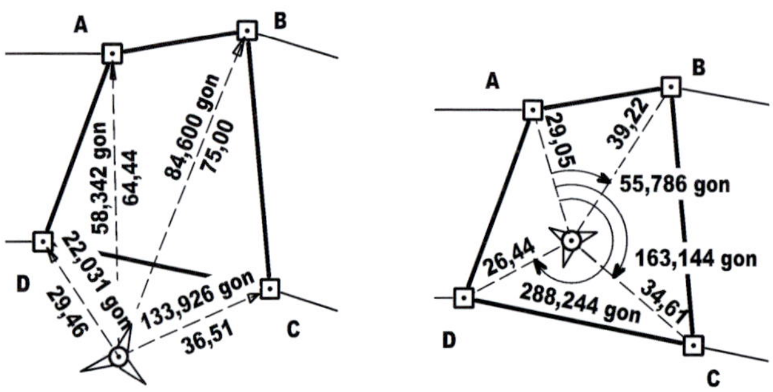

Bild 14.17 Prüfungsaufgabe: Flächen (3)

6. Die 39,00 m × 16,00 m große Rechteckfläche (Bild 14.18 links) soll in eine gleich große Fläche mit dem Seitenverhältnis 3 : 2 verwandelt werden. Wie lang sind die beiden Rechteckseiten?

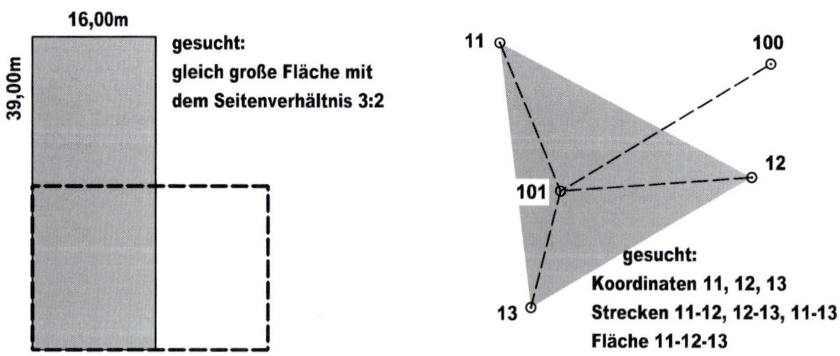

Bild 14.18 Prüfungsaufgabe: gleich großen Fläche (links) und Dreiecksberechnung (rechts)

7. Die folgende polare Messung von den koordinatenmäßig gegebenen Punkten 100 und 101 aus zu den Neupunkten 11, 12, 13 ergab folgendes Messprotokoll des Vollsatzes (Tabelle 14.1). Bestimmen Sie die Koordinaten der drei Neupunkte, die Strecken zwischen ihnen und die Dreiecksfläche 11, 12, 13 (Bild 14.18 rechts)!

   Gegeben: 100(x = 5 754 113,19 m, y = 3 456 601,44 m)

   101(x = 5 753 978,33 m, y = 3 456 420,08 m)

   Gemessen: Richtungen r in einem Vollsatz und Strecken s

Tabelle 14.1 Messprotokoll zur Prüfungsaufgabe 14.7

Standpunkt Zielpunkt	Fernrohrlage 1 in gon	Fernrohrlage 2 in gon	Mittel	Reduktion	Strecke *s* in m
101					
100	1,3312	201,3318			
12	26,4642	226,4648			122,566
13	121,5566	321,5568			86,371
11	319,8690	119,8694			104,408

8. Bestimmen Sie (Bild 14.19 links) die Koordinaten der Kleinpunkte *A* bis *E* im lokalen Koordinatensystem aus dem Feldriss der orthogonalen Aufnahme mit den vorgegebenen Punkten *P1*(0; 0) und *P2*(-25,00; 74,37)! Alle Maßangaben sind in m. Bestimmen Sie die Größe der Fläche *ABCDE*!
9. Bestimmen Sie die Größe der Fläche des 5-eckigen Flurstücks (Bild 14.19 rechts)!

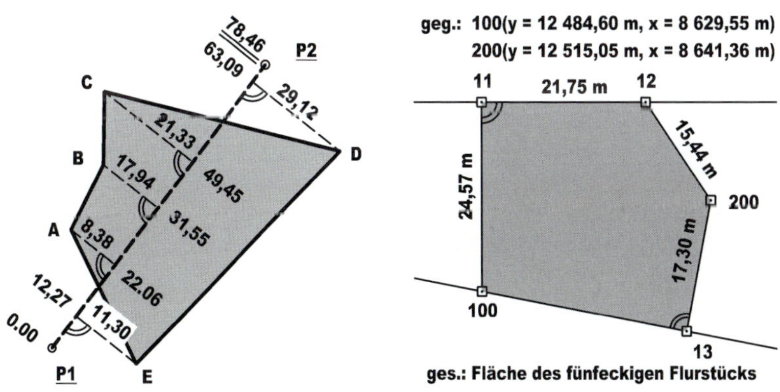

Bild 14.19 Prüfungsaufgabe: Kleinpunkt- und Flächenberechnung

15 Weiterführende Themen

Weiterführende Themen der Geodäsie durchdringen immer mehr Arbeits- und Lebensbereiche, nicht nur der Architekten und Bauingenieure. Selbst verschiedene Freizeitaktivitäten sind aus der „Alltagsgeodäsie“ ableitbar und finden große Fangemeinden der „Freizeitgeodäsie“.

15.1 „Alltagsgeodäsie“ und Sonstiges

Geodätische Themen außerhalb des Studiums und Hörsaals sind zum Beispiel das Geocaching und die „Jagd“ nach Confluencepunkten (Schnittpunkte, in denen ganzzahlige Längen- und Breitenkreise „zusammenfließen“) (Bild 15.1).

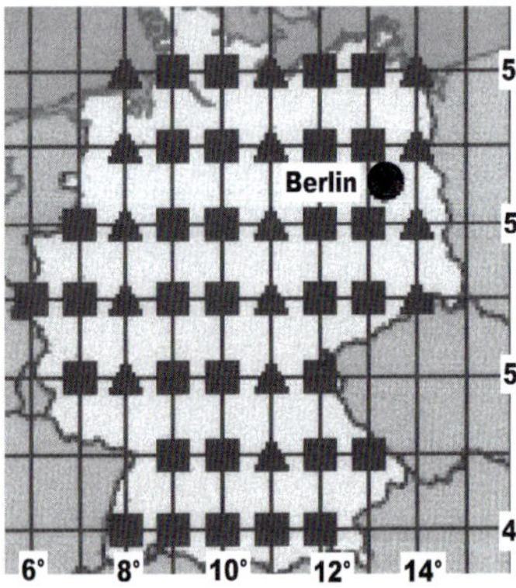

Bild 15.1 Confluencepunkte

Geocaching ist die GNSS-gestützte metergenaue Suche an interessanten Orten mit dem Ziel, besondere Souvenirs zu verstecken und finden zu lassen. Der zweite Reiz ist die globale Kommunikation über die Besonderheit der Orte. Profi-Touristen reisen zur Osterinsel, um am Kraterrand im Koordinatenversteck etwas Unbekanntes zu entdecken und dem vorangegangenen Verstecker vom anderen Teil der Erde davon zu berichten und neue Gegenstände zu hinterlassen. Geocaching findet bereits als Kinderspiel auf überschaubaren Wald- und Wiesenarealen großen Anklang.

Auf der Jagd nach Confluencepunkten als Geradenschnitte ganzzahliger geografischer Längen- und Breitengrade sind alle interessanten Orte „erlegt“, dokumentiert und fotografiert. Was machte den Reiz für die ersten Jäger aus? Die Anzahl der Punkte ist endlich. Der Erste erstellt das „Gipfelbuch“. Die GPS-Instrumente zeigen nur an wenigen Punkten Zahlen an wie 14° 00’ 00,000” östlicher Länge; 52° 00’ 00,000” nördlicher Breite. Die 14 Nullen einer solchen Navigationsinstrumentenanzeige lassen sich nicht per Hand an einem beliebigen Ort einstellen.

Nur für denjenigen, der exakt an diesen Ort gelangt, ist diese Navi-Anzeige möglich, fotografier- und mit der dokumentierten Umgebung gegenüber anderen nachweisbar. Wüsten- und Ozeanpunkte sind uninteressant. Die wenigen Confluencepunkte der Erde, die auf ein privates Grundstück mit Haus fallen, begeistern die Freunde des Freizeit-Reisespiels am meisten.

Wir verlassen nun die Freizeitgeodäsie und wenden uns tiefer gehenden Themen der Ingenieurgeodäsie zu.

15.2 Vertiefungsthemen zur Ingenieurgeodäsie

Das Studienfach Ingenieurgeodäsie kann mit vier Semesterwochenstunden Lehre in einem einzigen Semester im Bachelorstudium des Bauingenieurwesens nur grundlegende Einblicke in geodätische Verfahren, Instrumente, Berechnungen und gesetzliche Vorgaben im Zusammenhang mit dem Baugeschehen vermitteln. Eine Reihe von geodätischen Themen wird nur angerissen oder für ein weiteres Studium empfohlen. Die meisten Fachbegriffe zum späteren Nachschlagen sind bereits hier im Buch benannt, aber nur kurz erklärt.

Für Vertiefungsrichtungen, soweit nicht bereits im Bachelor-Studium möglich, bietet das Masterstudium der Architekten und Bauingenieure an geodätischen Lehrstühlen weiterführende Themen der Geodäsie als Wahlpflichtfächer, Wahlfächer oder Projekte.

Die Themenüberschrift dazu könnte in Anlehnung an die Zeitalter der Industrialisierung, wie sie im Folgenden kurz skizziert werden, „Vermessung 4.0 im Bauwesen“ lauten.

Vermessung 1.0:

Erster Umschwung: Geodätische Messungen waren nach der Erfindung des Fernrohrs über 200 Jahre lang von feinmechanisch-optischen Präzisionsinstrumenten geprägt (Theodolit ab ca. 1730).

Vermessung 2.0:

Zweiter Umschwung: Elektronisch-rechentechnische und Laser-Erfindungen brachten in kurzer Zeit einen radikalen Umbruch der Vermessungstechnik. Elektrooptische Tachymeter verdrängten in den 1970er- und 1980er-Jahren die feinmechanisch-optischen Tachymeter vollständig. Distanzmessungen gelangen schneller und genauer als viele Winkelmessungen.

Vermessung 3.0:

Dritter Umschwung: Vor 30 Jahren stellte die GPS-(GNSS)-Technik viele Modelle, Messtechnologien und traditionelle Festpunkte infrage. Globale Vermessung beantwortet seit Ende der 1980er-Jahre globale Fragen - Kontinentaldrift, Erddynamik, Eis- und Klimawandel. Allgegenwärtige Koordinaten-Echtzeitvermessung wurde möglich. Kinematische Messmethoden mit erstaunlicher Genauigkeit sind seither satellitengestützt realisierbar. GNSS-basierte Aufnahmemethoden für Geoinformationssysteme (z. B. für Leitungsbetreiber) gehören mittlerweile zum vermessungstechnischen Alltag.

Vermessung 4.0:

Der gegenwärtige vierte große Umschwung verlässt den einzelnen Messpunkt zugunsten riesiger Punktwolken. Die ruhige Hand und das geübte Auge des Geodäten werden von rasanten Messfahrten durch die Straßen („Street Map") oder kühn erscheinenden, mit Messtechnik bepackten Drohnenflügen (UAV - Unbemannte Flugobjekte) abgelöst. Massendatensammlung, Koordination absoluter und relativer Verfahren, Präzisionszeitmessung zur Messwerteverknüpfung, mobile Kommunikation und Satellitenmesstechnik bedeuten ein komplexeres Messen von völlig neuer Qualität. Geodäten werden „Geodatenanalysten" oder „Geoanalysten". Große Teile des herkömmlichen Außendienstes kommen in den Innendienst der Ingenieurbüros, ÖbVI, Ämter und anderer Geodienstleister.

Zu den Zusatzthemen im Studium zählen:

- Geoinformatik, Geoinformationssysteme
- *Fotogrammetrie*, *Aerofotogrammetrie* und *Fernerkundung*
- Nutzung von Drohnen (UAV - Unmannend Airborne Vehicles) als Messplattform in der Ingenieurvermessung oder Bauwerksüberwachung, für den *Bildflug* zum Monitoring an Rutschhängen, zur Volumenbestimmung des Abbaus in Tagebauen, zur Bewegungsmessung von Trockenmauern an Autobahnen und andere Anwendungen
- *Industrievermessung* zur Bauteilefertigung, Kontrolle und Überwachung deckt ein weiteres breites Themenfeld für den Maschinenbau, Flugzeug- und Fahrzeugbau ab

Ebenfalls sehr kurz behandelt sind Themen wie die Absteckung von Spezialbauwerken wie Tunnel, Brücken, Türme, Kraftwerksanlagen, ingenieurgeodätische Trassierungen im Straßen-, Schienen- und Wasserbau.

15.3 Building Information Modeling (BIM)

BIM (Building Information Modeling - Gebäudedatenmodellierung) ist seit 2010 regelmäßig als fester Bestandteil verschiedener geodätischer Kolloquien Gegenstand vielschichtiger Überlegungen im Vermessungswesen. Der vermessungstechnische Weg der BIM-Methodik auf dem Weg zu den Baustellen ist in den vorangegangenen Kapiteln nur benannt worden. Der Ingenieurvermessung fällt durch die mehrfache Bereitstellung von 3D-Geometriedaten vor, während und nach Baumaßnahmen im BIM-Prozess eine herausragende Rolle zu. BIM kann nicht nur als „moderne Methodik" von althergebrachtem Vorgehen angesehen werden. Alt bleibt das Ziel des Entwerfens, des Planens, des Errichtens, des Nutzens und Umnutzens und vielleicht sogar das Ziel eines Abrisses baulicher Anlagen.

Neu ist das System der Ordnung im Komplexen des Bauens. Das immer komplizierter werdende Bauen mit all seinen umfangreicher werdenden Einzelvorgängen scheint im komplexen Zusammenspiel vom einzelnen Verantwortlichen nicht mehr überschaubar und nicht beherrschbar. Das Phänomen wird uns seit Jahren durch scheinbar unbeherrschbare Probleme an deutschen Großbaustellen vorgeführt.

BIM steht für eine vollkommen neue Qualität aller Prozesse. BIM ist der neue Gesamtprozess. Die am Bau Beteiligten werden nicht mit weniger Wissen oder weniger Verantwortung herangehen können. Sie werden schneller, besser und genauer entscheiden können. Das vielschichtige Netzwerk der Pläne, Dokumente, Berechnungen, Bauabsprachen, Materialbewegungen, Kostenentwicklungen, Konfliktlösungen zwischen allen am Bau Beteiligten schrumpft zusammen auf einen Knoten des Gesamtprozesses mit der Basis einer 3D-Visualisierung und allen Verknüpfungsmöglichkeiten in der Datenbank. Das Werkzeug BIM bedeutet: Das 3D-Modell ist der technische Bauleiter, und die Geometrie führt die Bauaufsicht. BIM ist der digitale Zwilling des Bauprozesses. Informatiker und Mathematiker gehören jetzt dazu.

Auf der Basis des 3D-Computermodells können Architekten, Bauingenieure, Geodäten, Bauverwaltungen, Haustechniker, Versorger, Fassadenbauer, Gutachter, Facility-Manager bis hin zu den Eigentümern oder Nutzern auf eine redundanzfreie, aktuelle Datenbasis zugreifen, ihre Planungen, Anforderungen, Abläufe und Kosten einbringen und so einen Baukörper in allen Raumrichtungen und der Zeitachse „wachsen“ lassen (Bild 15.2). Die „Adern“ mit Material- und Geldströmen und die „Nerven“ mit Kommunikationsströmen sind in der Datenbank jederzeit sichtbar. Der Wechsel von Verantwortlichkeiten, Behördenanforderungen, Besprechungsprotokollen, Planänderungen, Bauteiletausch, Terminänderungen, Kostenverschiebungen, Nachtragsgenehmigungen, Gewerkekollisionen verschiedener Fachplaner zum Materialeinsatz und Bauablauf, Risikobewertungen und alle Auswirkungen untereinander sind ohne Zeitverzögerungen sichtbar.

Die Vorteile von BIM sind:

- 3D-Modell, basierend auf einer gemeinsamen Datenbasis von hoher Qualität und verknüpft mit allen Sachdaten, Bauabläufen, Kosten, Risiken, Kollisionsbewertungen
- Visualisierung und Simulation am georeferenzierten Modell
- Aktualität der Daten durch ständige Synchronisation
- Redundanzfreiheit der Daten
- Datenzugriff für alle Beteiligten
- Dateneingriff für alle Beteiligten auf ihren Kompetenzfeldern
- verbesserter, schneller und transparenter Informationsaustausch
- Verbesserungen hinsichtlich der Kosten, der Termintreue und Qualität im gesamtem „Leben“ eines Gebäudes

Die ersten Grundlagen für BIM-Realisierungen schufen bekannte CAD-Hersteller durch bauteilorientierte, räumliche Darstellungsmöglichkeiten. Probleme sind die fehlenden einheitlichen Standards und die damit verbundenen Kollisionen an den Schnittstellen bei der Vielfalt der bisher genutzten Software aller am Bau beteiligten Architekten, Fachplaner, Baufirmen und Behörden (siehe Kapitel 2, Bild 2.2). Ein Schritt zur Lösung ist die Schaffung eines Standards für ein Basisdatenmodell im Bauwesen durch die internationale Organisation buildingSMART – das Modell IFC – Industry Foundation Classes.

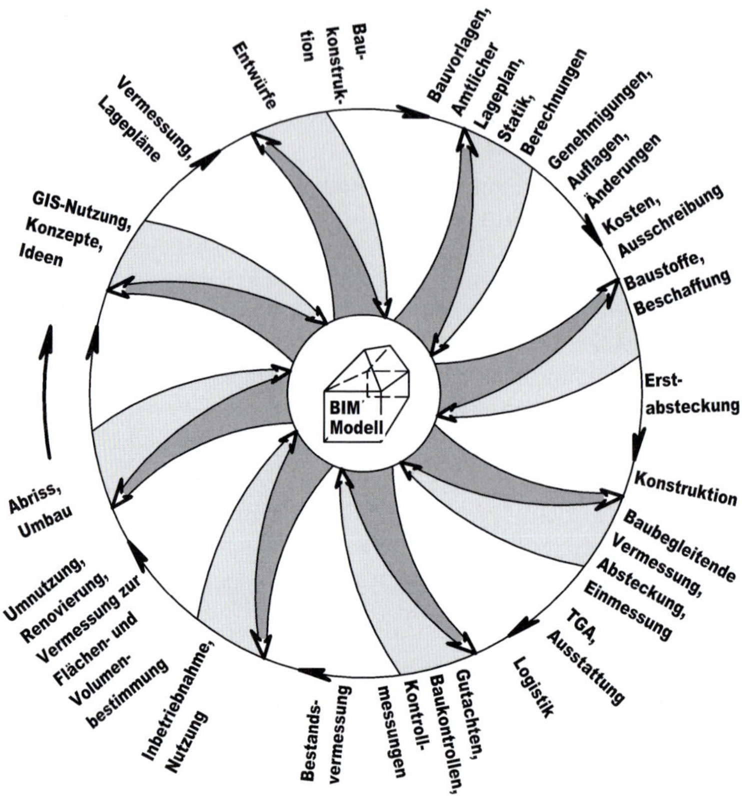

Bild 15.2 BIM-Prinzip

Neben neuen Organisationsformen zur Einbindung von Geodäten, Architekten und Bauingenieuren und veränderten Technologien sind die Instrumentenentwicklungen in solch einem rasanten Tempo vorangeschritten, dass es dem Einzelnen nicht möglich ist, neue technische Entwicklungen in ihren soft- und hardwaretechnischen Details so schnell „nachzudenken“, wie diese Tausende Entwickler in Großfirmen entstehen lassen. Technische Besonderheiten sind in einem Buch oft nicht sinnvoll darstellbar, weil ihre Weiterentwicklung schneller geht als das Beschreiben in diesem Text.

■ 15.4 Vielfalt der Messplattformen, Instrumente und Verfahren

Wie in allen Wissensbereichen mündet die gegenwärtige geodätische Forschung und Praxis in immer neue Zweige und Spezialisierungen der Instrumentenentwicklungen, Messverfahren, Auswerte- und Präsentationsverfahren.

Die Datenerhebung mit mobilen Systemen zur Einrichtung und Laufendhaltung von Geoinformationssystemen ist vorrangig für Infrastruktur-Netzbetreiber ein interessantes Thema. Bereits im Außendienst können im Stop-and-Go-Modus alle gewünschten Informationen mit den Lage- und Höhendaten verknüpft werden. Basismobile sind mit Vermessungsinstrumenten bestückte Segways oder Quads.

Ein weiteres technisch anspruchsvolles Spezialgebiet sind Messungen auf der Basis des Kreiselprinzips zur Realisierung einer ortsfesten, über einen gewissen Zeitraum stabilen Richtung (Bild 15.3).

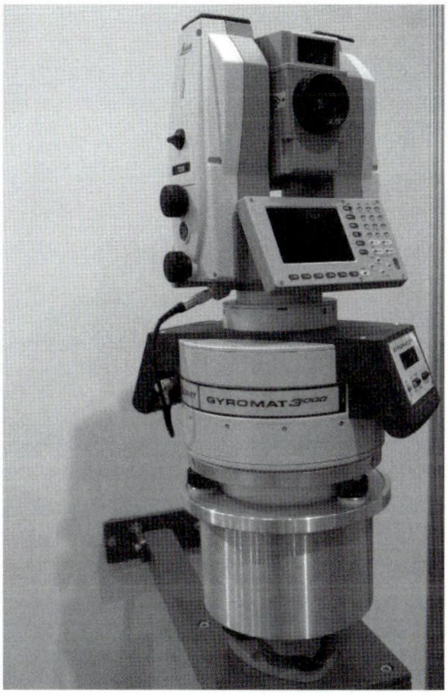

Bild 15.3 Vermessungskreisel mit Tachymeter

Die *Kreiselmessungen* sind nicht nur im Untertagebergbau für markscheiderische Vermessungsaufgaben von Bedeutung, sondern ingenieurgeodätisch im Tunnelbau anzuwenden. Feste Punkte zur Orientierung von Anschlussmessungen existieren in Tunneln nicht. GNSS-Satelliten helfen ebenfalls nicht. Ein schnell drehender Kreisel richtet sich dagegen überall an der geografischen Nordrichtung aus. „Über Tage" orientiert, kann das Kreiselinstrument die Richtung über Schächte nach „unter Tage" mitnehmen. Statt der Richtungsmessungen sind absolute Horizontalwinkelmessungen möglich. Natürlich muss ein Bezug zum Teilkreis eines Theodolits oder Tachymeters hergestellt werden. Das Tachymeter wird zentriert über dem Kreiselinstrument aufgesetzt. Die Meridiankonvergenz zwischen geografisch Nord und Gitternord des Koordinatensystems für den Messort ist zu berücksichtigen.

Ein ganz anderes großes ingenieurgeodätisches Arbeitsgebiet sind die im Kapitel 13 angerissenen Bauwerksüberwachungen oder das aktuelle Thema der Überwachungen von Tagebaufolgelandschaften für Rekultivierungen und die geodätische Beobachtung von Untertagebauen zur Langzeitstabilisierung.

Structural Health Monitoring (SHM) ist ein großer Zweig der Messtechnik, der im Grenzbereich der Ingenieurgeodäsie ein ganze Reihe von Forschungs- und Geschäftsfelder begründet. Das zentrale Thema der SHM-Systeme ist die permanente automatisierte Zustandsüberwachung von statischen Strukturen gemäß der Norm DIN ISO 17359. Soweit bauliche Anlagen wie Brücken, Türme, Stauanlagen, Kraftwerke, Chemieanlagen, Windenergieanlagen betroffen sind, werden Bauingenieure, Architekten und Ingenieurgeodäten gefragt. SHM-Systeme in der Industrie sind im Fahrzeug-, Flugzeugbau, im Hochspannungs- und Rohrleitungsbau zu finden. Als Fortführung der im Kapitel 13 beschriebenen Überwachungsmessungen kommen die bereits genannten und neu entwickelten Sensoren zum Einsatz. Beschleunigungs-, Richtungs-, Weg-, Frequenzaufnehmer und Umdrehungsmesser sind gemeint. Des Weiteren können Messungen von Höhenunterschieden vorgenommen werden. In kurzer Folge oder permanent werden Setzungen, Neigungen, Verformungen gemessen, große Datenmengen gespeichert, (online) übertragen, ausgewertet und bei kritischen Grenzwerten Warnungen angezeigt. Dynamische Systeme, die an die statische Struktur gebunden sind, können zum Abschalten und Abstoppen gebracht werden. Geometrische und physikalische Kennwerte können zusätzlich mit neuartigen physikalischen Messprinzipien bzw. Mikrosensoren ermittelt werden. Beispiele sind Glasfasern, Temperatur- und Feuchtesensoren, die direkt im Baumaterial – ob im Beton oder Kunststoff – dauerhaft eingebaut bleiben und Daten liefern. Herkömmliche Inspektionsintervalle können neu angepasst werden. Vor dem Totalausfall kann vielleicht die vorgeschriebene oder prognostizierte Lebensdauer von Bauteilen verlängert werden.

Jährlich kommen neue Herausforderungen mit vielfältigen Forschungsbereichen und Geschäftsmodellen auf die geodätisch Ausgebildeten hinzu. Beispiele dieser neuen Herausforderungen können sein:

- der Schutz geografisch sensibler Areale ohne herkömmliche Zäune und Mauern. „Koordinatenzäune“ kontrollieren und verbieten über GNSS-Sensoren den Zugang von Fahrzeugen, Drohnen, Geräten und Personen
- die Verknüpfung der Bewegungsprofile verschiedener Menschengruppen, Maschinen und Werkzeuge
- der Vergleich von Bewegungsprofilen von Personen kann Daten zur themenbezogenen Partnersuche liefern
- das Echtzeitmonitoring an jeglichen technischen baulichen Anlagen
- das autonome Fahren und Arbeiten
- die Verknüpfung der Umwelt mit der virtuellen Realität (VR) zur *„Augmented Reality“* (AR); mit VR-Brillen können Bauprojekte und das tatsächliche Baugeschehen übereinandergelegt und kontrolliert werden
- *„Humangeodäsie“* als Thema, um die Land-Mensch-Beziehungen bei der Vorbereitung und Durchführung von Raumordnung besser einzubeziehen
- die Erschließung schwimmender und/oder meerischer Lebensräume
- das globale Echtzeitmonitoring einzelner urbaner und Umweltprozesse

Die Ingenieurgeodäsie wird sich in der Zukunft weiterhin im Spannungsfeld zwischen der Anwendung des Fluchtstabs und der relativistischen Atomphysik bewegen.

Die Vermessung behält ihren philosophischen Aspekt. In Abwandlung eines Zitats von Wilhelm von Humboldt bleibt am Ende für den einzelnen Geodäten der Sinn des Lebens, so viel ausgemessene Welt als möglich in die eigene Person und die Gesellschaft zu verwandeln.

16 Weiterführende Literatur

Grundlegendes Literaturangebot und weiterführende Quellen

1. Vermessungswesen – allgemeine Grundlagen

DIN e.V. (Hrsg., 2013, 7. Aufl.): Taschenbuch Band 111: Geodäsie und Geoinformation. Beuth Verlag, Berlin (552 S.)

Benning, W. (2007): Statistik in Geodäsie, Geoinformation und Bauwesen. Wichmann Verlag, Heidelberg (294 S.)

Deumlich, F.; Staiger, R. (2002): Instrumentenkunde der Vermessungstechnik. Wichmann Verlag, Heidelberg

Gruber, F.J.; Joeckel, R. (2017, 18. Aufl.): Formelsammlung für das Vermessungswesen. Vieweg+Teubner Verlag, Berlin

Häßler, J.; Wachsmuth, H. (1990, 4. Aufl.): Formelsammlung für den Vermessungsberuf. Wilhelm Bing Verlag, Korbach (505 S.)

Joeckel, R.; Stober, M. (1999): Elektronische Entfernungs- und Richtungsmessung, Verlag Konrad Wittwer, Stuttgart

Kummer, K.; Kötter, T.; Eichhorn, A. (2015): Das deutsche Vermessungs- und Geoinformationswesen. Wichmann im VDE Verlag, Berlin und Offenbach (1244 S.)

Petrahn, G. (2014, 5. Aufl.): Taschenbuch Vermessung – Grundlagen der Vermessungstechnik. Cornelsen Verlag, Berlin (419 S.)

Witte, B.; Sperla, P. (2011, 7. Aufl.): Vermessungskunde und Grundlagen der Statistik für das Bauwesen. Verlag Konrad Wittwer, Stuttgart

www.adv-online.de	Arbeitsgemeinschaft der Vermessungsverwaltungen der Länder
www.sapos.de	SAPOS – Satelliten-Positionierungs-Dienst
www.bkg.bund.de	Bundesanstalt für Kartographie und Geodäsie
www.dvw.de	Deutscher Verein für Vermessungswesen

2. Ingenieurgeodäsie

DIN 18710 (2010): Ingenieurvermessung. Beuth Verlag, Berlin

Bauer, M. (2017): Vermessung und Ortung von Satelliten. Wichmann im VDE Verlag, Berlin und Offenbach (566 S.)

Groß, G. (2004, 3. Aufl.): Vermessungstechnische Berechnungen/Aufgabensammlung mit Lösungen. B.G. Teubner Verlag, Wiesbaden (134 S.)

Heiliger, R. (2016): Die Vermessung von Architektur. ratio-books, Lohmar (240 S.)

Kahmen, H. (2005, 20. Aufl.): Angewandte Geodäsie/Vermessungskunde. De Gruyter Verlag, Berlin, Basel (699 S.)

Möser, M; Müller, G.; Schlemmer, H. (Hrsg., 2012, 4. Aufl.): Handbuch Ingenieurgeodäsie/Grundlagen. Wichmann im VDE Verlag, Berlin und Offenbach (628 S.)

Möser, M; Müller, G.; Schlemmer, H. (Hrsg., 2013, 2. Aufl.): Handbuch Ingenieurgeodäsie/Auswertung geodätischer Überwachungsmessungen. Wichmann im VDE Verlag, Berlin und Offenbach (688 S.)

Möser, M; Müller, G.; Schlemmer, H.; Werner, H. (Hrsg., 2000, 2. Aufl.): Handbuch Ingenieurgeodäsie/Eisenbahnbau. Herbert Wichmann Verlag, Heidelberg (455 S.)

Möser, M; Müller, G.; Schlemmer, H.; Werner, H. (Hrsg., 2008): Handbuch Ingenieurgeodäsie/Ingenieurbau. Herbert Wichmann Verlag, Heidelberg (334 S.)

Möser, M; Müller, G.; Schlemmer, H.; Werner, H. (Hrsg., 2002, 2. Aufl.): Handbuch Ingenieurgeodäsie/Straßenbau. Herbert Wichmann Verlag, Heidelberg (292 S.)

Möser, M; Müller, G.; Schlemmer, H.; Werner, H. (Hrsg., 2002, 2. Aufl.): Handbuch Ingenieurgeodäsie/Maschinen- und Anlagenbau. Herbert Wichmann Verlag, Heidelberg (419 S.)

Möser, M; Müller, G.; Schlemmer, H.; Werner, H. (Hrsg., 2004): Handbuch Ingenieurgeodäsie/Raumbezogene Informationssysteme. Herbert Wichmann Verlag, Heidelberg (226 S.)

Osterloh, H. (1991): Straßenplanung mit Klothoiden und Schleppkurven. Bauverlag, Wiesbaden und Berlin

Resnik, B.; Bill, R. (2018, 4. Aufl.): Vermessungskunde für den Planungs-, Bau- und Umweltbereich. Wichmann im VDE Verlag, Berlin und Offenbach

3. Geoinformationssysteme (GIS), Geodateninfrastruktur

Bill, R. (2016, 6. Aufl.) Grundlagen der Geo-Informationssysteme. Wichmann im VDE Verlag, Berlin und Offenbach (855 S.)

www.gdi-de.org	Geodateninfrastruktur Deutschland
https://inspire.ec.europa.eu	INSPIRE – Infrastructure for Spatial Information in the European Community
www.geodatenzentrum.de	Dienstleistungszentrum des BKG (Bundesanstalt für Kartographie und Geodäsie)
www.geoportal.de	Geodaten suchen und finden
www.geobasis-bb.de	Geobasisdaten als Dienste der Länder (Beispiel ...-bb-Brandenburg

Hennermann, K.; Woltering, M. (2014, 2. Aufl.): Kartographie und GIS/Eine Einführung. WBG Wissenschaftliche Buchgesellschaft, Darmstadt (144 S.)

Seip, Chr.; Korduan, P.; Zehner, M. (2017) Grundlagen, Anwendungen und Implementierungsbeispiele. Wichmann im VDE Verlag, Berlin und Offenbach (552 S.)

4. Laserscanning und Fotogrammetrie

Albertz, J.; Wiggenhagen, M. (2009, 5. Aufl.): Taschenbuch der Photogrammetrie und Fernerkundung. Wichmann im VDE Verlag, Berlin und Offenbach (334 S.)

Heipke, Chr. (Hrsg. 2017): Photogrammetrie und Fernerkundung. SpringerSpektrum, Heidelberg und Berlin (840 S.)

Luhmann, Th. (2018, 4. Aufl.): Nahbereichsphotogrammetrie. Wichmann im VDE Verlag, Berlin und Offenbach (783 S.)

Luhmann, Th.; Schumacher, Chr. (Hrsg., 2017): Photogrammetrie - Laserscanning - Optische 3D-Messtechnik; Beiträge der Oldenburger 3D-Tage. Herbert Wichmann Verlag, Berlin

Schäfer, Th. (2017): Berührungslose und flächenhafte Deformationsmessungen an Betonoberflächen unter besonderer Berücksichtigung der Interaktion zwischen Laserstrahl und Oberfläche. Verlag der Bayerischen Akademie der Wissenschaften München, Veröffentlichungen der DGK, Reihe C, Heft 805 (173 S.)

5. Geodäsie im BIM-Prozess

Egger, M.; Hausknecht, K.; Liebich, Th.; Przybylo, J. (2013): BIM-Leitfaden für Deutschland. Forschungsprogramm ZukunftBAU des BMVBS, ARGE BIM_Leitfaden, Aktenzeichen 10.08.17.7-12.08 (109 S.)

Kaden, R.; Clemen, Chr. u.a. (Hrsg., 2017): Leitfaden Geodäsie und BIM, DVW-Merkblatt 11-2017 (182 S.)

6. Allgemeine rechtliche Rahmenbedingungen und Baurecht

Planzeichenverordnung 1990 (PlanzV 90) - Verordnung über die Ausarbeitung der Bauleitpläne und die Darstellung des Planinhalts. BGBl. I/91

Baunutzungsverordnung 1990 (BauNVO) - Verordnung über die bauliche Nutzung der Grundstücke. BGBl. I/90

GVBl. I/14: Brandenburgische Bauordnung (BbgBO 2016, geändert 2018)

GVBL II/16 (Nr. 60): Brandenburgische Bauvorlagenverordnung (BbgVorlVO 2017)

www.adv-online.de Arbeitsgemeinschaft der Vermessungsverwaltungen der Bundesländer

7. Liegenschaftskataster und Landmanagement

Dresbach, D.; Kriegel, O. (2007, 4. Aufl.): Kataster-ABC. Herbert Wichmann Verlag, Heidelberg (213 S.)

8. Belletristik und Sachbücher

Alder, K. (2005): Das Maß der Welt - Die Suche nach dem Urmeter. Goldmann Verlag, München (544 S.)

Karnath, L.; Sharrer, G.T. (2008): Eine kurze Geschichte des Vermessens. Herbig Verlag, München (255 S.)

Keay, J. (2002): Expedition Great Arc. Campus Verlag, Frankfurt, New York (234 S.)

Kehlmann, D. (2005): Die Vermessung der Welt. Rowohlt Verlag, Hamburg (396 S.)

Mania, H. (2008): Gauß/Eine Biographie. Rowohlt Verlag, Hamburg (367 S.)

Sobel, D.; Andrewes, W.J.H. (1998): Längengrad. Berlin Verlag (224 S.)

Whitaker, R. (2004): Die Frau des Kartographen. Karl Blessing Verlag, München (384 S.)

Index

R

S

T

U

V

W

Z